商品混凝土生产与应用技术

耿加会　余春荣　刘志杰　主编

中国建材工业出版社

图书在版编目（CIP）数据

商品混凝土生产与应用技术/耿加会，余春荣，刘志杰主编．—北京：中国建材工业出版社，2015.11（2020.8重印）

ISBN 978-7-5160-1316-8

Ⅰ.①商… Ⅱ.①耿… ②余… ③刘… Ⅲ.①混凝土—生产工艺 Ⅳ.①TU528.06

中国版本图书馆CIP数据核字（2015）第267797号

内容简介

本书主要论述商品混凝土领域的原材料性能及选用，商品混凝土的生产、运输、施工以及养护管理技术等方面的问题。内容实用、可操作性强，实验数据来源于商品混凝土生产过程中，贴近生产实践。

本书可供商品混凝土生产企业的试验、管理、采购、销售人员以及商品混凝土施工人员阅读参考。

商品混凝土生产与应用技术

耿加会　余春荣　刘志杰　主编

出版发行：中国建材工业出版社

地　　址：北京市海淀区三里河路1号

邮　　编：100044

经　　销：全国各地新华书店

印　　刷：北京鑫正大印刷有限公司

开　　本：787mm×1092mm　1/16

印　　张：14.75

字　　数：365千字

版　　次：2015年11月第1版

印　　次：2020年8月第2次

定　　价：87.00元

本社网址：www.jccbs.com.cn　　微信公众号：zgjcgycbs

广告经营许可证号：京海工商广字第8293号

本书编委会

主　编　耿加会　余春荣　刘志杰

参　编（按姓名拼音排序）

郭民涛　李光军　李群才　李旭东

汪　振　杨小锋　张　华　赵　峰

赵亚非　周成科

中国建材工业出版社
China Building Materials Press

序　一

自从1979年江苏省常州市建筑材料供应总公司在我国建立第一家商品混凝土搅拌站以来，中国商品混凝土已经走过36个春秋。可在最初的10年内，商品混凝土的推广可谓举步维艰，缺乏技术人员和管理人员，商品混凝土生产设备不成套，落后的施工工艺难以使商品混凝土发挥其独特的技术和经济效益优势。20世纪90年代开始，尤其是1992年邓小平同志南方讲话以后，华东、华南、华北和沿海地区大规模建设异军突起，上海的南浦大桥、杨浦大桥、金茂大厦、东方明珠，以及上海内环项目、地铁项目等的建设需要大量的混凝土，且都需采用泵送浇筑，极大地推动了商品混凝土发展的进程，商品混凝土在上海的售价也创下了每立方米90美元（当时人民币对美元的汇率为8.0元以上）的历史纪录。

商品混凝土的发展直接带动了混凝土外加剂和掺合料的研制、生产与推广应用。1998年，中国的合成减水剂年产量只有区区19万吨，而如今，中国的合成减水剂年产量已超过1000万吨，而减水剂的品种也由过去的木质素磺酸盐减水剂、萘磺酸盐系减水剂等，发展到今天的聚羧酸系减水剂与其他减水剂平分秋色的境地。没有商品混凝土，就基本上没有固体废弃物在混凝土中的应用。是的，正是由于商品混凝土的发展，才使粉煤灰、矿渣粉，甚至钢渣粉等活性矿物掺合料非常广泛地在混凝土中应用。如今，许多地区农村建设都已开始使用商品混凝土，而商品混凝土在我国的年产量也已超过混凝土年产量的50%。

商品混凝土的发展不仅是加快工程建设速度和提高建设质量的重要保证，而且是建材行业节资利废、节能减排和可持续发展以及发展低碳经济、循环经济的必然选择。所以，混凝土商品化是利国利民的大好事，是造福子孙后代的大好事。

然而，现今又有多少混凝土技术人员、工程施工人员、工程管理人员和工程监理人员能够理直气壮地说，自己熟谙商品混凝土的生产和应用技术呢？商品混凝土由于原材料品种多、性能复杂、配合比计算难，在生产和施工中又往往碰到这样那样的问题。面临原材料供求矛盾的紧张，尤其是优质的天然砂、石原料的匮乏，优质的粉煤灰、矿渣资源的匮乏，水泥标准更替以及水泥行业普遍采用多来源的混合材和工业副产石膏等问题，商品混凝土从业人员正面临着前所未有的诸多技术难题。解决这些问题没有万能钥匙，只有加强胶凝材料、外加剂和混凝土基础理论知识的学习，努力汲取最新的科研成果，并且勤动脑思考、勤做实验验证，方可找到最佳的解决方案。

今天，我要隆重地向大家推荐一个好人、一本好书。我要推荐的这个好人，就是《商品混凝土生产与应用技术》一书的第一作者——耿加会。记不清我是从何时起开始熟悉这位作者的了，也许是从一个陌生的电话开始，但却是讨论商品混凝土现场技术问题的一个电话。以后，这个电话号码就时常在我的手机上闪烁，我也通过这些时常的电话交谈对商品混凝土的技术难题越加感兴趣，并建议耿加会结合自己的经验，为行业提供一本小册子。耿加会并非混凝土专业科班出身，而是一位法律专业的大学毕业生。而就是这样一位"外行"青年，从事商品混凝土这行后，却对混凝土技术如痴如醉，真是难能可贵。他十分值得我们混凝土专业科班出身的专业人士学习。

我要推荐的这本书，也就是大家手捧的《商品混凝土生产与应用技术》。正如我刚才讲的，耿加会不是一名混凝土专业的毕业生，所以书中难免有不恰当的术语和表达方法，但这本书是作者用自己的真知灼见写就的，它包含了商品混凝土原材料、配合比设计、生产线建设、质量控制和施工，以及我们大家十分关心也最感棘手的裂缝防治问题。本书信息量大，内容真实，是广大工程技术人员和相关行业人士值得研读和学习的一本好书。

感谢耿加会、余春荣和刘志杰三位作者。在本书出版之际，作为耿加会的一位多年好友，写下这段文字，希望与三位作者和本书的读者们共勉。

于同济大学材料科学与工程学院

2015年10月

序　二

自1996年建设部发文在全国省会城市推广使用商品混凝土以来，混凝土技术的发展发生了巨大的变化，商品混凝土伴随着我国经济社会的发展迅速壮大，形成了一个庞大的产业，为建筑行业的发展做出了巨大贡献。商品混凝土在提高建筑工程质量、促进混凝土新技术的开发和应用、大大缩短建筑工期，减少施工人员，减轻劳动强度，降低施工管理费用、技术难度、合同质量风险，减少施工场地占用及材料浪费，保护和改善环境，促进资源综合利用及建筑业、建材业的产业结构化调整、融合和优化等方面发挥了重要的作用。它最主要的特点是通过集中搅拌、社会化商品供应，实现了建筑产业化。商品混凝土的迅猛发展，在保障工程质量、节能降耗、节省施工用地、改善劳动条件、减少环境污染等方面益处颇多，成为建材业和建筑业走向现代和文明的标志。

目前我国混凝土的现状表现为商品混凝土商品化、专业化的程度低，发展不平衡，产能过剩，技术人员不足。我国很多商品混凝土生产企业使用了世界上最先进的设备，为混凝土产品的质量提供了可靠的保证，但企业的技术力量不足，不能有效地利用设备来完成高质量混凝土的制备。一方面是由于商品混凝土行业发展过快过猛，造成了技术人员的短缺，技术人员业务素质跟不上企业的发展速度；另一方面是由于技术人员的频繁流动，导致企业不愿花更多的时间和资金送技术人员参加培训，技术上得不到提升。据统计，我国目前商品混凝土搅拌站的工作人员学历普遍不高，大多数搅拌站甚至没有一个混凝土专业的工程师。企业管理者没有足够的人力物力用在技术发展上，只固守老的技术，从而制约新技术的开发使用。

基于以上原因，编写一本商品混凝土生产与应用的实用技术参考书籍显得非常迫切，耿加会、余春荣和刘志杰三位工程技术专家无私地将自己的工作经验成书出版，为解决这些问题提供了实用的技术资料。

商品混凝土高性能化是目前混凝土行业的主要方向，作者提出了对胶凝材料技术指标的控制方法、外加剂的生产应用技术、骨料的控制技术以及配合比设计思路。特别提出了高工作性和高耐久性是有针对性的，结构特点和环境条件不同，工作性、耐久性要求也不相同，要解决此类问题，需要采取相应的针对性措施。了解分析过往成功的经验和失败的教训，增进对现有各类原材料的了解并进行优选，满足设计对混凝土工作性、耐久性的要求。商品混凝土配合比设计的针对性，依据不同地区、不同的环境介质、结构所处的不同部位而有所不同，工作性和影响耐久性的外部因素也是不一样的，要具体问题具体分析，不能盲目搬用，世界上不存在通用配合比。为此，在设计中要研究影响耐久性的主要因素、应采取的措施及相应的检测手段等。本书作者提出商品混凝土行业发展必须纠正几个传统观念：掺用水泥越多越好，掺用掺合料过多是劣质混凝土，石子用量越大混凝土强度越高，石子粒径越大强度越高，掺粉煤灰会影响混凝土的表面质量。

通读书稿，受益匪浅，书中许多生产与应用技术内容都是作者宝贵的工作经验，我认为本书是商品混凝土技术人员难得的一本应用技术资料，值得同行阅读参考，感谢耿加会、余春荣和刘志杰三位工程技术专家对混凝土行业无私的奉献！是以为序。

朱敍榮

2015 年 10 月

前　言

随着建筑市场的不断发展，我国商品混凝土行业也得到飞速发展，特别是近十年来，无论是商品混凝土企业数量，还是年产量都呈两位数增长。但是也出现了很多技术和管理上的难题，其原因是多方面的：从事商品混凝土行业的部分人员素质不高，对商品混凝土原材料（水泥、砂、石、外加剂、水）等的性能和要求认识不充分；商品混凝土在施工过程中养护认识不到位，气候、环境发生变化时，施工针对性不强。随着国家对高性能混凝土的推广及对搅拌站环保等要求越来越严格，这些问题都对商品混凝土企业的技术和管理人员提出了更高的要求。

对于上述问题，我们根据一些工程实践，吸收国内外专家的研究成果，编写了《商品混凝土生产与应用技术》一书。本书主要论述商品混凝土领域的原材料性能及选用，商品混凝土的生产、运输、施工以及养护管理技术等方面的问题。内容真实、实用、可操作性强，实验数据来源于商品混凝土生产过程中，贴近生产实践。希望此书的出版能满足混凝土行业从业人员的需求，对“砼行”有所帮助。

由于近几年商品混凝土理论和技术发展迅速，新材料、新技术、新观点不断涌现，加之时间仓促和编者水平有限，书中难免会存在疏漏、不当乃至错误之处，恳请读者批评指正。谢谢！

编　者

2015 年 11 月

目　　录

第一章　绪　　论

第一节　混凝土发展的历程

一、古代的混凝土

人类从开始就对自己住所和公共建筑的坚固性和耐久性给予极大的关注，古埃及、古希腊、古罗马人为此进行了不懈的努力，从干砌石块到黏土、石膏、石灰砂浆，再到火山灰石灰砂浆，并对其配比和工艺进行了不断探索，并有详细的记载。在有火山灰的地方，罗马人把当地产红色或紫色的火山凝灰岩磨细，并与石灰和碎石混合建造建筑物；在没有火山灰的地方，罗马人将陶器碎片磨细过筛，以 1 份细粉加入 3 份河砂或海砂，制成耐久性能良好的砂浆用于建筑。著名建筑如古希腊的万神庙、那不勒斯（Naples）港灯塔以及古罗马的斗兽场等，历经两千多年至今仍存在，甚至发挥着原有的功能（图 1-1、图 1-2、图 1-3）。1974 年 4 月我国甘肃天水秦安县一个叫张德禄的农民翻地时发现一个女人头葫芦身形的彩陶罐并报当地文化局，经省文物考古七年时间的发掘，被证实是一处有房屋遗址 241 座的秦安大地湾古人类遗址。作为部落首领祭祀、议事的编号为 F901 的大型宫殿式建筑，其面积达 $420m^2$，主室面积达 $130m^2$，地面由类似于水泥混凝土水磨石组成，集中体现了当时建筑的水平。经七千年以上的地下水浸蚀，地面仍坚硬平整，光洁如新，回弹强度在 10MPa 以上（图 1-4）。

图 1-1　古希腊万神庙

图 1-2　那不勒斯港灯塔

七世纪后，在罗马帝国后期，建筑砂浆的质量逐渐降低，建筑质量的下降引起人们的思考，并猜想古罗马时期极其坚固的建筑物是由失传的秘方建造的。但当他们把古代的著作所述方法与砂浆分析之后，才证实这种猜想是没有根据的。后来又有很多猜想与争论，直到

1805年隆德莱特（Rondelet）在他关于建筑的巨著中认为是由于“对砂浆混合均匀与捣固很致密所致”。他还在上古建筑的砂浆中，发现了未碳化的石灰，说明了这种砂浆的气密性很高，长时间连续捣固是有效的。在印度、孟加拉国的古建筑中，曾记有用石灰与砖粉在轮碾上加水拌合，形成黏性物料，将骨料加入均匀混合后再浇筑，并夯实捣固直到再渗不进水为止。1756年，约翰·斯梅顿（John·Smeaton）在爱迭斯顿（Eddystone）礁石上建造一个灯塔时发现通常用于水下的砂浆（就是细骨料混凝土）是由“两份消石灰干粉与一份荷兰产的凝灰岩（Tutch Tarras）粉混合，并用尽可能少的水将它们很仔细地调成净浆的稠度所组成的”。他将上述净浆在凝结后放入水中观察采用不同产地石灰对其坚固性的影响，结果发现在用凝灰岩不变的条件下，格拉莫根（Glamorgan）的阿伯桑（Aberthaw）石灰石所烧制的石灰比普通石灰石烧制的石灰好。他发现凡是质量较好的砂浆，石灰石中均含有相当数量的黏土。这是第一次揭示耐水性石灰的性质，并同时对几种天然火山灰和人工火山灰质（褐铁矿渣粉和炉渣）代替荷兰粗面凝灰岩的比较。最后，在这一工程上确定用蓝色的水硬性石灰和西维塔·维契阿（Civita Vecchia）的火山灰以1：1的配比，充分混合所制成的砂浆，这可称为有记载的历史上第一次混凝土配合比试验研究。历史证明约翰·斯梅顿用上述试验结果建造的灯塔是成功的。但他对耐水性石灰（实为“罗马水泥”）的研究发现并未引起人们的注意，在后来的长时间内仍是采用古老的石灰火山灰混合物，此种情况一直延续到18世纪末。以上近两千年的混凝土发展历史，鲜明地说明了以下两个问题：

（1）从公元前古罗马时期，石灰火山灰为胶凝材料的建筑工程，遵循“尽量用少的水”、“混合均匀与捣固很致密”，建造了许多辉煌的巨大工程，接着在中世纪人们忽视了前人的经验，在几百年内带来工程质量的下降。是欧洲十八世纪中期开始的第一次工业革命，推动了早期混凝土技术的发展，并对其坚固性、耐久性进行了前所未有的研究。证明了哲学上的矛盾的普遍性、对立统一，以及事物的发展中否定之否定规律。人的认识和事物的发展是呈螺旋上升，充分接受和实践前人的经验基础上，不是重复，而是在原有经验上更高层次的实践。

（2）混凝土坚固性（那时还谈不上“强度”）、耐久性，是随用水量减少而提高，并与施工工艺“混合均匀”、“捣固很致密”及原材料的品质及其配比有不可分割的关系。但是，这时还只是经验性的，远没有上升到理论。

18世纪中期开始的欧洲第一次工业革命，用于港口建设等工程的混凝土材料需求量增加，力学、数学等学科的进步对混凝土技术的发展起到促进作用。

图1-3 古罗马斗兽场

图1-4 秦安大地湾古人类地坪

二、近代水泥混凝土的发展

1796年人们发现在烧制石灰时，如石灰石中含有20%～25%的黏土时，烧成的生石灰可具有水硬性，既可在空气中硬化，又可在水中硬化。这就是历史上被称为罗马水泥。有了水硬性的罗马水泥胶凝材料，解决了当时建设水工、海工工程的需要。但罗马水泥生产有很大的局限性，受石灰石中黏土含量的影响，很多地方都难以找到这样的黏土质石灰岩的，因此难以满足资本主义社会初期发展的需要。

1824年，英国的泥瓦工约瑟夫·阿斯普汀在观察罗马水泥和其他人工配制水泥失败的基础上，以黏土和石灰石为主要原料，用立窑煅烧石灰的方法首次制成水泥。用这种水泥拌成的混凝土，外观颜色很像英国波特兰那个地方的石头，因此称之为“波特兰水泥”。该水泥生产方法于当年的10月24日取得英国政府颁发的专利证书，即今天的硅酸盐水泥。波特兰水泥的出现，可以说是世界建筑材料史上的一个里程碑。但是，波特兰水泥的发明很长时间不被人接受，人们一直习惯于罗马水泥。直到1838年重修泰晤士河水底隧道时，阿斯普汀的波特兰水泥以两倍于罗马水泥的价格中标，从此才逐渐被人们广泛接受。1848年法国、1850年德国、1871年美国、1875年日本相继引进了生产波特兰水泥的专利技术。美国在引进波特兰水泥的生产技术后，将原来的立窑煅烧工艺改变为旋窑煅烧，从此水泥才真正进入工业化生产时代。日本在20世纪80年代又发明了窑外分解技术，我国的安徽宁国海螺水泥厂引进技术后在全国推广。

我国是1876年在唐山建立第一个水泥厂，名为“启新洋灰公司”，到1949年历经73年，年产量也只有66万吨，而且只有一个品种。新中国成立后后随着国家建设的发展，到1978年产量达到6500万吨，为新中国成立初期的100倍。2005年我国水泥产量已达10.6亿吨，占世界水泥总产量的48%。2008年我国水泥产量达到14.5亿吨，已远超过世界总产量的50%，品种也发展到百余种。

在水泥生产技术发展的同时水泥混凝土的理论和应用技术也得到巨大的发展。钢材在使用中容易生锈，混凝土是脆性材料，抗压强度虽很高，但抗拉强度极低，难以用于抗弯构件，人们试将两者结合起来，可取长补短。

1855年法国人郎波特在第一届巴黎万国博览会上用钢筋混凝土制造了一条小船，宣告了钢筋混凝土制品的问世。随后欧美几个国家的科学家在大量试验的基础上，建立了钢筋混凝土结构的计算公式。进入20世纪，钢筋混凝土材料又有两次大的飞跃：第一次飞跃是1928年法国人弗列什涅发明了预应力钢丝和锚头，完善了预应力技术；第二次飞跃是1934年，美国人发明了减水剂（木钙），可大大改善混凝土的工作性能，对混凝土技术产生革命性的影响。近年来多种高效减水剂的相继出现，以及对掺合料的研究，又给混凝土技术注入新的活力。

国外的商品混凝土发展十分迅速，自1903年德国建造第一座商品（预拌）混凝土厂以来，已有100多年的历史。20世纪60～70年代，西方发达国家的商品混凝土进入全盛时期，一些经济发达国家的商品混凝土已在混凝土总产量中占据绝对的优势，并呈现出不断增长的趋势，商品混凝土搅拌站已经成为经济建设中不可或缺的工业部门。我国的商品混凝土起步于20世纪50年代中期，之后虽然在一些中大型工程中建立了混凝土的集中搅拌站，但还是属于分散的、小范围的自产自用的性质。为适应大规模基本建设和确保混凝土质量的需要，我国从1978年开始，学习国外先进的混凝土生产技术和确保混凝土拌合质量，将以往分散搅拌改为集中搅拌，大力发展集中搅拌的商品混凝土。20 世纪 70 年代末北京、上海等大中城市逐渐建立商品混凝土供应站，开始以商品的形式向用户提供混凝土。在历经八年的徘徊后，到 1986 年我国商品混凝土发展到年产 360 万立方米。1987 年 4 月 13 日全国混凝土协会成立大会在北京召开后，建设部领导和吴中伟等许多专家都在大会上作了报告，表明了政府大力支持发展商品混凝土的鲜明态度。商品混凝土以其质量好、省劳力、消耗低、技术先进、施工进度快等优点，成为了城市建筑业中不可缺少的重要组成部分。但是商品混凝土必须逐步向高性能化发展，才能保证其健康、快速的持续性发展。在技术装备上也有巨大进步，从起初采用翻斗车运送混凝土：到 1995 年初步形成“三车一楼”的国产设备配套系统，有三一、中联、普茨迈斯特、利勃海尔、施维英、郑州水工、上海华建、海诺、南方路基、星马等知名厂家。搅拌机的最大容量已达 $7m^3$，堪称世界之最。搅拌机衬板的硬度均大于 650 布氏硬度，极其耐磨。全自动润滑系统加 PLC 控制系统，砂石含水在线检测与自动调整，坍落度自动显示与智能控制。搅拌运输车 $6m^3$、$7m^3$已面临淘汰，$10m^3$、$12m^3$成了主选车型，$14m^3$、$16m^3$车型也相继出现在市场上。泵车的臂架已由 37m、47m 扩大到 52m 和 56m。能显示泵送水平的一泵高度是：1997 年上海金茂大厦施工时，德国大象牌泵曾创造将 C40 的混凝土拌合物，泵送到高度为 382.5m 的亚洲纪录；2002 年 9 月三一重工研制的 HBT90H 拖泵把 C60 混凝土拌合物泵送至 406m 高度；2002 年 11 月 30 日该泵又在香港国际会议中心主楼施工中，把 C90 混凝土拌合物送至 392m 高度；2008 年，广州西塔工程项目部将 C110 的混凝土泵送 411m 高度；2015 年 9 月 7 日三一超高泵一举创造了混凝土单泵垂直泵送新的吉尼斯世界纪录 621m。这些都显示了国产设备的混凝土施工水平。

综上所述，水泥和混凝土从史前文化开始，人们无论对其本身的研究还是施工应用的研究从未停止过，水泥混凝土既是古老的科学技术又是在不断发展进步，并具有强大生命力的科学技术。硅酸盐水泥及其混凝土、预应力混凝土及其施工应用技术的发展和完善，使硅酸盐水泥和混凝土成为世界上最重要及用量最大、用途最广的建筑材料之一。

三、近代混凝土的耐久性问题

水泥混凝土出现以来给人的印象，便是不需要维修，耐久性也好，占总体积 70%～80%的砂、石可就地取材，可谓物美价廉。许多著名古代建筑都证明了这一点，但在耐久性等问题上，近几十年来人们却发现不像原来想象的那样，发现近代的混凝土工程，远没有古代的混凝土那样耐久。国内外许多重大的混凝土工程在建成不长的时间内，已不能维持正常的使用，带来巨大经济损失，教训惨痛。

自从 20 世纪中叶以后，在一些发达国家，面对这种构件劣化问题，都要斥巨资进行大修或者直接更新。据美国国家标准局 1975 年的调查，美国各种混凝土结构物由于腐蚀造成的年损失量超过 700 亿美元，其中钢筋腐蚀损失占 40%；1989 年的统计表明，在美国，待修补的混凝土桥梁的维修费用高达 1550 亿美元。1987 年美国国家材料咨询局的一份政府报告指出：在美国当时的 57.5 万座桥梁中，大约 25.3 万座处于不同程度的破坏状态，有的使用期不到 20 年，而且受损的桥梁每年还增加 3.5 万座。1991 年在美国提交美国国会的报告“国家公路和桥梁现状”中指出，为修复或更换现存有缺陷桥梁的费用需投资 910 亿美元；如拖延修复进程，费用将增至 1310 亿美元。美国现存的全部混凝土工程的价值约 6 万亿美元，每年用于维修的费用高达 300 亿美元。加拿大也不例外，每年用于修复的基础设施工程的费用高达5000亿美元。英国的英格兰岛中环线快速通道上有11座高架桥（全长21km），总投资2800万英镑。由于冬天撒盐除冰，两年后就发现钢筋锈蚀导致混凝土胀裂。到1989年的15年内，修补费用已达4500万英镑，为建造费的1.6倍。美国的另一项调查显示，美国的混凝土工程的基础设施总价值近6万亿美元。每年的劣化维修费和破坏后的重建费用就高达3000亿美元。其中在近50万座公路桥梁中有近五分之二的已经发生破坏，每年都有将近200座的寿命不足20年的桥梁部分发生破坏，甚至出现坍塌。美国的设计寿命30年的混凝土工程，在没有达到设计寿命时，有近三成的混凝土工程发生或轻或重的破坏，对于这些工程进行维修加固或者重修，将耗费大量的人力、物力和财力。

在我国，混凝土的老化劣化问题同样也不容忽视。20世纪90年代初，国家建设部对我国混凝土建筑物的调查显示大多数的露天的构筑物包括工业建筑，使用20年左右就要进行加固和大修，环境恶劣的构筑物甚至用不到15年，对于使用维护好的混凝土构筑物，使用寿命也不过50年。我国的公路普查显示，截止2000年底，我国的公路桥梁有近28万座，需要大修和加固的桥梁就近万座，每年实际需要用于维修和加固公路桥梁的费用近38亿元。

在海洋环境中的港口、码头等混凝土工程中，影响混凝土耐久性的主要问题是氯离子通过渗透到达钢筋混凝土工程中，氯离子作为催化剂催化造成钢筋的锈蚀，最后导致钢筋混凝土工程发生破坏。20世纪80年代国家交通部的调查显示，海港、码头工程中有近80%的钢筋混凝土工程发生不同程度的钢筋锈蚀问题。

通过上面的调查实例不难看出，对于混凝土工程，特别是恶劣环境中的钢筋混凝土工程，使用寿命短，维护维修费用大，已经成为影响混凝土大量使用的瓶颈。如何提高混凝土的使用寿命，增加混凝土耐久性将是混凝土工程的一大课题。

古代混凝土技术落后，却能建造成耐久千年的建筑，科技与工艺发达的今天，生产的混凝土耐久性却不高。为弄清这个问题，必须从混凝土的内因和外因两个方面来分析。从内因分析，现在混凝土所用的水泥和古代的水泥有很大的差别，古代混凝土结构所用的水泥是火山灰质材料和石灰，类似无熟料水泥，水化很慢；混凝土拌合物也比较干稠，用夯实的方法施工成型很密实；水化产物比较稳定；即使是早期的硅酸盐类水泥与现代硅酸盐类水泥，在磨细程度和矿物组成上也有一定的差异。混凝土配合比设计时考虑不周，缺乏针对性，忽视在现代的施工技术条件下混凝土的工作性也是造成混凝土耐久性差的原因。属于外因的是：严寒地区的反复冻融破坏、腐蚀性介质的侵蚀、长期的超负荷工作、机械撞击破坏、路面的过度磨耗、路面基础填压不实、施工质量差、及缺乏必要的维护保养等等，其中施工质量是各种外因的主要因素。我们的责任首先是，抛弃普通混凝土设计“以强度为主”的传统观念，在混凝土配合比设计中加强针对性，改变观念，把耐久性、工作性作为配合比设计的首要任务。

第二节 商品混凝土的高性能化

一、商品混凝土有别于传统普通混凝土

随着现代科技的发展与进步，基础设施工程建设规模日益扩大，现代建设工程向高层、超高层、大跨度框架工程发展，对混凝土的需求越来越大，对混凝土的性能要求越来越高，从一定程度上带动了商品混凝土的发展。商品混凝土是由水泥、骨料、水及根据需要掺入的

外加剂、矿物掺合料等组分按照一定比例，在搅拌站经计量、拌制后出售，并采用运输车在规定时间内运送到使用地点的混凝土拌合物。其实质就是把混凝土这种主要建筑材料从备料、拌制到运输等生产环节，从传统的现场施工中脱离出来，通过专业化的集中生产，成为一个独立核算生产的建材商品。

商品混凝土在混凝土组分、配合比设计、生产与质量控制等方面有别于传统的四组分普通混凝土。商品混凝土一个显著特点是：商品、半成品，并由一系列高技术成果支撑起来的新型混凝土。传统普通混凝土适用于低塑性混凝土，是以四种基本材料，并满足强度要求为主的一种混凝土。在生产上，分散搅拌、污染环境、计量难以控制、简单粗放、生产速度慢，且为自拌自用。事实证明传统普通混凝土，显然已不能适应当前混凝土技术的发展和我国基本建设的需要。传统普通混凝土只有四组分，配合比设计是以满足强度要求为主，以限制最小水泥用量、最大水灰比来满足结构对耐久性的要求，并有一套完整配合比计算步骤和方法，普遍编入大中专教科书中，为大家所熟悉。商品混凝土的配合比设计由四组分改为多组分，现代技术加工的机制砂、石材料、矿物掺合料作用机理的深入研究及第二代萘系、三代聚羧酸盐类外加剂的普遍应用，计量、上料和搅拌等生产环节的自动化控制等，已远非传统普通混凝土可比，可以说商品混凝土是靠现代一系列高科技成果支撑起来的一种新型的高技术混凝土。

商品混凝土另一个显著的特点是：配合比设计的复杂性。商品混凝土的生产面对的用户点多、面广，且情况各异，其配合比设计要复杂得多。首先是商品混凝土所用的组成材料已不是四种基本材料，而是多达6～8种以上，原有配合比设计方法已不能满足商品混凝土的配合比设计的需要。配合比设计面对的问题也完全不同于传统的低塑性混凝土，而是大流动性混凝土，设计中要考虑的因素也复杂得多。商品混凝土的配合比设计不仅要依据当地原材料的技术性能及《预拌混凝土》（GB/T 14902—2012）标准，而且要按合同要求和业主对建筑工程的结构类型、强度等级、部位、气候条件、运距等要求。涉及的问题多达10余个相关因素，甚至具体地区的人文和经济发展状况，有时对配合比设计也会产生巨大的影响。因此，混凝土配合比设计不完全是技术的，其中的复杂性，只有常年直接从事生产一线的技术人员才能体会得到。

在综合分析了上述情况后，才能着手配合比的设计问题。在这里类似中医的诊断与配方。中医在开出配方前要“望、闻、问、切”，诊断病症的“虚、实、寒、热”，讲究的“用药如用兵”。在治疗过程中，根据病症的变化讲究用药的“加、减”。混凝土配合比在进行设计和生产过程中随原材料的动态变化而进行生产调控，也有类似的情况。做一个普通的中医大夫不难，做一个良医、名医就难多了。从事混凝土配合比设计也是，入门不难，真正弄懂商品混凝土配合比设计的特点，做到在任何复杂的情况下，既保证质量，又能降低成本，为公司赢得信誉，又能创造最大效益是一件不容易的事。

从C10～C60常用的最基本混凝土配合比只有11个，而要考虑工程的上述多种因素，送交搅拌楼的基准配合比仅凭11个配合比是远远不够的。以C30为例：必须事先有适应上述不同工程情况条件下的配合比应急处理预案。如C30梁板柱、C30道路、C30钻孔桩、C30大体积、C30斜屋面、C30细石等多达6个以上，再加上满足抗渗、自密实等不同性能要求的C30混凝土。这样看来，满足业主对混凝土从C10～C60的要求，就要多达100个上下。商品混凝土在根据季节和气温变化调整的配合比更多，即使这样，还要随原材料的动态变化而在生产中及时进行调控。任何一个合理、优秀的配合比设计都是在一定原材料条件下，通过反复试配取得的。离开工程和原材料条件的配合比是无意义的，必须对其进行必要的调整。可以说，在商品混凝土中，任何一种原材料的异常变化，都可能使制备的混凝土性能产生较大波动，可谓“牵一发而动全身”，这种敏感性，在低塑性普通混凝土中并不显著。

商品混凝土为适应这种原材料的多变性，需要在上述近百个“基准配合比应急预案”的基础上，在搅拌楼生产过程中，根据原材料的性质变化，对生产配合比进行相应调控工作。这不是一般搅拌楼操作工能够胜任得了的，需要试验室派专人去搅拌楼值班调控[1]。原材料的动态变化中，除砂、石因含水量的变化引起和易性波动，更有其他，包括常见的砂子细度模数、含泥量、石子级配和针片状、粉煤灰、水泥、外加剂的质量异常变化等，都需要对原设计配合比进行必要的调整，否则，混凝土出厂前质量将出现波动。另外，商品混凝土公司为确保产品质量，须设专人目测混凝土拌合物的和易性状态，发现异常停止出厂，以免把和易性不合格的产品送到现场。因此，商品混凝土的生产工艺与质量控制，要比传统自拌混凝土复杂得多，切不可简单化视之。

商品混凝土的生产自动化、计量控制可靠、精度高、生产速度快、技术含量高，已远非传统自拌混凝土可比。搅拌楼现在已有砂、石含水量在线自动检测，自动调控加水量、部分混凝土公司磁化水的应用技术等，在生产技术上远非传统自拌混凝土可比。相信在不久的将来，砂、石级配的在线自动检测、自动调控配合比技术，在我国已有光电颗粒分析和计算机高速运算等技术的基础上，实现搅拌楼生产全自动化的日子，一定会到来。搅拌楼的自动计量采用电脑控制系统，水泥、矿物掺合料、外加剂和水的计量精度误差可在1%，砂石的计量精度误差可在2%以内。但都要对其进行定期或不定期人工标定、检查，否则，会出现不应有的质量事故。

二、商品混凝土发展的现状

30多年来，商品混凝土伴随着我国经济社会的发展迅速壮大，也日益形成了一个产业，避免了自拌混凝土带来的一系列的问题，为土木工程行业的发展做出了巨大贡献。商品混凝土具有一系列的优点，比如能提高建筑工程质量、促进混凝土新技术的开发和应用、缩短工期、减少施工人员、减轻劳动强度、降低施工管理费用、防范质量风险的发生、减少施工场地占用及材料浪费、保护和改善环境、促进资源综合利用及建筑业、建材业的产业结构调整、融合和优化。它最主要的特点是通过集中搅拌、社会化商品供应，实现了建筑产业化。商品混凝土的迅猛发展，在保障工程质量、节能降耗、节省施工用地、改善劳动条件、减少环境污染等方面益处颇多，称为建材业和建筑业走向现代文明的标志，在发达国家普遍应用，在我国也受到了高度的重视，国家出台了系列政策支持并鼓励其发展。目前我国混凝土的现状表现如下：

(1) 商品混凝土商品化、专业化的程度低。据统计[2]2010年我国混凝土总产量约为45亿立方米，其中商品混凝土仅有6.03亿立方米，占全国所生产混凝土总量的13.4%，而同期美国比例高达84%，瑞典比例也达到了83%，日本、澳大利亚等国家位居第三、第四位，发达国家这一比例都超过80%。这也反映出一个国家建筑工业化和施工水平的高低。随着经济的迅速增长，尤其是各地相继颁布禁止现场搅拌混凝土政策以来，我国商品混凝土产量逐年增长（图1-5），但生产水平较发达国家还有很大的差距，总体的商品化程度相对偏低，还需要进一步提升。

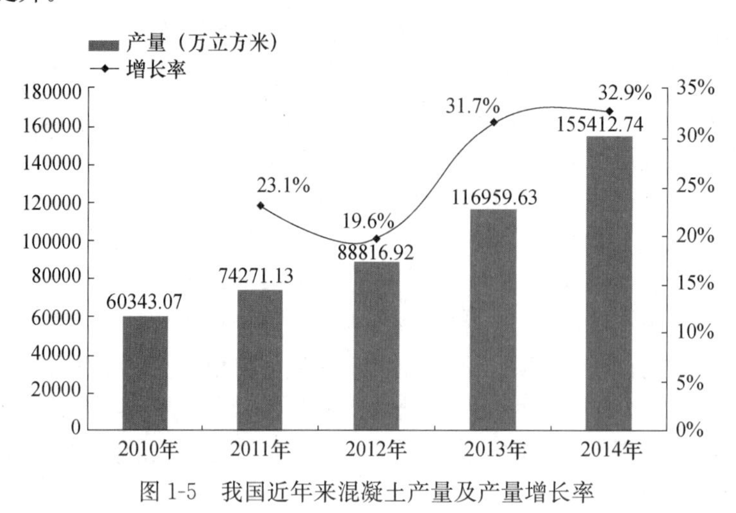

图 1-5 我国近年来混凝土产量及产量增长率

（2）商品混凝土发展不平衡。虽然近几年我国商品混凝土行业发展较快，但区域发展不均衡现象较为突出（图 1-6）。

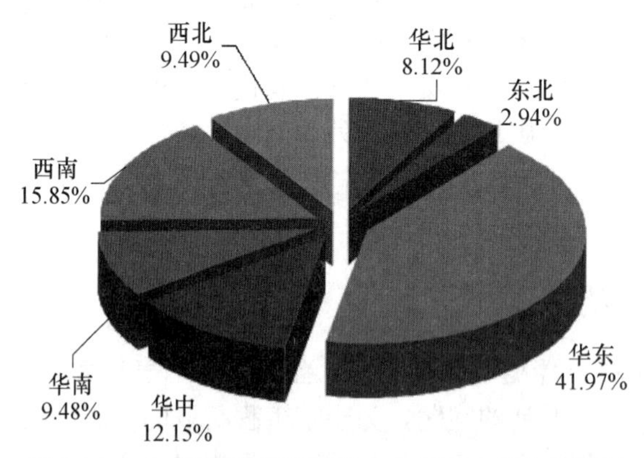

图 1-6 2013 年我国商品混凝土分区域产量占比情况

据不完全统计[3]，2011 年我国商品混凝土的总产量为 7.4 亿立方米，较 2010 年增长了 23%，但混凝土企业发展数量上很不平衡，表现在 2011 年混凝土企业发展大部分集中在华东、华北地区，两个地区新发展的企业数分别高达 2564 家、1015 家，总和为 3579 家，只有极少比例新增在东北、西北、西南地区，新增企业数分别为 391 家、403 家、632 家，总和为 1426 家。从以上数据可以看出，全国七成以上的混凝土企业集中在华东和华北地区，华东地区占到了一半以上，而东北、西北地区企业数量很少。除地域分布不均衡外，产量也是很不均衡的，以 2011 年为例，江苏省的产量位居第一位，超过了 2 亿立方米，广东省位居第二，达到了 1.3 亿立方米，紧随其后的是山东省、浙江省和河南省，这五个省的商品混凝土总产量占全国商品混凝土总量的 50%以上。商品混凝土区域发展的不平衡也严重影响了我国商品混凝土产业的发展进程。

（3）商品混凝土产能过剩。近几年，我国商品混凝土搅拌站数量增长过多，再加上区域性的发展，由于混凝土产业缺乏科学投资和长远规划建设，导致出现了商品混凝土的产能过剩现象，同时由于企业同行的无序竞争，重价格、轻质量，严重扰乱了市场，制约了商品混凝土企业的科学发展。以上种种，造成了企业资金周转困难，也使整个社会资源造成了极大的浪费，从而抑制了商品混凝土企业的发展壮大。

（4）商品混凝土技术人员不足。我国很多商品混凝土生产企业引进了世界先进的设备，为混凝土产品的质量提供了可靠的保证。但企业的技术力量不足，不能有效地利用设备来完成高质量混凝土的制备。一方面是由于商品混凝土行业发展过快过猛，造成了技术人员的短缺，技术人员业务素质跟不上企业的发展速度；另一方面技术人员的频繁流动，导致企业不愿花更多的时间和资金送技术人员参加培训，技术上得不到提升。据相关资料报道，我国目前商品混凝土搅拌站的工作人员学历普遍不高，有些搅拌站甚至没有一个科班出身的大学生。由于市场对商品混凝土的用量不断增加，供不应求，企业的工作人员只热衷于跑市场、拿订单，企业管理者不愿意花更多的人力、物力在技术研发上，只固守老的技术，从而制约新技术的开发使用。

（5）商品混凝土企业生产设备先进、技术管理粗放。虽然目前我国商品混凝土的生产设备已经很先进，同时也掌握了先进的商品混凝土生产设备的制造技术。事实上，商品混凝土生产工艺没有得到较大幅度提升，还处于比较简单的阶段。从我国目前商品混凝土企业投资上来看[4]，主机设备仅占总投资的12.5％，运输设备占到总投资的一半，泵送设备大约占15％，其他投资总和仅为22.5％。

三、商品混凝土在应用中存在的问题

伴随着现代城市建设的高速发展，商品混凝土在城市建设中的应用范围越来越广泛。混凝土工厂化集中生产，具有促进工程进度和保证工程质量，减少城市污染，便捷快速的施工作业，有效的节约成本和合理的经济效益等诸多优点。在实际施工应用中，商品混凝土生产中问题主要集中在以下几个方面：

（1）原材料控制不当

混凝土的原材料主要包括胶凝材料、粗骨料、细骨料、水和外加剂等组分，下面就原材料在使用过程的控制问题进行分析。

① 胶凝材料。在实际生产中，水泥和矿物掺合料等原材料的性能指标得不到有效检测。

② 骨料。长期以来，商品混凝土企业管理和技术人员存在“重胶凝材料，轻砂石的”思想，认为砂石价格便宜，就是一种填充料，只要水泥质量好，就能配制出优良的混凝土。技术人员忽视对砂石含水率、含泥量、颗粒级配等技术指标的检控，对砂石质量的控制不严，严重影响了混凝土的质量。

③ 混凝土用水量失控。随意加水。混凝土生产过程中，试验室质量控制人员不能根据砂石的含水率、水泥的标准稠度用水量、矿物掺合料和外加剂等原材料的质量波动有效调整混凝土生产用水量，完全是凭经验随意加水；在运输过程中，有些混凝土运输司机为了多运送几趟混凝土以增加自己的收入，随意向罐车内加水；在施工过程中，施工人员违规随意加水。这些现象造成混凝土实际用水量偏大，水胶比变大，严重影响了混凝土的强度和耐久性。

（2）商品混凝土运输管理控制失控

商品混凝土企业管理失控。首先，没有认真评估从混凝土搅拌站到施工工地的运输时间，调整混凝土拌合物的工作性能；其次，没有根据交通问题和天气变化提出相应的措施；另外，缺乏与施工单位的沟通，不能及时了解施工进度。

四、商品混凝土的高性能化

随着高效减水剂的出现，可大幅度降低用水量、降低水胶比，为提高商品混凝土的强度和耐久性提供了条件；另外，对矿物掺合料的研究，又证明了其不仅具有节约水泥、降低成本的作用，还对改善工作性、减少孔隙率、提高混凝土密实性、抗渗性有很大的效果，可使侵蚀性液体或气体难以进入，从而可用常规材料和工艺生产高工作性、高体积稳定性、高耐久性的混凝土。商品混凝土集中搅拌后再以商品形式供应给用户，使混凝土的生产趋于社会化与专业化。由于商品混凝土具有集中生产与统一供应等特点，为采用高效减水剂和矿物掺合料等新材料和新技术、实行严格的质量管理、选择合理运距以及改进施工方法，为商品混凝土的高性能化创造了有利条件。商品混凝土的高性能化应视为一种利用高效减水剂和矿物掺合料实现高性能混凝土的技术要求，高性能混凝土应是商品混凝土的一种特殊表现形式。商品混凝土通过选用优质材料、优化配合比、降低水胶比、优化施工工艺，实现高性能混凝土的性能。

（1）高性能混凝土的定义

1990 年，在美国国家标准与技术研究所（NIST）与美国混凝土协会（ACI）召开的一次会议上，首次提出高性能混凝土（High Performance Concrete，简称 HPC）的概念，并定义为：具有较高的强度，易于浇筑、振捣而不离析，具有高超的力学性能、体积稳定性好、能长期在恶劣条件下使用等性能的混凝土。近年来的研究又证明：高耐久性不一定要高强度；一个好的高性能混凝土配合比，即使是强度只达到 C30 也能达到高性能的要求。

我国在 2015 年 1 月出版的《高性能混凝土应用技术指南》一书中对 HPC 的定义为："高性能混凝土，是以满足建设工程设计、施工和使用对混凝土性能特定要求为总体目标，选用优质常规原材料，合理掺加外加剂和矿物掺合料，采用较低水胶比并优化配合比，通过预拌和绿色生产方式以及严格的施工措施，制成具有优异的拌合物性能、力学性能、耐久性能和长期性能的混凝土。"

高性能混凝土是新一代混凝土，是 21 世纪混凝土，使传统的混凝土技术进入高科技时代，对人们的观念和施工工艺产生巨大的影响，未来必将逐步取代普通混凝土，使商品混凝土逐步高性能化。加拿大多伦多电视塔、杭州湾跨海大桥、日本明石海峡大桥、上海金茂大厦等著名建筑成为高性能混凝土成功生产、使用的例证。

（2）商品混凝土高性能化应具有的特点

① 商品混凝土高性能化是针对工程具体要求，尤其是针对特定要求而制作的混凝土。例如针对典型腐蚀环境条件须按相应的耐久性能要求而制作的混凝土；又如针对钢筋密集的结构部位须采用免振捣施工的自密实性能要求制作的混凝土等等。

传统上习惯于采用强度作为工程设计和施工的总体目标，而实现商品混凝土的高性能化则强调综合性能，不仅重视强度，还重视施工性能、长期性能和耐久性能。例如，对于某一海洋工程混凝土结构，在满足强度的条件下，应考虑长期和耐久性能。又如，某一配筋密集不利于振捣的工程结构，在满足强度的条件下，拌合物性能应更为优异，可以免振捣自密实。

② 合理选用优质的常规原材料。某些原材料不仅仅应满足标准的基本要求，还须达到较高的指标要求，比如用于商品混凝土的粉煤灰为Ⅱ级粉煤灰，而Ⅲ级粉煤灰虽符合标准要求，但不属于商品混凝土高性能化的优质原材料。再者合理选用及应用技术十分重要，即便采用的是优质原材料，但应用技术不对，也不能发挥作用，比如严寒地区抗冻要求的混凝土宜采用硅酸盐水泥或普通硅酸盐水泥，而不是其他品种的通用硅酸盐水泥。

③ 采用“双掺”技术。在混凝土中掺加外加剂和矿物掺合料推动了混凝土技术的发展，也是商品混凝土高性能化的基础，商品混凝土高性能化强调合理采用矿物掺合料品种和掺量，要重视外加剂与原材料的相容性。

④ 在满足工作性的条件下，采用较低水胶比。一般来说，在不与混凝土拌合物施工性能和硬化混凝土抗裂性能相抵触的前提下，低水胶比的混凝土性能相对较高。主要考虑：第一，水胶比以满足高性能混凝土性能的技术目标为好，不必要一味追求低水胶比；第二，应涵盖部分施工性能、力学性能、耐久性能（含抗裂）、长期性能、经济性等综合情况较好，且应用面较广的混凝土，从而有利于提高混凝土行业整体水平。

⑤ 优化配合比，是实现商品混凝土高性能化关键技术之一。优化配合比主要体现在配合比设计的试配阶段，通过试验、调整和验证，使配合比可以实现商品混凝土的某种性能要求，并且具有良好的经济性。常用的原材料仅有水泥、矿物掺合料、骨料、外加剂、水这几项，但针对不同特定目标要求，各个原材料的不同用量的配合比例变化却不同，真所谓“味不过五，五味之变，不可胜尝也”。因此，无论工程要求的混凝土性能对配合比要求有何不同，配合比都应进行优化并符合技术规律，这是实现商品混凝土高性能化的必由之路。

⑥ 采用绿色预拌生产方式进行生产。绿色生产内容主要包括节约资源和环境保护，这是当今生产技术的基本要求，也是商品混凝土高性能化所必须遵循的。

⑦ 采用严格的施工措施。精心施工，严格管理，是实现商品混凝土高性能化的重要手段，也是制作高性能混凝土的重要环节。

（3）实现商品混凝土高性能化的配合比设计思路

由于商品混凝土高性能化的基本性能是高工作性、高耐久性，因此在配合比设计上首先是考虑如何确保高工作性、高耐久性。配合比设计的思路：高工作性和高耐久性是有针对性的，结构特点和环境条件不同，工作性、耐久性要求也不相同。解决此类问题，要采取相应的针对性措施。了解分析历史上成功的经验和失败的教训，增进对现有各类原材料的了解并进行优选，满足设计对混凝土工作性、耐久性的要求。商品混凝土配合比设计的针对性，是指不同地区、不同的环境介质、结构所处的不同部位，工作性和影响耐久性的外部因素也是不一样的，要具体问题具体分析，不能盲目照搬，世界上不存在通用配合比。为此，在设计中要研究影响耐久性的主要因素、应采取的措施及相应的检测手段等。

五、商品混凝土配合比的高性能化要考虑的问题

我国商品混凝土仍然是以强度设计作为混凝土配合比的基础，接受以耐久性为目标的配合比设计新观念已成为混凝土工程界的当务之急。对于不遭受恶劣气候作用和侵蚀环境作用的混凝土结构，强度当然是混凝土质量的主要指标，混凝土按强度设计是正确的；对处于中等严酷程度的暴露环境的混凝土，如，处于水中、有冷凝水、交替干湿、不太严酷的冻融交替等条件下，混凝土应同时满足强度和耐久性要求；对处于恶劣暴露环境下的混凝土，如，

处于酸性介质、侵蚀性土壤、海水浪溅区、严寒区受冻融交替及撒除冰盐的路面、潮湿条件下且用碱活性骨料时，混凝土强度相对来说已不是主要矛盾，混凝土应首先按耐久性设计，同时满足强度要求。

除暴露环境外，结构物的重要程度和要求服务年限是混凝土耐久性设计的重要依据。根据不同的服务年限要求，在耐久性设计中采用相应参数，按耐久性设计的混凝土应该是按服务年限设计混凝土，这也是混凝土科学的发展方向。如果在修订施工规范、结构设计和混凝土材料设计中完成了从按强度设计到耐久性设计的转变后，预期我国混凝土工程的耐久性、安全性以及服务年限将有很大提高，维修费用将大幅度下降，使混凝土结构潜在的破坏现象得以避免。

(1) 抗渗性

混凝土是通过水泥水化固化胶结砂石骨料而成的气、液、固三相并存的非匀质材料。它具有一定的透水性，原因是：首先为使拌合物施工方便，用水量一般要大于水泥水化所需的水量，这些多余的水造成空隙和空洞，它们可能相互串通，形成连续的通道；其次水化产物的绝对体积小于水泥和水原有的体积之和，硬化水泥石不可能占据与原来新鲜水泥浆相同的空间，这样在硬化的水泥石中会增加孔隙。混凝土中的孔隙主要为结构孔隙，结构孔隙的胶凝孔是不透水的，混凝土的毛细孔数量、透水性与水胶比、水泥水化程度和养护条件等有直接关系。混凝土的渗透性不是其孔隙率的直线函数，与孔隙的尺寸、分布及连续性有关，并随着水化程度而变化。

由于骨料颗粒在混凝土中多为水泥石所包裹，所以在密实混凝土中，对渗透性影响最大的是水泥石的渗透性，骨料本身的渗透性则影响不大。但在混凝土凝结过程中砂石骨料沉降形成的沉降孔和由于砂浆和骨料变形不一致或因骨料表面水膜蒸发而形成的接触孔往往是连通的，其直径比毛细孔大，是造成混凝土渗水的主要原因。

此外，水泥水化硬化产生的化学减缩、水泥水化产生热量形成的内外温度梯度、混凝土内部水分蒸发引起的干缩等原因引起的体积变化等因素，使混凝土在凝结硬化过程中表面和内部会形成许多微裂缝，当裂缝宽度超过 0.1mm 时，混凝土便渗水，因此，凝结硬化过程形成的微裂缝也影响混凝土的抗渗性。

混凝土的渗透性高低影响液体（或气体）的渗入速度，而有害的液体或气体渗入混凝土内部后，将与混凝土组成成分发生一系列的物理化学和力学作用；水还可以把侵蚀产物及时运出混凝土体外，再补充进去侵蚀性离子，从而引起恶性循环。此外，混凝土的饱和水，当混凝土遭受反复冻融的环境作用时，还会引起冻融破坏，水还是碱-骨料反应的必要条件之一。因此，抗渗性是提高和保证耐久性首先要控制的性能。

(2) 抗碳化耐久性

什么是混凝土的碳化？碳化是一种碳酸侵蚀。在空气和某些地下水中常含有 CO_2，城市中一般为 0.04%，农村为 0.03%，而室内可达 0.1%，室内结构是室外的 2～3 倍。在空气湿度为 50%～75%时，CO_2 以 H_2CO_3 的形式与混凝土水泥水化产物的 $Ca(OH)_2$（占水化产物的 20%～25%）反应，生成 $CaCO_3$，使混凝土中性化，降低混凝土的碱度，当 pH 值低于 11.5 时钢筋钝化膜破坏，钢筋锈蚀。如环境中有不断补充的 H_2CO_3 来源，已形成的 $CaCO_3$ 又进一步反应，形成极易溶于水的碳酸氢钙，随水流失使混凝土变得酥松。

$$Ca(OH)_2 + CO_2 + H_2O \longrightarrow CaCO_3 + 2H_2O$$

$$CaCO_3 + CO_2 + H_2O \longrightarrow Ca(HCO_3)_2$$

我国电力行业标准《水工混凝土施工规范》（DL/T 5144—2015）中，处于浪溅区的钢筋或预应力钢筋混凝土 W/C 北方不大于 0.5；南方不大于 0.4。Becktt（1986）也给出了普通硅酸盐水泥同保护层厚度的混凝土碳化所需要的时间估计值，见表 1-1。

表 1-1 混凝土碳化到钢筋表面的时间 （年）

W/C	混凝土保护层厚度（mm）					
	5	10	15	20	25	30
0.45	19	75	100+	100+	100+	100+
0.50	6	20	50	99	100+	100+
0.55	3	12	27	49	76	100+
0.60	1.8	7	16	29	45	65
0.65	1.5	6	13	23	36	62
0.70	1.2	5	11	19	30	43

国内外大量的试验和工程实践表明：混凝土中掺用粉煤灰和矿粉，在正常养护的条件下，由于对混凝土和易性改善、密实度提高，对碳化影响不大。湿养护时间对混凝土碳化深度影响很大，正常制备的混凝土，一般每年碳化速度小于 1mm。因混凝土碳化引起的钢筋锈蚀破坏，大多数是由于混凝土质量低劣、保护层太薄和养护不好所致。对碳化影响耐久性的防治主要是限制水胶比和保护层的最小厚度。

（3）抗冻害耐久性

抗冻害的耐久性设计按微冻、寒冷、严寒地区划分，根据冻害程度对耐久性的影响强弱，对水胶比加以限制，见表 1-2。对于微冻地区，只要水胶比不大于 0.5 就可满足抗冻害耐久性的要求，抗碳化的耐久性问题不是重点。但对高寒地区耐久性问题就是必须重点考虑的大问题了，饱和含水的混凝土结冰后水的体积膨胀 9%，反复冻融可对混凝土带来破坏。

表 1-2 不同冻害地区或盐冻地区混凝土水胶比最大值

混凝土结构所处环境条件	最大水胶比（W/B）
微冻地区	0.50
寒冷地区	0.45
严寒地区	0.40

（4）抗硫酸盐侵蚀的耐久性

混凝土的硫酸盐侵蚀问题主要是环境中含有 SO_4^{2-} 离子，首先与水化产物中的 $Ca(OH)_2$ 反应生成易溶于水，或毫无粘结力的产物，并进一步与水化铝酸三钙二次反应生成体积膨胀 2.5 倍的钙矾石，使混凝土产生由表及里的破坏。如：

$$Na_2SO_4 \cdot 10H_2O + Ca(OH)_2 \longrightarrow 2NaOH + CaSO_4 \cdot 2H_2O + 8H_2O$$

$$CaSO_4 \cdot 2H_2O + 3CaO \cdot Al_2O_3 \cdot 6H_2O + 24H_2O \longrightarrow 3CaO \cdot Al_2O_3 \cdot 3CaSO_4 \cdot 32H_2O$$

硫酸盐侵蚀对混凝土耐久性的影响在我国的西北、西南是常见的一种侵蚀，据资料介绍 SO_4^{2-} 在水中为 568.8mg/L，占总侵蚀介质的 5.8%，仅次于 Cl^- 和 Na^-，处于第三位。

（5）抑制碱-骨料反应的耐久性

碱-骨料反应是混凝土的总有效碱（$Na_2O + 0.628K_2O$）与骨料中活性成分（活性 SiO_2

或镁质碳酸盐），在有水存在的条件下反应，产生类似水玻璃的产物体积膨胀，使混凝土发生由里及表的开裂。碱-骨料反应一度被称为混凝土的“癌症”，试验研究和工程实践证明碱-骨料反应必须具备三个条件：有活性骨料；有一定量的碱存在；混凝土内有可引起反应的水，干燥的环境（相对湿度低于50%），不可能发生碱-骨料反应。

在混凝土中使用粉煤灰、矿粉、沸石粉和高效减水剂等材料，一是发挥矿物细粉料提高水泥石的密实度和抗渗性的作用；二是发挥矿物细粉料对碱离子的吸附、阻滞作用，并将部分碱离子转化为相应的水化产物，减少对混凝土碱-骨料反应的危害。碱-骨料反应对混凝土结构物的危害并非“癌症”，认真做是完全可以避免的。

（6）抗氯盐侵蚀的耐久性

我国港口、海工工程混凝土的耐久性可以说都受氯盐的影响，甚至在世界范围内氯盐都是混凝土工程重点防治的内容。氯盐对钢筋混凝土耐久性的影响是双重性的。首先，是对水泥石的腐蚀：

$$2NaCl+Ca(OH)_2+H_2O \longrightarrow 2NaOH+CaCl_2$$

反应生成的NaOH毫无粘结力，腐蚀水泥石；其次，$CaCl_2$极易溶于水，破坏原有的氢氧化钙平衡，并使其分解，使混凝土pH值降低。当pH值降低到11.5时，钢筋的钝化膜开始破坏，钢筋锈蚀。

在海水中有80多种化学元素，其含量多少大不相同，在不同的海域中变化较大。在淡水流入量较小，而蒸发量较大的海域，其海水中的含盐量比大洋中高；在雪水、河水汇集较多的近海中，其含盐量比大洋低。海水中的盐分都以离子形式存在，其中氯离子含量危害最大。混凝土中的钢筋处于高碱性环境（pH为12.5～13.0）。只要pH值低于11.5，钢筋就有锈蚀的可能。混凝土中的钢筋处于高碱性环境中，钢筋表面形成一层非常致密的、厚度约为（2～10）$\times 10^{-9}$m厚的钝化膜（$Fe_3O_4 \cdot H_2O$或Fe_2O_3），这层钝化膜牢牢吸附于钢筋表面，使钢筋难以进行阳极反应。

混凝土的pH值低于11.5时，氯离子使钢筋去钝化（阳极活化），其作用要比碳酸盐作用去钝化大得多。反应如下：

$$Fe^{2+}+2Cl^-+4H_2O \longrightarrow FeCl_2 \cdot 4H_2O$$

$$FeCl_2 \cdot 4H_2O \longrightarrow Fe(OH)_2\downarrow +2Cl^- +2H_2O$$

$$Fe(OH)_2+nH_2O \longrightarrow Fe_2O_3 \cdot (n+1)H_2O\uparrow$$

在这里氯离子没有任何消耗，只起到搬运电子，使铁变成铁锈，使钢筋锈蚀的作用。因此如何防止氯离子产生对钢筋的锈蚀危害，成为耐久性设计的大问题。

六、商品混凝土必须纠正的几个传统观念

第一，掺用水泥越多越好，掺用掺合料越多是劣质混凝土。

随着人们对混凝土工作性、耐久性越来越关注，对此观念要重新认识。由于现在的硅酸盐类水泥生产技术的进步，强度越来越高、细度越来越细，水化产物中的不稳定成分的比例越来越大。掺用矿物掺合料正是降低水化热（图1-7）、耐化学侵蚀性、增强体积稳定性的有效方法。决定强度的不再是水灰比（W/C），而是水胶比（W/B）。曾有专家预言，将来即使粉煤灰价格高于水泥，也必须使用。现在就有这样的事例：在距美国西海岸约4000km的太平洋小岛上建一座教堂，为保证1000年的使用寿命，其筏式混凝土基础，除选用C_3S

为14%、C_3A为1%的水泥外，不惜以3倍水泥的价格，从美国西海岸的电厂购进粉煤灰，且掺量近60%。该工程于1999年开工浇筑760m^3，到2000年7月，未发现任何裂缝，大掺量掺合料正是对目前硅酸盐水泥存在劣势的补偿。

第二，石子用量越大混凝土强度越高。

这是"强度唯一"的传统思维，以为骨料在混凝土中起骨架作用，石子多，骨架强，混凝土就一定强度高。实际上骨架作用主要是指稳定混凝土的体积，有了骨料可阻止水泥浆体硬化中的收缩（图1-8）。在总胶凝材料和用水量一定的情况下，骨料中的砂率才是对工作性、耐久性，甚至包括强度的重要参数。只有选用合理砂率，才能获得工作性、耐久性、强度均佳的混凝土。

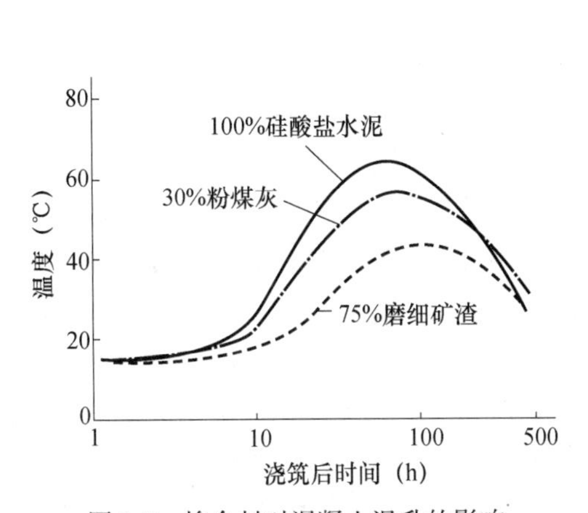

图1-7 掺合料对混凝土温升的影响

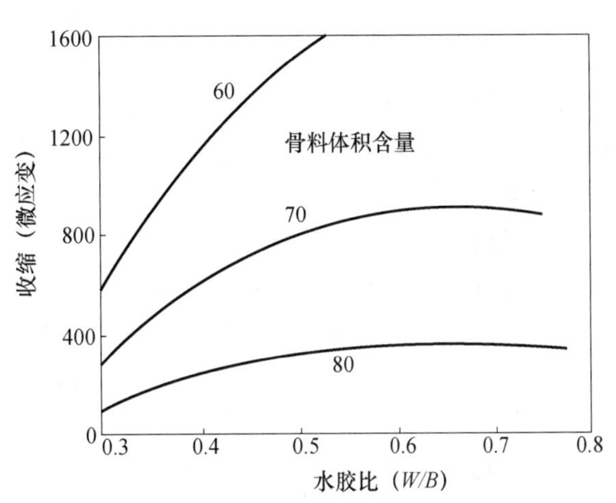

图1-8 水胶比及骨料含量对收缩的影响

第三，石子粒径越大强度越高。

其理由是：石子ϕ_{max}大，总表面积小，水泥浆体一定时，可更好地包裹粘结石子。试验研究表明，结果正相反，混凝土强度随粒径增大而下降。原因是适当降低石子粒径有利于改善混凝土的结构，并减少硬化中泌水上浮时水在石子下部的滞留，提高了界面强度。

第四，担心大掺量矿物掺合料会使混凝土pH值下降，导致钢筋锈蚀。

这种担心是完全没有必要的。所谓"混凝土的pH值"是指混凝土孔隙中溶液的pH值。混凝土是不溶性的固体，没有pH值问题。正常施工的混凝土孔隙率很低，孔隙水是很少的，在水泥石中$Ca(OH)_2$占15%～25%，只要有极少的$Ca(OH)_2$溶于孔隙水中是很容易达到饱和浓度的。有人试验掺80%的矿物掺合料时，孔隙溶液的pH值仍然是饱和的，不会导致钢筋锈蚀。导致钢筋锈蚀的常常是低劣的施工质量，如现场加水，不认真振捣、养护等。

第五，掺粉煤灰会影响混凝土的表面质量。

常有人认为粉煤灰轻，振捣时会上浮，混凝土外观难看，这是一种误解。水泥的密度一般取3.1g/cm^3；矿粉密度取2.8g/cm^3；粉煤灰密度取2.2g/cm^3，三者比较，矿粉、粉煤灰的密度较小，但远大于水的密度。黏聚性、保水性好的混凝土在很短的振捣时间内，由于混凝土拌合物本身的黏滞性不可能让粉煤灰上浮。有的情况是混凝土配合比有问题，砂率选择不当，保水性不好，泌水较大，在水面上有一层灰白色或黑色的飘浮物，就认为是粉煤灰上浮，这也是一种误解，如粉煤灰密度大于1.0g/cm^3，不可能浮在水面上；浮在水面上的是水泥或砂、石中的轻物质，并不是粉煤灰。相反，矿粉、粉煤灰都有饰面功能，这是因为矿粉、粉煤灰的粒径都依次小于水泥，会改善水泥浆体的颗粒级配，参与水化，使水泥石更为密实、表面更光洁美观。

七、工程中的新材料、新工艺与现有规范、标准矛盾之处的处理

清华大学的廉慧珍教授在2005年《商品混凝土》杂志第一期“思维方法和观念的转变比技术更重要”之三中对此问题有较为透彻的阐述，全文一万余字，在这里仅摘其要点：

（1）我国与建筑有关的法律、法规和标准、规范分为法律、行政法规和技术标准。前两者具有法律效力，而技术标准包括国家标准、行业标准、地方标准和企业标准，其本身不具备法律效力，只有经过甲乙双方协商、选择，在合同中约定作共同约束的条文时才具有法律效力。这就要求提高签订合同制定双方执行有关条文的水平，明确合同的目的是保证工程质量，相互沟通对有关技术标准条文的理解，全面吃透标准，而不能只执行某一条而忽视对标准的全面理解。许多工程中纠纷并非标准上不允许，而是缺乏沟通。

（2）技术标准的制定是一个极复杂的过程，需要集中若干个行业有代表的专家，收集大量已发表的、又经实践检验的信息和数据，参考国内外先进经验和科研成果，必要时还要进行重演性试验，对大量的数据进行分析、归纳、研讨、去伪存真等一系列工作，花费大量的人力、经费而形成。可以说标准、规范是各方妥协的产物，是各方都能接受的最低要求。所以说规范、标准并非放之四海而皆准，对具体工程对象，由于客观上存在许多不确定的因素和条件，允许在经过严格试验验证的基准上，对复杂疑难的工程技术问题突破原有标准、规范的限制。实践才是检验真理的标准，否则就没有科技发展。例如美国ACI混凝土结构设计规范中第一章第一句话就对此作了说明：“本规程提供设计与施工的最低要求……业主或设计人员可能需要在设计中采用新的先进技术，或需对材料及施工质量提出更高的要求”。

参考文献

[1] 王永逵．做好搅拌楼调控，是确保商品混凝土出厂前质量的最后一道工序［J］．商品混凝土，2010，(7)．

[2] 张承志．商品混凝土［M］．北京：化学工业出版社，2006.

[3] 韩先福．改善产业发展环境，坚持低碳绿色之路——对我国混凝土产业现状及发展趋势的思考［J］．混凝土世界，2011（4）．

[4] 谷炼平．青藏铁路高原冻土区混凝土裂缝的成因与防治［J］．混凝土，2003（02）．

第二章　胶凝材料

胶凝材料是指混凝土材料中除骨料、水及外加剂之外的所有粉体材料（表 2-1）。有些胶凝材料自身具有水硬性，即材料自身可以水化并提高混凝土的强度；或者具有潜在水硬性，它们能与拌合物中共存的水泥水化产物发生化学反应，进而表现出水化活性。也有一些胶凝材料基本上是化学惰性，但对其他材料水化有催化作用或对新拌混凝土的性能有物理作用。

表 2-1　不同胶凝材料的胶结性

材　料	胶结性
硅酸盐水泥熟料	完全胶结性（水硬性）
矿渣粉	潜在水硬性，部分水硬性
天然火山灰	掺入硅酸盐水泥中具有潜在水硬性
低钙粉煤灰（F 类）	掺入硅酸盐水泥中具有潜在水硬性
高钙粉煤灰（C 类）	掺入硅酸盐水泥中具有潜在水硬性，但自身也具有较低的水硬性
硅灰	掺入硅酸盐水泥中具有潜在水硬性，但物理作用很大
石灰石粉	主要表现为物理作用，但掺入硅酸盐水泥中具有较低的潜在水硬性
其他填充料	化学惰性，只具备物理作用

第一节　水　　泥

水泥是一种水硬性胶凝材料。我国标准对水泥的定义是：加水拌合成塑性浆体，能胶结砂、石等适当材料并能在空气中和水中硬化的粉状水硬性胶凝材料。水泥在胶凝材料中占有突出的重要地位，是基本建设中最主要的材料之一，广泛应用于工业、农业、国防、交通、城市建设、水利以及海洋开发等工程建设中。

一、水泥的分类及现状

水泥的种类很多，目前水泥品种已达 100 多种。为了便于命名和分类，从水泥本身的特点和使用角度出发，我国标准按水泥的用途和性能分为三类，即通用硅酸盐水泥、特性水泥和专用水泥。① 通用硅酸盐水泥——用于一般土木建筑工程的水泥。这类水泥实际上是硅酸盐水泥及其派生的品种，是掺各种混合材料的水泥。它用量大、使用面广，主要品种有硅酸盐水泥、普通硅酸盐水泥、矿渣硅酸盐水泥、粉煤灰硅酸盐水泥、火山灰质硅酸盐水泥和复合硅酸盐水泥。其中普通硅酸盐水泥和矿渣硅酸盐水泥是我国市场的主导产品。② 特性水泥——某种性能比较突出的水泥。这类水泥主要是为满足不同的工程要求，使用面比通用水泥窄。主要品种有用于补偿收缩混凝土工程的膨胀水泥，用于大坝混凝土工程和要求水化热低的结构工程的中热硅酸盐水泥和低热矿渣硅酸盐水泥，用于要求早期强度较高的快硬硅酸盐水泥和硫铝酸盐水泥。③ 专用水泥——专门用途的水泥。这类水泥用途单一，使用量有限，如专用于加固油、气井工程的油井水泥，用于高温条件的高铝水泥，用于装饰工程的白色硅酸盐水泥以及用于水泥混凝土路面工程的道路硅酸盐水泥。

现在的水泥有以下四点特征：① 水泥早期强度高，3d 胶砂强度可达 30MPa 以上；② 水泥熟料中 C_3S、C_3A 含量高，水泥熟料被磨得很细；③ 抗裂性差；④ 碱含量高，与外加剂相容性问题突出。

目前，商品混凝土企业最常用的水泥是 P·O42.5，《通用硅酸盐水泥》（GB 175—2007）对普通硅酸盐水泥中混合材的掺量限值不超过 20%，并规定了混合材的品种，其目的就是为了避免混合材超掺和混合材品种混乱的现象。有些水泥厂家采用分别粉磨技术和掺加含有早强激发组分的助磨剂后，大幅度提高水泥中混合材的掺量。在所谓的“P·O42.5”水泥中，混合材掺量超过现行国家标准《通用硅酸盐水泥》（GB 175—2007）的规定，普通硅酸盐水泥的混合材掺量超过 30%；复合硅酸盐水泥的水泥熟料用量在 40%左右，惰性的石灰石粉掺量超过 20%的情况很普遍[1]。混凝土生产企业使用 P·O 水泥，在计算活性掺合料掺量时，通常不考虑所用水泥中已经掺加的混合材料，在混凝土中就会出现超掺问题。如果在混凝土生产时再掺加大量的掺合料，则水泥熟料的含量就相对少了，就性质而言，该胶凝体系已经趋向石膏矿渣水泥，其水泥水化产物的 pH 值低于硅酸盐水泥，不仅会给钢筋混凝土结构带来潜在的锈蚀风险，而且混凝土后期强度增长的幅度减小。

从技术的角度来看，混合材超掺不是一个严重的问题。如果水泥厂能够明示所生产的水泥中混合材的品种和掺量，混凝土生产企业可据此调整混凝土的配合比，使生产的混凝土性能满足要求，并不会对建筑物的性能造成损害。现在的问题是水泥厂不告知水泥中混合材的品种和掺量，而且经常变化。这会使混凝土企业无法控制水泥与外加剂的相容性变化，影响混凝土的施工性能，还会影响混凝土结构的耐久性。如果混凝土生产企业不能事先掌握这些变化，就有可能造成生产事故，这也是混凝土生产企业对于水泥品质不满的重要原因之一。

在现行的国家标准《通用硅酸盐水泥》（GB 175—2007）中，水泥组分不是强制性条文。仅由生产者自己检验，缺乏监督管理，且大多数的混凝土生产商对该条文和检验方法不熟悉，不能有效维护自己的合法权益。在有粉煤灰矿渣粉等矿物掺合料的地区，胶凝材料最好组配是水泥厂提供 P·I 或 P·II 硅酸盐水泥，混凝土企业掺粉煤灰、矿渣粉等矿物掺合料。这不仅易于保证混凝土质量，而且减少混凝土原材料物流成本。在当地没有合格的矿物掺合料时，应尽量采用矿渣硅酸盐水泥、粉煤灰硅酸盐水泥或火山灰质硅酸盐水泥。原因是使用一定量的矿物掺合料可以提高混凝土的性能。

在现行的国家标准《通用硅酸盐水泥》（GB 175—2007）中，硅酸盐水泥和普通硅酸盐水泥的比表面积不小于 $300m^2/kg$，但该指标是选择性指标，也就是说和碱含量指标一样，可以由买卖双方协商。该标准没有对水泥上限做规定。目前混凝土生产中遇到的问题是水泥普遍偏细（图 2-1），以 P·O42.5 水泥为例，比表面积为 $380\sim430m^2/kg$，这样的水泥给混凝土生产使用带来很大的麻烦，与外加剂的相容性难以控制，水泥的放热速率快，后期强度增长率小（图 2-2），导致混凝土收缩开裂敏感性增加，后期强度不增长，甚至倒缩。国内外研究表明，水泥中含有适量的粗颗粒，不仅放热慢、收缩小，而且有利于保障混凝土后期强度的增长，对混凝土工程耐久性具有重要作用。因此，混凝土生产企业可以和水泥生产厂家协商，控制硅酸盐水泥和普通硅酸盐水泥的比表面积不宜大于 350m²/kg。

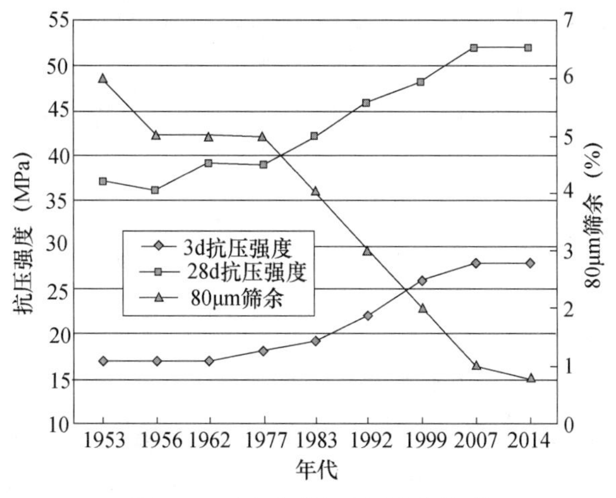

图 2-1　近半个世纪水泥变化情况

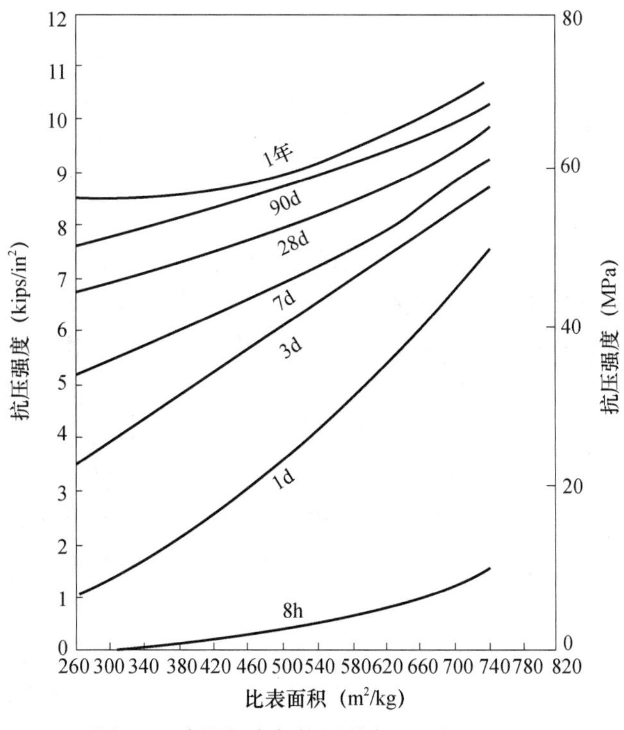

图 2-2　水泥细度与抗压强度（$W/C=0.4$）

二、硅酸盐水泥熟料中的矿物组成

水泥生产过程分为三个阶段：石灰质原料、黏土质原料与少量铁质原料经破碎后按一定比例配合磨细，并调配为成分合适、质量均匀的生料，称为生料制备；生料在水泥窑内煅烧至部分熔融得到以硅酸钙为主要成分的水泥熟料，称为熟料的煅烧；熟料添加适量石膏，有时还有一部分混合材料或外加剂共同磨细成为水泥，称为水泥的粉磨。生料制备、熟料煅烧和水泥粉磨这三个阶段，亦可简称为“两磨一烧”的工艺过程，如图 2-3 所示。

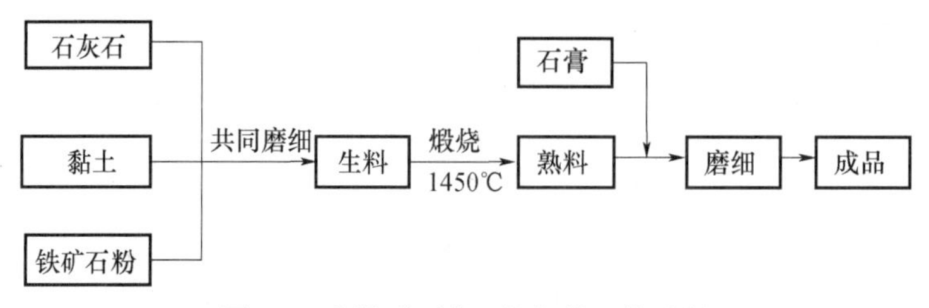

图 2-3 水泥“两磨一烧”的工艺过程

为了使水泥熟料的矿物组分在合理的范围内，通常是将熟料中的氧化物含量控制在一定的范围内，对以硅酸盐矿物为主的水泥熟料组分主要以氧化钙（CaO）、二氧化硅（SiO_2）、三氧化二铝（Al_2O_3）及三氧化二铁（Fe_2O_3）四种氧化物组分来控制，四种氧化物含量通常在 95%以上。实际上在水泥熟料中它们都是以矿物形式存在，只有极少量的氧化物是以游离状态存在的。

1）氧化钙

它是水泥熟料的主要组分，其作用是与酸性氧化物结合生成 C_3S、C_2S、C_3A、C_4AF 等熟料矿物，其中 C_3S 由 CaO 与 C_2S 作用形成。因此，CaO 的含量直接影响 C_3S 的含量，但是如果 CaO 过多，其中一部分将以游离氧化钙的形式存在，而使水泥的安定性不良，所以，氧化钙的含量一般在 62%～67%。

2）二氧化硅

它是水泥熟料矿物的主要组分之一。它的含量决定了水泥熟料中硅酸钙矿物的含量。当 CaO 的含量一定时，SiO_2的含量又影响 C_3S 与 C_2S 的相对含量，较高含量的 SiO_2 就相应使 C_3S 的生成量少，因而 SiO_2的含量直接影响水泥的质量，一般控制在 20%～24%为宜。

3）三氧化二铝和三氧化二铁

这两种氧化物与 CaO 作用生成 C_3A 及 C_4AF。应当指出，在 CaO-Al_2O_3-Fe_2O_3 系列的反应过程中，首先是 CaO 与 Al_2O_3反应生成 C_3A，随后 C_3A 与 Fe_2O_3反应生成 C_4AF，只有当 Fe_2O_3与之作用完了，才有 C_3A 的矿物存在，所以在考虑熟料化学组分时，既要使 Fe_2O_3 和 Al_2O_3总量适当，又要使两者比例相当，这样才能使水泥熟料矿物中生成适当的 C_3A 和 C_4AF 矿物。

另外还有少量的游离氧化钙、方镁石、含碱矿物以及玻璃体等。通常 C_3S 和 C_2S 含量在 75%左右，称为硅酸盐矿物。C_3A 和 C_4AF 在 22%左右，称为熔剂矿物。这四种主要矿物有其各自的特性，对水泥质量和煅烧（表 2-2）性能有不同的影响。

表 2-2 水泥在煅烧中不同温度阶段物料成分的变化

温度（℃）	物料成分的变化
100～200	生料加热，水分蒸发而干燥
300～500	生料被预热

续表

温度（℃）	物料成分的变化
500～800	黏土质原料脱水并分解为无定形 SiO_2，Al_2O_3，600℃后，石灰质原料中 $CaCO_3$ 分解成 CaO、CO_2，并有 CA、C_2F 生成
800～900	$C_{12}A_7$ 开始生成
900～1100	有 C_2AS 形成，随后 C_3A 和 C_4AF 开始生成，所有 $CaCO_3$ 分解完毕，f-CaO 达最大值
1100～1200	大量生成 C_3S 和 C_4AF，C_2S 生成量达最大
1260～1300	部分生料开始熔融，从而创造了生成 C_3S 的条件
1300～1450	C_2S 大量转化为 C_3S，否则 f-CaO 将多

4）水泥水化过程

硅酸盐水泥与水拌合后，水泥熟料矿物与水发生的水解或水化作用，称为水泥的水化。水化反应生产新的水化产物，并放出一定的热量。这一水化过程最初形成具有可塑性又有流动性的浆体，经过一段时间，水泥浆体逐渐变稠失去塑形，这一过程称为凝结。随着时间的继续增长，水泥产生强度且逐渐提高，并变成坚硬的石状物体（水泥石），这一过程称为硬化。水泥的凝结与硬化是一个连续的、复杂的过程，这些变化决定了水泥一系列的技术性能。因此，了解水泥的凝结与硬化的动态过程（图 2-4），对于了解水泥的性能有着重要的意义。

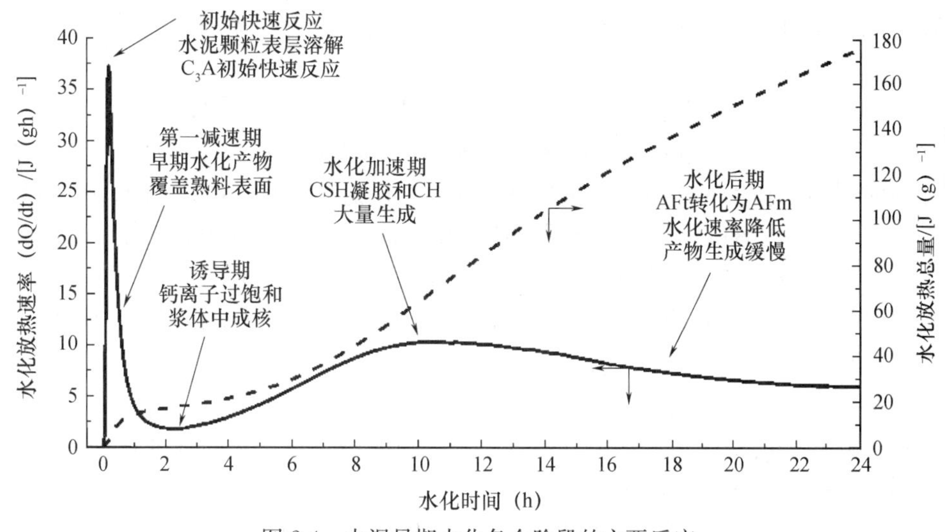

图 2-4　水泥早期水化各个阶段的主要反应

从图 2-4 可将水泥水化分为四个阶段：初始反应期、诱导期、加速期、减速期和稳定期，各阶段水化特点描述分析如下：

第Ⅰ阶段，初始反应期（诱导前期）。水泥一旦与水混合后。K^+、Na^+ 和 SO_4^{2-} 从硫酸盐和水泥颗粒中溶解到溶液中，Ca^{2+}、OH^-、铝酸根和硅酸根离子从游离 CaO、硅酸二钙、硅酸三钙、铝酸三钙中溶解出来，几分钟内 pH 值超过 13，溶液具有强碱性，这些离子的浓度取决于水泥品种、水泥中碱和硫酸盐的含量、水灰比等。随着离子的迅速溶出，形成钙矾石（三硫型水化硫铝酸钙）和氢氧化钙等的过饱和溶液，钙矾石和氢氧化钙晶体等快速生产。以钙矾石为主的水化产物附着在水泥颗粒的表面形成包裹层，阻碍水泥的进一步水化达到水化速度相对缓慢的潜伏期。

第Ⅱ阶段，诱导期（潜伏期）。这一阶段为相对的不活泼期，这就是硅酸盐水泥为什么能在几个小时内保持塑性状态的原因，这一阶段的长短保证水泥材料有较合理的施工时间。

第Ⅲ阶段，加速期（凝结期）。由于渗透压的作用，水泥表面的水化产物包裹层破裂，水泥水化进入溶解反应控制的加速阶段。随着以 C-S-H 凝胶等为主的水化产物的积累，游离的水分不断减少，浆体开始失去塑性，即出现凝结现象。

第Ⅳ阶段，减速期和稳定期（硬化期）。C-S-H 凝胶，氢氧化钙晶体，三硫型水化硫铝酸钙晶体增加，然后由于石膏的进一步消耗，三硫型水化硫铝酸钙转化为单硫型水化硫铝酸钙晶体。随着水化产物的不断增加，水泥颗粒之间的毛细孔不断被填充，逐渐形成水化产物网状结构，得到具有一定强度的水泥石。水化产物的增加带来了空隙率的减少、渗透性能的降低以及离子导电通道的减少和强度的增加。

5）水泥矿物的水化

硅酸盐水泥熟料中含有的 C_3S、C_2S、C_3A、C_4AF 和 f-CaO、MgO（方镁石）等矿物相，它们遇水后逐步由无水状态变成含水状态，这个过程称为水化过程。

（1）硅酸钙的水化

水泥中的硅酸钙矿物主要有 C_3S 和 C_2S，C_3S 水化较快，28d 可以水化约 70%，强度发展快，28d 强度可以达到一年强度的 70%～80%。C_2S 水化缓慢，28d 仅水化 20%左右，早期强度低，后期强度持续增长，一年后赶上 C_3S 的强度。硅酸钙与无限量水作用时完全水解，生成各自相应的水化产物：

$$3CaO \cdot SiO_2 + nH_2O = 3Ca(OH)_2 + SiO_2(n-3)H_2O$$

$$2CaO \cdot SiO_2 + nH_2O = 2Ca(OH)_2 + SiO_2(n-2)H_2O$$

硅酸钙和少量水作用时，生成的水化产物是氢氧化钙和碱度比自身低的水化硅酸钙：

$$CaO \cdot SiO_2 + nH_2O = 2CaO \cdot SiO_2(n-1)H_2O + Ca(OH)_2$$

$$2CaO \cdot SiO_2 + nH_2O = 2CaO \cdot SiO_2 \cdot nH_2O$$

水化硅酸钙中 CaO/SiO_2 的真实比例和结合水量与水化条件（水化温度、水灰比、周围介质中石灰的浓度）有关。

（2）铝酸钙的水化

铝酸钙水化过程的特征是水化快、放热快以及强度增长快，它的强度在 3d 内大部分发挥出来，故早期强度高，后期增长少。

① 在无限量水中，铝酸钙完全水解，生成 $Al_2O_3 \cdot aq$ 和氢氧化钙。

② 当液相中氧化钙浓度大于 0.33g/L 时，C_3A 的水化可简略表示为：

$$3CaO \cdot Al_2O_3 + 6H_2O = 3CaO \cdot Al_2O_3 \cdot H_2O$$

③ 当液相中氧化钙浓度超过 1.08g/L，即达到饱和石灰浓度时，可形成高碱度的水化铝酸四钙（$C_4A \cdot 19H_2O$）。此时，水化速度减慢，因为生成的 C_4AH_{19} 覆盖在 C_3A 颗粒表面，形成薄膜，阻碍进一步水化。

一般认为是：水泥加水后，石膏迅速溶解，与 C_3A 立即发生反应。经数分钟后水泥颗粒表面出现了针状结晶水化硫铝酸钙、六方板状氢氧化钙结晶和无定形的水化硅酸钙。水溶液中的SO_4^{2-}耗尽后，水泥中多余的C_3A、C_4AF和$3CaO \cdot SiO_2 \cdot aq$作用生成$3CaO(Al_2O_3 \cdot Fe_2O_3) \cdot CaSO_4 \cdot aq$并与$C_4(A, F) \cdot aq$形成固溶体。当溶液中石膏量不足时，就会产生C/A、C/F均大于3的水化铝酸钙和水化铁酸钙及其固溶体，以后逐渐转变为稳定的C_3AH_6与C_3FH_6。石膏、C_3A以及氢氧化钙形成的碱可以形成钙矾石，起到缓解C_3A水化、控制坍落度损失的作用。如果水泥中可溶性的石膏形成的SO_3的含量不足或外部因素使石膏溶解度降低，从而破坏SO_3与C_3A和碱含量的平衡，则会使水泥凝结加快，浆体很快便会失去流动性。

（3）铁铝酸四钙的水化

C_4AF（$4CaO \cdot Al_2O_3 \cdot Fe_2O_3$）是高温时铝原子取代铁铝酸二钙中的铁原子形成的铁铝酸盐固溶体，在铝原子取代铁原子时引起晶格稳定性降低，因此C_4AF水化活性较高，但低于C_3A。C_4AF的水化速率比C_3A稍慢，水化热较低，即使单独水化也不会引起速凝。C_4AF的水化反应及其产物与C_3A极为相似，Fe_2O_3基本上起着与Al_2O_3相同的作用，也就是在水化产物中Fe置换部分Al，形成水化铁铝酸钙和水化硫铝酸钙的固溶体。

（4）游离氧化钙和方镁石的水化

$$CaO + H_2O \longrightarrow Ca(OH)_2$$

$$MgO + H_2O \longrightarrow Mg(OH)_2$$

水泥熟料四大矿物水化的反应速率差别很大，C_3A的水化热是其他矿物水化热的数倍，尤其在早期。C_3S的水化热虽然比C_3A的小很多，但在3d却是C_2S水化热的几乎5倍，因其含量在熟料中约占一半，故影响也很大；C_3A的收缩率是C_2S收缩率的3倍，是C_4AF的几乎5倍。因此C_3A含量较大的早强水泥容易因早期的温度收缩、自收缩和干燥收缩而开裂。表2-3为水泥熟料四大矿物组成的水化速率、水化热、强度发展情况、耐化学侵蚀和干缩特性的比较。

表2-3 硅酸盐水泥熟料矿物成分特性比较

矿物成分		C_3S	C_2S	C_3A	C_4AF
水化速率		较快	慢	最快	仅次于C_3A
水化热		中	最小	最大	大
强度发展	早期	大	小	大	小
	后期	大	大	小	小
耐化学侵蚀		中	中	最差	最好
干缩		中	小	最大	小

三、水泥助磨剂

水泥助磨剂是指在水泥粉磨过程中为改善水泥粉磨、提高生产效率而掺入的起助磨作用而又不损害水泥性能的外加剂。

目前，国内研究及应用的水泥助磨剂，有液体助磨剂和固体助磨剂，其基本成分大都属于有机表面活性物质。主要为：胺类、醇类、醇胺类、木质素磺酸盐类、脂肪酸及其盐类、烷基磺酸盐类等。具体物质为：三乙醇胺、乙二醇、木质素磺酸盐、甲酸、硬脂酸、油酸、十二烷基苯磺酸钠等。除纯化合物产品外，还研究及开发了多种复合助磨剂。实际在水泥生产中选用的主要有两类形式：一类是纯度较高的化工产品；另一类是化工厂的废料。

我国水泥助磨剂的研究大多局限在助磨剂的助磨效果、增强效果以及改善水泥的颗粒级配和流动性等常规研究内容上。对水泥助磨剂的掺入影响水泥与外加剂相容性的研究很少。然而，由于水泥助磨剂的引入，使水泥的品质发生了变化，导致商品混凝土的性能尤其是工作性能产生了波动，一些商品混凝土生产厂家对掺助磨剂的水泥与超塑化剂的相容性提出疑问。兰明章[2]等人对5种水泥助磨剂（5种助磨剂组分分别为醇胺类小分子、醇类小分子、UNF-5萘系高效减水剂和AS氨基磺酸盐高效减水剂）与水泥超塑化剂的相容性进行了研究，初步认为助磨剂的加入，隔断了C_3A与石膏的“有效接触”，增大了水泥矿物的反应活性，尤其是增大了C_3A的反应活性，从而使C_3A与石膏不能实现最佳匹配是其中的主要原因之一。这给混凝土生产企业和混凝土外加剂生产企业带来了诸多不便，甚至出现质量事故。

李宪军[3]对10种常见助磨剂单体在不同掺量、不同粉磨时间的条件下，对水泥助磨效果以及对外加剂相容性的影响进行了系统的研究，其研究结果发现：① 粉磨14min时助磨效果较好的是三聚磷酸钠、三乙醇胺、丙三醇和二乙二醇；粉磨30min时助磨效果较好的是六偏磷酸钠、硬脂酸钠、三乙醇胺、丙三醇、二乙二醇和乙二醇；两个时段助磨效果都较好的是三乙醇胺、丙三醇和二乙二醇。②粉磨时加入0.02%的助磨剂，无论是3d强度还是28d强度都有不同程度的提高，只有掺木质素磺酸钙水泥抗折强度略低一些。其中早期强度贡献较大的是：三乙醇胺、丙三醇、三聚磷酸钠、乙二醇，增强效果最好的是三乙醇胺；对后期强度贡献较大的是：丙三醇、三聚磷酸钠、硬脂酸钠、二乙二醇，增强效果最好的是丙三醇；对早期和后期强度贡献较大的是丙三醇和三聚磷酸钠；总的来看对凝结时间、标准稠度用水量和体积安定性影响不大。③ 六偏磷酸钠、三聚磷酸钠水泥助磨剂对水泥与萘系高效减水剂和氨基磺酸盐高效减水剂的相容性有所改善，与空白水泥相比较，其相容性均有所提高；而其他8种助磨剂单体对水泥与萘系高效减水剂和氨基磺酸盐高效减水剂的相容性存在不良的影响。对于其他8种助磨剂可以用破坏了或阻碍了C_3A与石膏的最佳匹配来解释；三聚磷酸钠助磨剂的掺入，吸附在熟料与石膏粉体的表面，改变了减水剂在不同水泥颗粒表面上吸附的不均匀性和选择性，制约了C_3A对减水剂分子的强烈吸附或促进了C_3A与石膏的最佳匹配，使C_3A的水化速度变得缓和，有效吸附量降低较少，分散效果和稳定性提高。

混凝土业内人士熟知，水泥本身就存在与混凝土外加剂的相容性问题。如何改善水泥与外加剂的相容性是业内科研人员的研究目标，也是商品混凝土公司和混凝土施工单位最为头痛的问题。如果在水泥粉磨过程中加入助磨剂时，充分考虑助磨剂对水泥与外加剂相容性的影响，使得助磨剂既有助磨作用，又能有效改善水泥与外加剂的相容性，岂不是一举两得。

四、水泥质量对混凝土质量的影响

（一）水泥标准稠度用水量对混凝土用水量的影响

水泥的标准稠度用水量在一定程度上反映了水泥的需水量，水泥标准稠度用水量与混凝土用水量有一定的关系。在其他因素不发生变化时，水泥的标准稠度用水量增加，要达到相同的坍落度，混凝土用水量也要相应的增加。匡楚胜[4]以水泥标准稠度用水量25%作为标准值，得出混凝土用水量与水泥标准稠度用水量变化的经验公式：

$$\Delta W=C\ (N-0.25)\ \times 0.8$$

式中　ΔW——每立方米混凝土用水量变化值，kg/m^3；

C——每立方米混凝土水泥用量，kg/m^3；

N——水泥标准稠度用水量，%。

从上面公式可以看出，当水泥用量为 $300kg/m^3$ 时，水泥标准稠度用水量变化 1%，保持混凝土坍落度不变，混凝土用水量要增加 $2.4kg/m^3$。

（二）水泥强度变化对混凝土强度的影响

水泥作为混凝土中最重要的活性材料，其强度的高低直接影响混凝土抗压强度的高低。根据《普通混凝土配合比设计规程》（JGJ 55—2011）的计算公式，碎石混凝土强度 $f_{cu,0}$ 与胶凝材料 28d 胶砂强度 f_b（可以按照水泥 28d 胶砂强度值乘以矿物掺合料的影响系数求得）存在如下关系：

$$f_{cu,0}=\frac{0.53f_b}{\frac{W}{B}}-0.53\times0.20f_b$$

从上式可知，当水胶比一定时，混凝土抗压强度随胶凝材料 28d 强度变化而变化，而胶凝材料 28d 胶砂强度与水泥的 28d 强度有很大的关系。若胶凝材料中粉煤灰掺量为 20%，粉煤灰的影响系数取 0.8，水泥 28d 胶砂强度变化 1MPa，则胶凝材料 28d 强度变化 0.8MPa。假设 C30 混凝土水胶比为 0.47，代入上式，混凝土强度将变化约 0.8MPa。假如水胶比为 0.3，则水泥强度波动 1MPa，混凝土强度波动约 1.3MPa。

（三）水泥细度对混凝土抗裂性的影响

在目前我国大多数水泥粉磨条件下，水泥磨得越细，其中的细颗粒越多。增加水泥的比表面积能提高水泥的水化速率，提高早期强度，但是粒径在 $1\mu m$ 以下的颗粒水化很快，几乎对后期强度没有任何贡献。倒是对早期的水化热、混凝土的自收缩和干燥收缩有贡献——水化快的水泥颗粒水化热释放得早；因水化快消耗混凝土内部的水分较快，引起混凝土的自干燥收缩；细颗粒容易水化充分，产生更多的易于干燥收缩的凝胶和其他水化物。粗颗粒的减少，减少了稳定体积的未水化颗粒，因而影响到混凝土的长期性能。

五、水泥凝结时间波动的影响

水泥的凝结时间是基于用净浆达到标准稠度用水量的情况下，且在标准养护室养护等条件下测得的，水灰比在 0.24～0.27 之间，而混凝土中既有砂石骨料，水胶比随强度等级变化（一般均大于 0.27）。商品混凝土一般还掺有粉煤灰和缓凝剂，因此即使在同等养护条件下混凝土的凝结时间一般都大于水泥的凝结时间。单位体积混凝土中骨料含量越高、水胶比越大、粉煤灰掺量越大、缓凝剂用量越多，则混凝土的凝结时间越长。因此水泥凝结时间波动 1h，配制混凝土后的凝结时间变化一般要大于 1h，往往被“放大”到几个小时。

第二节　矿物掺合料

矿物掺合料是指在混凝土拌合物中掺入的，可改善混凝土性能的，以硅、铝、钙等氧化物为主要成分，具有一定细度的天然或人造的矿物质粉体材料。在混凝土中掺加矿物掺合料主要目的是：减少水泥用量，改善混凝土的工作性；降低胶凝材料水化热；减少混凝土干缩、自收缩；增进混凝土后期强度；调整混凝土的内部微结构，提高混凝土抗渗性和抗化学腐蚀能力；抑制碱-骨料反应等。最常用的矿物掺合料是粉煤灰和矿渣粉，随着机制砂使用的日益普遍，石灰石粉用量也日益增多。

一、商品混凝土对矿物掺合料的技术要求

（一）粉煤灰

粉煤灰又称飞灰，是由燃烧煤粉的锅炉烟气中收集到的细粉末，一部分呈球形，表面光滑，由直径以μm计的实心和（或）空心玻璃微珠组成，一部分为玻璃碎屑以及少量的莫来石、石英等结晶物质。通常情况下，粉煤灰呈银灰色，颗粒粒径在0.5～80μm范围内，平均值在10～30μm范围内，用于商品混凝土的粉煤灰应符合表2-4的技术要求。

表2-4 粉煤灰和磨细粉煤灰的技术要求

项目		技术指标			
		F类粉煤灰		磨细粉煤灰	
		级别			
		Ⅰ	Ⅱ	Ⅰ	Ⅱ
细度	45μm方孔筛筛余量（%）	≤12.0	≤25.0	≤12.0	≤25.0
	比表面积（m^2/kg）	—		≥600	≥400
需水量比（%）		≤95	≤105	≤95	≤105
烧失量（%）		≤5.0	≤8.0	≤5.0	≤8.0
氯离子含量（%）		≤1.0			
含水量（%）		≤1.0			
三氧化硫（%）		≤3.0			
游离氧化钙（%）		≤1.0			

1. 粉煤灰的物理性质

粉煤灰的物理性质是粉煤灰品质分级、分类的一个重要依据，包括以下几方面的内容：颜色、密度、细度、需水量比等。

（1）颜色：受燃烧条件及化学组成的影响，粉煤灰的颜色在乳白色至灰色或灰黑色之间变化。粉煤灰颜色浅，一般烧失量较小，需水量较低。粉煤灰颜色异常要引起重视，如笔者曾见到一种粉煤灰颜色微红，需水量大，与水泥混合搅拌发出强烈刺鼻的氨味，经检验含有硫代硫酸铵和硫酸铵。在碱性环境下其化学反应方程式为：$NH_4^+ + OH^- \longrightarrow NH_3\uparrow + H_2O$。粉煤灰中的氨来源可能为非常规氨法脱硫残余或脱硫产物人为混入粉煤灰运输环节。在浙江、上海、天津和河南均发生过类似的粉煤灰质量问题，说明不是偶然事件，应引起商品混凝土企业和火电厂的重视。

（2）密度：粉煤灰的密度与其颗粒组成有关，密实颗粒密度较大。相关部门对国内的68个火电厂排放的粉煤灰密度统计结果显示：粉煤灰密度范围在1.77～2.43g/cm^3，平均密度为2.1g/cm^3。

（3）细度：粉煤灰细度越细，配制成的水泥浆体硬化后的密实度越高，混凝土强度越

高。此外，细粒级的粉煤灰可使混凝土拌合物具有良好的保水性，而且能抑制碱-骨料反应，降低混凝土渗透性等。因此，细度对评价粉煤灰性能至关重要，是粉煤灰品质评价不可或缺的部分。

（4）需水量比：混凝土中的水除参与水泥水化反应和粉煤灰的火山灰反应外，多余水分形成形式多样的胶凝孔及毛细孔隙，在很大程度上影响着混凝土的内部结构及性能。大量试验研究表明，粉煤灰需水量比在105%时，在用水量与基准混凝土相同的前提下，新拌粉煤灰混凝土的和易性有可能达到基准混凝土的水平；需水量在100%左右时，掺加粉煤灰将有可能取得减水效果；而需水量在95%以下时，则可以明显减少混凝土用水量。因此，相对于其他火山灰质材料来说，粉煤灰具有低需水量比的优点。需水量比是衡量粉煤灰品质的重要指标，粉煤灰需水量越低，其辅助减水效果越好，拌合物流动性相同，混凝土的水胶比相应降低，混凝土的性能就会提升。

2. 粉煤灰的化学性质

煤粉中的无机物在燃烧过程中先分解，然后经烧结熔融，最后冷却形成粉煤灰，其化学组成主要为 SiO_2、Al_2O_3、Fe_2O_3，矿物组成主要包括玻璃体和晶体矿物。玻璃体是熔融状态下的颗粒急冷形成的，因此玻璃体含量与冷却速度关系密切。冷却速度越快，玻璃体来不及结晶，而冷却速度比较慢的情况下，玻璃体相对容易析晶，晶体矿物的含量也就随之增加。

粉煤灰中的晶体矿物主要是莫来石和石英，此外还有少量的铝硅镁钙石、无水石膏、铝酸三钙、磁铁矿、赤铁矿、黄长石等。莫来石是晶体矿物的重要组成之一，含量在6%～15%。莫来石是煤粉中的黏土矿物杂质燃烧后形成的，含有大量不具备活性的 Al_2O_3。在煤粉中的石英，如果在燃烧过程中没有参与化合反应，即残留成为粉煤灰中的石英。粉煤灰中的石英含量相对其他晶体矿物而言比较稳定，含量相差不大。煤中的黄铁矿可能是粉煤灰中含铁晶体矿物的主要来源。

非晶体矿物中玻璃体占主要地位，一般在50%～90%。玻璃体受煤种类型、粉煤灰形成条件等因素影响，成分比较不稳定，具有独特的非均质性，和高炉渣、硅灰等硅质玻璃体显著不同。在组成上，粉煤灰中的硅铝玻璃体既不像硅灰那样高硅，也没有高炉渣那样高钙，成分介于两者之间。国内粉煤灰性质见表2-5、表2-6。[5,6]

表2-5　我国粉煤灰的主要化学成分

化学成分	SiO_2	Al_2O_3	Fe_2O_3	CaO	MgO	K_2O+Na_2O	SO_2	烧失量
波动范围（%）	35～60	16～36	3～14	1.4～7.5	1.4～2.5	0.6～2.8	1.2～1.9	1～25
均值（%）	49.5	25.5	6.9	3.6	1.1	1.6	0.7	9.0

表2-6　我国粉煤灰矿物组成

成分	石英	莫来石	赤铁矿	磁铁矿	玻璃体
含量（%）	0.9～18.5	2.7～34.1	0～4.7	0.4～13.8	50.2～79.0
平均值（%）	8.1	21.2	1.1	2.8	60.4

（二）矿渣粉

矿渣粉又称粒化高炉矿渣粉，是由高炉炼铁产生的熔融矿渣骤冷时，来不及结晶而形成的一种具有高活性的玻璃体结构材料。矿渣粉颗粒表面光滑致密，主要是由 CaO、MgO、SiO_2和 Al_2O_3组成，共占矿渣粉总量的 95%以上，且具有较高的潜在活性，在激发剂的作用下，可与水化合生成具水硬性的胶凝材料。将其掺入水泥中，与水泥的水化产物 $Ca(OH)_2$反应，进一步形成水化硅酸钙产物，填充于空隙中增加水化产物的密实性。

矿粉渣对水和外加剂吸附较少，有一定的减水作用，一般可使混凝土减少用水量 5%左右，可替代 P·O42.5 水泥 15%～30%。将其掺入水泥中，拌制混凝土，能增大混凝土的坍落度，降低混凝土坍落度的损失，且可显著改善混凝土流动性能。

1. *矿渣粉的技术指标及试验方法*

矿渣粉的技术指标及试验方法应符合《用于水泥和混凝土中的粒化高炉矿渣粉》（GB/T 18046—2008）的规定。矿渣粉的技术指标及试验方法见表 2-7。

表 2-7　矿渣粉的技术指标及试验方法

项目		级别			试验方法标准
		S75	S95	S105	
密度（g/cm³）		≥2.8			《水泥密度测定方法》GB/T 208—2014
比表面积（m²/kg）		≥350			《水泥比表面积测定方法 勃氏法》GB/T 8074—2008
活性指数	7d	55%	75%	95%	《用于水泥和混凝土中的粒化高炉矿渣粉》GB/T18046—2008
	28d	75%	95%	105%	
含水量		≤1.0%			
流动度比		≥95%	≥90%	≥85%	
三氧化硫		≤4.0%			《水泥化学分析方法》GB/T 176—2008
烧失量		≤3.0%			
氯离子		≤0.02%			《水泥中氯离子的化学分析方法》JC/T 1073—2008

矿渣粉的比表面积、活性指数和流动度比是矿渣粉应用中重要的技术指标，应尽量采用活性指数大、流动度比大的矿渣粉。矿渣粉的颗粒粒径对其活性有重要的影响，粒径大于 45μm 的矿渣粉颗粒很难参与水化反应。但矿渣粉的比表面积超过 $400m^2/kg$ 后，混凝土早期的自收缩随掺量的增加而增大；矿渣粉磨得越细，掺量越大，则低水胶比的混凝土拌合物越黏稠。因此，配制高强度等级混凝土的矿渣粉，比表面积一般不宜大于 $600m^2/kg$。一般矿渣粉越细，其活性越高，掺入混凝土后，早期产生的水化热越大。因此，与粉煤灰复合使用，可以发挥各自的特点，并且可以充分发挥其叠加效应，最大程度实现高性能化。

2. *矿渣粉的化学成分*

矿渣粉是高炉炼铁工艺中以 SiO_2、Al_2O_3、硅酸钙等为主要成分的熔融物，特别是在生产过程中要不断地进行冷水进行处理，这就形成了不少颗粒状废物。其主要化学组成为 SiO_2、Al_2O_3、CaO、MgO，这些氧化物占全部氧化物的 95%以上，有时也包含一些 CaS、

MnS和FeS等硫化物。

氧化钙（CaO）是矿渣粉的主要构成氧化物，其含量一般在25%～50%之间。随着CaO含量的增加，矿渣粉的活性会增大，但是当其含量超过51%时，矿渣粉的活性反而开始下降。

氧化铝（Al_2O_3）也是决定矿渣粉活性大小的主要成分，其含量一般在5%～33%（通常为6%～15%）。矿渣粉的活性随着氧化铝含量的增加而不断增加。

二氧化硅（SiO_2），通常在矿渣粉中占到了一半左右，但是较高的氧化硅含量会损失掉部分矿渣粉活性。

氧化镁（MgO），在矿渣粉中一般含量为10%左右，氧化镁的含量保持在一个区间范围内会提高矿渣粉的活性。

硫化物在矿渣粉中大部分以CaS形式存在，在遇到水的情况下很容易发生水解作用：

$$2CaS+H_2O \longrightarrow Ca(OH)_2+Ca(SH)_2$$

矿渣粉的成分比较复杂，上面列举的只是含量较多的几类，同时还有微量的FeO、Fe_2O_3、TiO_2、BaO、K_2O、Na_2O、Cr_2O_3、V_2O_5。这些都会对矿渣的活性等产生影响，同时这些氧化物虽然含量不多，但是它们之间的相互作用也会影响到矿渣粉的活性。

《用于水泥中的粒化高炉矿渣》（GB/T 203—2008）规定了粒化高炉矿渣质量系数，质量系数用各氧化物的质量百分数含量的比值表示：

$$K=\frac{CaO+MgO+Al_2O_3}{SiO_2+MnO+TiO_2}$$

质量系数K反映矿渣中活性组分与低活性、非活性组分之间的比例关系，质量系数值越大，矿渣活性越高。用于生产矿渣粉的矿渣，其质量系数K应该大于1.2，质量系数仅是从化学成分方面反映其活性的一个指标。此外，粒化高炉矿渣的活性还与淬冷前的温度、淬冷方法和淬冷速度等有关。

矿渣粉化学成分中碱性氧化物与酸性氧化物的比值M称为碱性系数：

$$M=\frac{CaO+MgO}{SiO_2+Al_2O_3}$$

当$M>1$时，为碱性矿渣粉；$M=1$时，为中性矿渣粉；$M<1$时，为酸性矿渣粉。

3. *矿渣粉的活性性能*

矿渣粉的活性是其自身固有的一种性能，如果仅仅是在水的作用下，不会对其性能造成影响，但当其遇到偏碱性的液体时就会发生很剧烈的反应。这就是碱性物质对矿渣粉的一种催进作用。偏碱性的物质例如石灰等都能催使这种反应的发生，反应的公式如下：

$$C_3S+H_2O \longrightarrow C\text{-}S\text{-}H+Ca(OH)_2$$

$$C_2S+H_2O \longrightarrow C\text{-}S\text{-}H+Ca(OH)_2$$

矿渣粉中的活性SiO_2、Al_2O_3将与$Ca(OH)_2$作用，反应如下：

$$\text{活性 } SiO_2+mCa(OH)_2+aq \longrightarrow mCaO \cdot SiO_2 \cdot aq$$

$$\text{活性 } Al_2O_3+mCa(OH)_2+aq \longrightarrow mCaO \cdot Al_2O_3 \cdot aq$$

上面得到的反应的产物$mCaO \cdot SiO_2 \cdot aq$、$mCaO \cdot Al_2O_3 \cdot aq$将会给矿渣粉提供主要的凝胶作用。我们主要分析的是矿渣粉的一种基本的激励反应，另外硫酸盐类物质也能激发矿渣粉的活性。假如是石膏的话，就不能很好地提高矿渣粉的活性。但是如果再加入碱性物质之后加上石膏的同时作用，就能很好地激发矿渣粉的活性。

掺矿粉的混凝土可以形成致密的结构，而且通过降低泌水改善了混凝土的孔结构和界面结构，连通毛细孔减少，孔隙率下降，孔半径减小，界面结构显著改善，从而提高混凝土的抗碳化、抗冻和抗腐蚀性能。矿粉的二次水化作用降低 $Ca(OH)_2$ 的量，抗硫酸盐和海水腐蚀性能进一步提高。

含有矿渣粉的胶凝材料的水化反应受养护温度的影响比硅酸盐水泥显著，在低温下强度增长小；反之，在高温下强度增长大。有随着混凝土温度上升而增大的倾向。浇筑的混凝土，养护温度不应低于10℃，而且，应充分长期保湿养护。

（三）石灰石粉

石灰石粉由石灰岩磨细加工而得，石灰岩属于沉积岩类，俗称“青石”，是海、湖盆地中生成的沉积岩，大多数为生物沉积，主要由方解石微粒组成，常混入白云石、黏土矿物或石英。《石灰石粉在混凝土中应用技术规程》（JGJ/T 318—2014）对石灰石粉的细度、活性指数、流动度比、含水量、碳酸钙含量、*MB* 值和安定性等指标进行了规定，其技术指标应符合表 2-8 的要求。

表 2-8 石灰石粉技术要求

项目	$CaCO_3$ 含量（%）	细度（45μm 筛余%）	活性指数（%）		流动度比（%）	含水量（%）	亚甲蓝值（g/kg）
			7d	28d			
指标	≥75	≤15	≥60	≥60	≥100	≤1.0	≤1.4

用于磨细制作石灰石粉的石灰石需要具备一定的纯度，主要是 $CaCO_3$ 的含量。石灰石粉应以 $CaCO_3$ 为主要成分，要求石灰石粉含量应不小于75%，主要是控制非石灰石粉的其他杂质。某些岩石石粉性能与石灰石粉有较大的差别，如对水和外加剂的吸附等。

试验表明，石灰石粉的7d和28d活性指数一般均大于65%，接近70%，活性指数并非认为石灰石粉具有明显的活性，该指标也不是反映石灰石粉本质特性的技术指标，但该指标作为混凝土质量控制的指标是必要的。

细度是影响石灰石粉性能的主要因素之一，石灰石粉磨得越细越有利，但粉磨的能耗也越大，细度为45μm的方孔筛筛余不大于15%的石灰石粉可以充分满足用于混凝土技术的要求。

流动度比是衡量石灰石粉在混凝土中应用是否具有技术价值的重要指标，该指标越高，说明石灰石粉的减水效应越明显，对混凝土拌合物的和易性改善作用越明显。在掺加减水剂的情况下，石灰石粉与其他岩石石粉的差别更明显。品质优良的石灰石粉对水和外加剂的吸附小，在混凝土中的应用价值更加明显。

石粉的亚甲蓝是反映石灰石粉中黏土质含量的技术指标，是石灰石粉能否用于混凝土生产的重要指标。另外，石灰石粉的放射性超标会影响人类及动植物的健康，因此需要达到合格要求。石灰石粉的安定性对混凝土质量也有着重要的影响，安定性不良的石灰石粉有可能因膨胀致使混凝土开裂，因此，石灰石粉的安定性应满足合格的要求。

二、矿物掺合料的减水性

在混凝土中掺加矿物掺合料，矿物掺合料具有的微骨料效应和形态效应不但不会增加混凝土用水量，反而可能降低用水量。虽然矿物掺合料的减水效果不如高效减水剂那样具有很强的减水性，但是仍然可以改善新拌混凝土的工作性能。因此，在进行混凝土配合比设计中，要充分考虑矿物掺合料的减水行为。

现行规范中，需水量比（流动度比）是判断矿物掺合料质量好坏的一个重要品质指标，但实际上它是在特定试验条件下（固定取代率）的一个功能性指标，不能完全反映矿物掺合料的减水特性。以粉煤灰为例，不同厂家的粉煤灰的需水量比具有较大的差异，同时，以此指标（固定取代率）作为矿物掺合料减水特性指标，在混凝土配合比设计过程中对拌合物工作性的判断不准确，因此，有必要对不同取代率下的矿物掺合料进行测试分析。

1. *矿物掺合料掺量变化对减水性影响*

依据《水泥胶砂流动度测定方法》（GB/T 2419—2005）进行试验，以水泥砂浆流动度（210±5）mm为基准，粉煤灰、矿渣粉掺量变化与用水量关系见表2-9、表2-10，其结果如图2-5和图2-6所示。石灰石粉掺量变化与用水量关系见表2-11。

表2-9 粉煤灰掺量变化与用水量关系

粉煤灰掺量（%）	粉煤灰（g）	水泥（g）	水（g）	标准砂（g）	流动度（mm）
0	0	450	225	1350	210
10	45	405	221	1350	213
20	90	360	214	1350	208
30	135	315	208	1350	207
40	180	270	206	1350	212
50	225	225	209	1350	211

在水泥砂浆流动度试验中，当粉煤灰掺量＜40%时，在水泥胶砂流动度基本不变的情况下，粉煤灰表现出一定的减水效果，而且表现出类似于线性的减水关系，即粉煤灰掺量每增加10%，用水量相应减少2%～3%；当粉煤灰掺量超过40%以后，粉煤灰的减水性能变差，随着粉煤灰掺量的增加，减水效果变差。

表2-10 矿渣粉掺量变化与用水量关系

矿渣粉掺量（%）	矿渣粉（g）	水泥（g）	水（g）	标准砂（g）	流动度（mm）
0	0	450	225	1350	210
10	45	405	223	1350	211
20	90	360	218	1350	206
30	135	315	216	1350	213
40	180	270	213	1350	210
50	225	225	217	1350	209

在水泥砂浆流动度试验中，当矿渣粉掺量在＜40%时，在水泥胶砂流动度基本不变的情况下，矿渣粉表现出近似于线性的减水关系，即矿渣粉掺量每增加10%，用水量相应减少1%～2%；当矿渣粉掺量超过40%后，用水量增大。

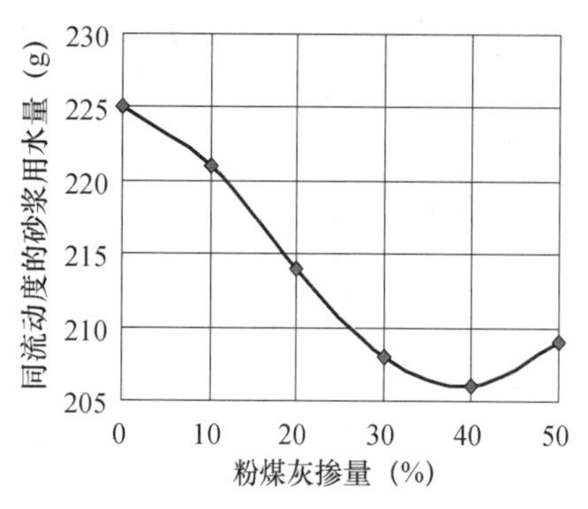

图 2-5 粉煤灰掺量变化与砂浆用水量

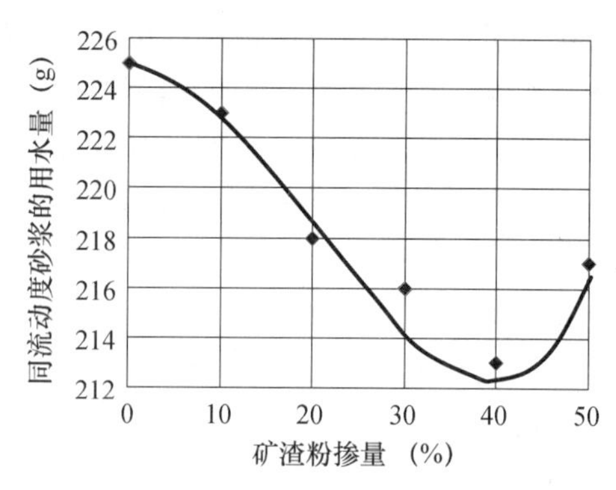

图 2-6 矿渣粉掺量变化与砂浆用水量

表 2-11 石灰石粉掺量变化与用水量关系

石灰石粉掺量（%）	水（g）	水泥（g）	石灰石粉（g）	标准砂（g）	流动度（mm）
0	225	450	0	1350	210
10	216	405	45	1350	205
20	203	360	90	1350	205
30	202	315	135	1350	210
40	205	270	180	1350	210
50	228	225	225	1350	210

试验结果表明石灰石粉的掺量小于20%时，随着石灰石粉掺量的增加，砂浆流动度不发生显著变化的情况下，用水量降低。砂浆流动性的大小主要取决于需水量的大小，砂浆需水量的大小主要取决于石灰石粉与水泥组成的二元胶凝材料的空隙率是否得到有效的填充，以及水泥颗粒表面吸附水量的变化，砂浆的流动性也主要受这两方面的影响。随着石灰石粉掺量的增加，水泥中的空隙逐渐被比水泥细小的石灰石粉填充，砂浆的自由水量增加，流动性变大；当砂浆的空隙逐渐减少到最小时，再增加石灰石粉的掺量，水泥与石灰石粉组成的二元胶凝材料体系的空隙率逐渐增大，石灰石粉的加入引起的比表面积增加造成对水的吸附量增加，使得砂浆的自由水减小，砂浆流动性变差。

2. 矿物掺合料减水性机理分析

粉煤灰颗粒呈极小的球状玻璃微珠，这些球状玻璃微珠体表面光滑、粒度细，如同玻璃球一般，在水泥砂浆或混凝土中起到了滚珠轴承的作用，填充在水泥颗粒之间起到一定的润滑作用，小于25μm的微珠，可以降低需水量，因而有减水作用。矿渣粉颗粒为不规则形状的玻璃体，亲水性较差，对水的吸附性较小，掺入水泥中有一定的减水性。

另一方面是，粉煤灰、矿渣粉的掺入，均匀分散在水泥浆中，改善了与水泥粒子组成的微粒级配，从而改善了水泥浆的流动性。粉煤灰、矿渣粉等矿物掺合料分别与水泥二元胶凝体系更密实，空隙率更低，使原来被凝聚的水泥颗粒包裹的水释放出来，增加了自由水的数量，达到增加流动度的效果。

3. 矿物掺合料的减水性与其品质的关系

矿物掺合料减水性的大小与其质量品质有十分重要的关系，矿物掺合料质量优良，其需水量和流动性较好就可以表现出良好的减水性。矿物掺合料质量较差，其减水性也较差。从

表 2-12 可以看出四种不同质量品质的减水性变化规律。

表 2-12 粉煤灰质量对粉煤灰减水性的影响

粉煤灰等级	质量 \ 掺量（%）		0	10	20	30	40	50
	细度（%）	烧失量（%）	减水率（%）					
Ⅰ	3.5	0.62	0	3.6	7.5	9.3	11.5	14.9
Ⅰ	6.3	2.23	0	2.8	4.8	6.4	8.0	11.2
Ⅱ	12.4	4.55	0	1.6	2.2	3.9	5.4	3.8
Ⅱ	19.6	5.85	0	1.1	2.0	2.8	1.5	1.1

从表 2-12 可以看出，在各级粉煤灰中都有一个减水率达到最大时的最佳取代率，当粉煤灰取代率超过该值时减水率将出现下降的趋势。从粉煤灰的减水机理看，随着掺量的增加，减水效应呈现正作用，达到最佳减水率后，减水效应随着掺量的增加呈现副作用，且这个最佳掺量随粉煤灰减水特性的不同而不同。因此，矿物掺合料的减水性是矿物掺合料的诸多基本性能的综合反映，这些性能包括细度、烧失量、颗粒级配、形状因子及表面结构等。因此，更确切地说，矿物掺合料的减水性可以综合反映粉煤灰的颗粒形貌、级配、细度、烧失量等指标。

4. *矿物掺合料对水泥与减水剂相容性的改善作用*

依据《混凝土外加剂匀质性试验方法》（GB/T 8077—2012）规定的净浆流动度方法进行试验，研究粉煤灰、矿渣粉和石灰石粉掺量变化对水泥净浆流动度的影响，粉煤灰、矿渣粉、石灰石粉掺量对水泥净浆流动度影响见表 2-13 和表 2-14。

表 2-13 粉煤灰、矿渣粉掺量变化与水泥净浆流动度

掺量（%）	用量（g）	水泥（g）	水（g）	外加剂（g）	流动度（mm）	
					粉煤灰	矿粉
0	0	300	87	5.4	200	200
10	30	270	87	5.4	215	210
20	60	240	87	5.4	230	220
30	90	210	87	5.4	245	235
40	120	180	87	5.4	240	230
50	150	150	87	5.4	245	225

从表 2-13 可以看出：

（1）粉煤灰掺量不同，明显可以看到在相同减水剂掺量下，水泥净浆流动度不同。粉煤灰掺量在 30%以下时，随粉煤灰掺量增大，净浆流动度增大。再增加粉煤灰的掺量，流动度变化不大。这说明当粉煤灰掺量小于 30%时，能够增加水泥净浆的流动度，有辅助减水作用，但不是掺量愈大，减水作用愈显著，针对一定品质的粉煤灰，有一个最佳值。

（2）从不同矿渣粉掺量下的试验结果，可以看到当矿渣粉掺量较多或较少时都不利于水泥和减水剂的适应性，矿渣粉掺量在 30%时，流动度达到较大值。在矿渣粉掺量＜30%时，水泥净浆流动度随矿渣粉掺量增大而变大。

表 2-14 相同用水量时流动度的变化

水泥用量（g）	石灰石粉掺量（%）	石灰石粉用量（g）	用水量（g）	外加剂用量（g）	净浆流动度（mm）
300	0	0	87	5.4	200
285	5	15	87	5.4	225
270	10	30	87	5.4	240
255	15	45	87	5.4	255
240	20	60	87	5.4	255
225	25	75	87	5.4	245
210	30	90	87	5.4	220
195	35	105	87	5.4	215
180	40	120	87	5.4	185

从表 2-14 试验结果可以看出，石灰石粉在一定的掺量范围内对净浆流动度有改善作用，具有一定的减水作用。为了研究石灰石粉掺量与减水性的关系，在保持净浆流动度为(220±5)mm 的条件下进行试验，进一步观察相同流动度下用水量与石灰石粉掺量的关系，见表 2-15，如图 2-7、图 2-8 所示。

表 2-15 相同净浆流动度时的用水量

水泥用量（g）	石灰石粉掺量（%）	石灰石粉用量（g）	用水量（g）	外加剂用量（g）	净浆流动度（mm）
300	0	0	87	5.4	200
285	5	15	85	5.4	215
270	10	30	83	5.4	220
255	15	45	79	5.4	220
240	20	60	81	5.4	215
225	25	75	84	5.4	205
210	30	90	85	5.4	190
195	35	105	95	5.4	175

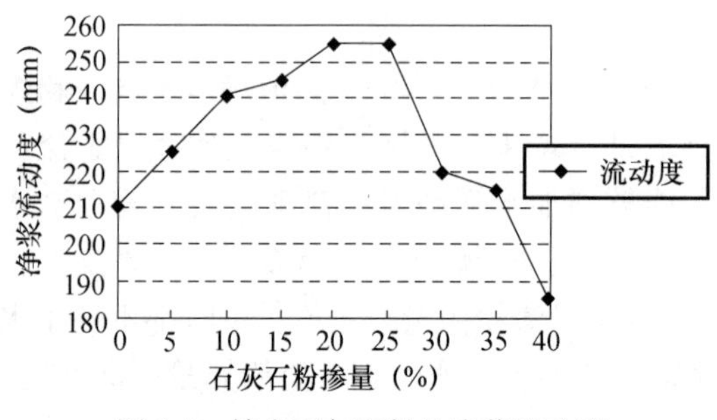

图 2-7 掺有石灰石粉的净浆流动度

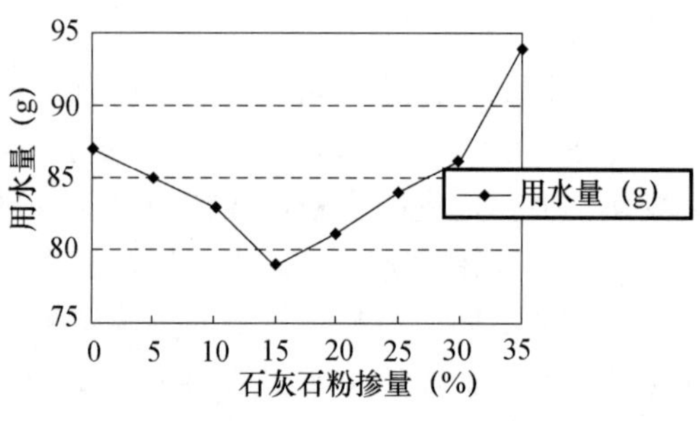

图 2-8 石灰石粉掺量对用水量的影响

从表2-15的试验结果可以看出，石灰石粉掺量小于15%时，随着石灰石粉掺量的增加，水泥净浆流动度也不断增大；石灰石粉的掺量超过15%以后，随着掺量的增加，净浆流动度逐渐减小，超过30%以后，净浆流动度急剧下降。

在水泥净浆试验中，石灰石粉的掺量不同，达到相同的流动度时，用水量也不同。当石灰石粉掺量在0%～15%时，用水量逐渐降低，石灰石粉掺量每增加5%，可以减少用水量2%左右；当石灰石粉掺量在15%～30%时，用水量逐渐提高，石灰石粉掺量每提高5%，用水量比最低用水量提高2%左右，但是低于纯水泥的净浆流动度；在高于30%掺量时，用水量逐渐超过不掺纯水泥净浆用水量。以上两组试验说明，在一定的掺量范围内，石灰石粉具有一定的减水性。

这是由于石灰石粉的粒径小于水泥的粒径，可填充水泥之间空隙，随着掺量的增加，水泥与石灰石粉组成的粉体空隙率逐渐减小。当石灰石粉掺量为15%左右时，水泥的空隙率达到最小，填充空隙的空间水最少，浆体中自由水增多，流动性增加。但随着水泥净浆中石灰石粉掺量的增加，尤其当掺量大于15%后，水泥与石灰石粉组成的粉体材料空隙率又逐渐增大，填充空隙的空间水逐渐增多，自由水逐渐减少，净浆流动度降低。另一方面，石灰石粉的比表面积大于水泥的比表面积，随着石灰石粉掺量的增加，对外加剂与水的吸附量也增加，当石灰石粉掺量超过30%以后，净浆流动度降低更多，需水量也增加更多。

从上述试验结果可以看出，矿物掺合料的单独使用均对水泥与外加剂的相容性产生影响。表2-16、表2-17和表2-18对粉煤灰、矿渣粉按不同比例、不同掺量进行净浆流动度试验。

表2-16 双掺粉煤灰、矿渣粉总量为30%时净浆流动度

水泥（g）	210	210	210	210	210	210	210	210	210
粉煤灰（g）	9	18	27	36	45	54	63	72	81
矿渣粉（g）	81	72	63	54	45	36	27	18	9
用水量（g）	87								
外加剂用量（g）	5.4								
初始流动度(mm)	240	245	245	240	245	250	255	245	240
1h流动度（mm）	215	230	230	220	220	235	240	215	225

表2-17 双掺粉煤灰、矿渣粉总量为40%时净浆流动度

水泥（g）	180	180	180	180	180	180	180	180	180
粉煤灰（g）	12	24	36	48	60	72	84	96	108
矿渣粉（g）	108	96	84	72	60	48	36	24	12
用水量（g）	87								
外加剂用量（g）	5.4								
初始流动度(mm)	255	245	250	250	265	265	260	250	240
1h流动度（mm）	245	250	250	240	250	255	250	245	235

表 2-18 双掺粉煤灰、矿渣粉总量为 50%时净浆流动度

水泥（g）	150	150	150	150	150	150	150	150	150
粉煤灰（g）	15	30	45	60	75	90	105	120	135
矿渣粉（g）	135	120	105	90	75	60	45	30	15
用水量（g）	87								
外加剂用量（g）	5.4								
初始流动度(mm)	255	245	250	250	245	240	245	230	240
1h 流动度（mm）	240	240	245	250	230	230	230	225	225

从表 2-16～表 2-18 的试验结果来看：

（1）在粉煤灰与矿渣粉双掺的情况下，两者存在最佳比例使得净浆流动度及经时损失达到最优。粉煤灰和矿渣粉总掺量在 30%时，两者比例 7∶3 达到最佳；粉煤灰和矿渣粉总掺量在 40%时，两者比例 6∶4 达到最佳；粉煤灰和矿渣粉总掺量在 50%时，两者比例 4∶6 达到最佳。粉煤灰和矿渣粉总掺量的不同，两者达到最佳流动度的比例也有差异。

（2）当采用粉煤灰和矿渣粉复合双掺时，净浆流动度较单掺矿渣粉有了较大的改善。粉煤灰的加入，使得原来矿渣粉与水泥组成的二元胶凝材料的空隙部分得到有效填充，使得净浆流动度改善。在粉煤灰与矿渣粉达到合适的比例时，粉煤灰、矿渣粉与水泥组成的三元胶凝材料体系的颗粒级配更合理，空隙率更小，原来填充空隙的水被填充释放出来，浆体中的自由水增多，浆体的流动性提高。可见，粉煤灰与矿渣粉双掺对于水泥净浆流动性具有叠加增效效应，能提高复合胶凝材料的净浆流动度及经时损失，对外加剂具有良好的辅助减水、保坍作用。

5. 矿物掺合料改善水泥及减水剂相容性的原因

矿物掺合料的比表面积、颗粒和矿物组成不同于水泥，导致减水剂在其表面的吸附量不同。矿物掺合料颗粒粒径较水泥颗粒粒径小，具有明显的填充作用。

水泥熟料的主要矿物成分 C_3S、C_2S、C_3A、C_4AF，这 4 种矿物成分对减水剂的吸附能力是 $C_3A>C_4AF>C_3S>C_2S$，C_3A 和 C_4AF 对减水剂的吸附量最大。也就是说 C_3S 和 C_2S 成分对外加剂的吸附量很小，而 C_3A 和 C_4AF 对减水剂的吸附最大。在相同减水剂的掺量条件下，当水泥的矿物成分中 C_3A 和 C_4AF 含量较高时，减水效果较差，则相容性较差，反之，为相容性较好。矿物掺合料中不含有 C_3A 和 C_4AF 含量这两种矿物成分，等量取代水泥时，降低水泥中 C_3A 和 C_4AF 含量，有效降低这两种物质对外加剂的吸附量，可以改善水泥与外加剂的相容性。另外，粉煤灰和矿渣粉含有较多的玻璃和微珠时，可以改善水泥与外加剂的相容性。

在混凝土中，矿物掺合料对外加剂的影响主要表现在两个方面，即对外加剂起到增效作用的正的方面和对外加剂吸附减效的反的方面。在混凝土或水泥中掺入矿物掺合料组成二元、三元甚至多元胶凝体系，由于矿物掺合料粒径、粒形、组成矿物成分与水泥的差异，组成的胶凝材料体系级配更合理，空隙率更低，混凝土浆体中原有的空隙水被释放出来，浆体中的自由水增多，起到增加流动性的增效作用，使外加剂的性能增强。矿物掺合料的比表面积比水泥大，表面的物理吸附量大于水泥，再加上矿物掺合料中类

似蜂窝的微小颗粒要吸附一部分水泥，外加剂通常溶解在水中，所以在吸附水的同时，部分外加剂也随水被吸附进该颗粒内部，造成混凝土浆体中有效减水剂减低，分散能力减弱，混凝土工作性降低。这一对矛盾是此消彼长的关系，关键是哪个方面起主导作用。在矿物掺合料烧失量较小时，矿物掺合料对外加剂的吸附较小，正的方面起主导作用。在矿物掺合料的验收、检测过程中，可以采用对比净浆流动度试验的方法来判断矿物掺合料质量的好坏，此方法简单、快捷、有效。

6. 矿物掺合料对外加剂吸附系数的影响

为了观察不同外加剂掺量对水泥净浆及掺加石灰石粉（20%）流动度的影响，本试验选用石灰石粉掺量为0%和20%两种情况，改变外加剂掺量从1.6%增加到2.2%进行对比试验。水泥净浆配合比见表2-19，试验结果见表2-20。

表 2-19　水泥净浆试验配合比

序号	水泥用量（g）	石灰石粉用量（g）	用水量（g）
1	300	0	87
2	240	60（20%）	87

表 2-20　不同外加剂掺量下对净浆流动度的影响（一）

序号	外加剂掺量（%）	1.6	1.7	1.8	1.9	2.0	2.1	2.2
1	初始流动度（mm）	160	180	200	215	230	240	240
2	初始流动度（mm）	175	190	220	245	260	265	265

由外加剂推荐最低掺量开始做净浆流动度试验，然后按一定的比例逐步递增外加剂掺量，水泥净浆的流动度会随之增大。当外加剂掺量达到使净浆流动度最大，再增加外加剂掺量，水泥净浆流动度不再显著增加，此时，外加剂掺量就是外加剂的饱和掺量。试验结果显示：石灰石粉掺量为0%时，外加剂的饱和掺量为2.1%，石灰石粉掺量为20%时，外加剂的饱和掺量为2.0%，外加剂的饱和掺量较石灰石粉掺量0%减小0.1%。在外加剂各掺量下，石灰石粉掺量20%的水泥净浆流动度均大于石灰石粉掺量为0%时的净浆流动度，且石灰石粉掺量为20%的净浆流动度增幅大于石灰石粉掺量0%净浆流动度的增幅。说明掺加石灰石粉后，水泥和外加剂的适应性大大提高。

混凝土外加剂主要对水泥产生分散、吸附作用，随着矿物掺合料的加入，由于矿物掺合料的细度小于水泥，其表面也吸附一定量的外加剂。从表2-21的试验结果可以知道在不掺加矿物掺合料时，水泥净浆流动度的变化情况。

表 2-21　不同外加剂掺量下对净浆流动度的影响（二）

外加剂掺量（%）	1.6	1.7	1.8	1.9	2.0	2.1	2.2
流动度（mm）	160	180	200	215	230	240	240

表2-21中饱和掺量前，水泥净浆流动度随外加剂掺量的增加幅度接近于直线。外加剂掺量增大，在水泥浆体中分散水泥的量加大，流动性增大。再结合表2-19、表2-20和表2-13可以得到表2-22。

表 2-22 矿物掺合料掺量对净浆流动度的影响（三）

矿物掺合料掺量（%）		10	20	30	40	50
外加剂掺量 1.8%时，净浆流动度（mm）	粉煤灰	215	230	245	240	245
	矿渣粉	210	220	235	230	225
	石灰石粉	240	255	220	185	—

从表 2-22 可以看出，外加剂掺量不变的情况下，在一定的范围内，矿物掺合料掺量的增加也能改善净浆流动度。这种改善作用虽然不如提高外加剂掺量那样明显，但也不能忽视，如在粉煤灰掺量不超过 30%的情况下，粉煤灰掺量每提高 10%，净浆流动度的提高值与外加剂掺量增加 0.1%等效。在两者净浆流动度相同（或相近，即净浆流动度差值在±5mm）的情况下，在没有掺加矿物掺合料时，外加剂主要对水泥发生作用，而掺加矿物掺合料以后，外加剂除了要对水泥发生作用，还有一部分包裹在矿物掺合料的表面，仅仅起到物理包裹作用。我们把包裹在矿物掺合料表面的这部分外加剂与等质量的吸附外加剂的比值称为“矿物掺合料吸附系数”，即掺有矿物掺合料时外加剂的掺量减去其中的水泥吸附外加剂值（该掺量下矿物掺合料对外加剂的吸附量）除以与矿物掺合料等质量水泥吸附外加剂的量。矿物掺合料吸附系数 ζ 按下式计算：

$$\zeta=\frac{\mu_1-\mu_0(1-\lambda)}{\mu_0\times\lambda}$$

式中 μ_0——未掺加矿物掺合料时外加剂掺量；

μ_1——掺加矿物掺合料时外加剂掺量；

λ——矿物掺合料掺量。

例如：从表 2-21 和表 2-22 中我们可以看出，粉煤灰掺量为 10%，外加剂掺量为 1.8%，此时的净浆流动度为 215mm；不掺粉煤灰时，水泥外加剂掺量为 1.9%时的净浆流动度同为 215mm。将对应的数值带入上述公式可得：

$$\zeta=\frac{1.8\%-1.9\%(1-10\%)}{1.9\%\times10\%}=0.47\approx0.5$$

同理，可以计算出粉煤灰掺量 20%时的吸附系数 ζ 为 0.5；粉煤灰掺量为 30%时的吸附系数 ζ 为 0.52，约等于 0.5。可见随着粉煤灰掺量的增加，粉煤灰对外加剂的吸附量并不相同。主要原因有两个，其一，粉煤灰的细度和烧失量与水泥不同，吸附量也不同；其二，水泥与粉煤灰复合比例不同，组成的胶凝材料空隙率不同，需要填充空隙率的需水量也不相同，但数值变化不大。

第三节 矿物掺合料对混凝土性能的影响

一、粉煤灰对混凝土性能的影响

（一）粉煤灰对新拌混凝土坍落度的影响

粉煤灰对混凝土和易性的影响是多重的，单从流动性指标来看，品质优良的Ⅰ级粉煤灰可以提高混凝土的流动性，减少混凝土离析、泌水等现象的发生，改善了混凝土的工作性能。但Ⅲ级粉煤灰则使混凝土的流动性下降（图 2-9）。这一现象对不掺外加剂的混凝土和掺外加剂的混凝土的作用是相似的。

（二）粉煤灰对混凝土强度的影响

粉煤灰对混凝土强度的影响，根据粉煤灰的品质不同，其影响规律略有不同。对品质优良的Ⅰ级粉煤灰来说，在掺量小于 10%时，不仅强度提高，而且早期强度也不下降。但当掺量超过一定值后，混凝土早期强度略有下降，但后期强度仍可高于不掺粉煤灰的基准混凝土（图 2-10）。但这一规律还受水胶比和养护温度的影响。当水胶比较小时，低掺量粉煤灰对强度的影响较显著，对高掺量粉煤灰影响率下降，而水胶比较大时，情况恰好相反。

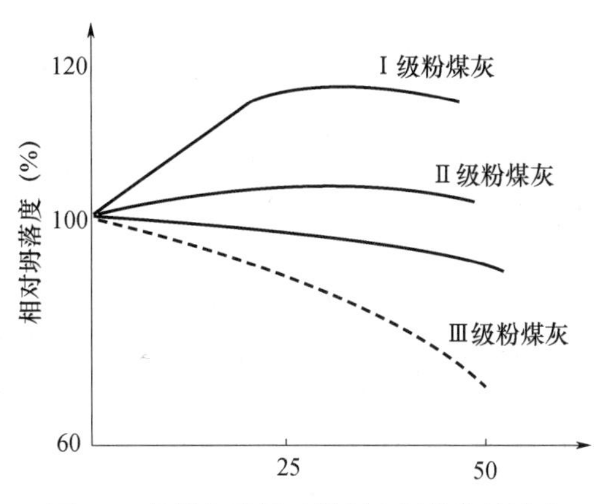

图 2-9　粉煤灰掺量对混凝土坍落度的影响

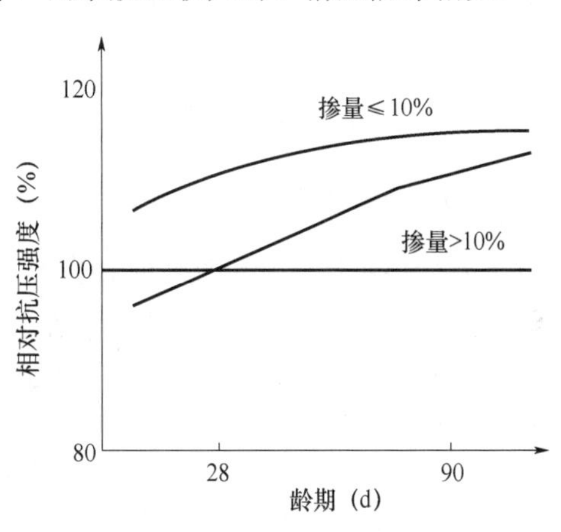

图 2-10　Ⅰ级粉煤灰对混凝土强度的影响

（三）粉煤灰对抗渗性的影响

掺有粉煤灰的混凝土，在水胶比较大时，抗渗性下降，在水胶比较小时，特别是掺有引气剂或减水剂时，可以提高混凝土的抗渗性。粉煤灰的微骨料效应能够改善混凝土界面结构，火山灰反应生成水化硅酸钙（C-S-H）能进一步填塞水泥石中的毛细孔隙，堵塞渗水通道，增强混凝土的密实性，增大渗透阻力（图 2-11）。

（四）粉煤灰抗碳化和对钢筋的保护作用

粉煤灰对混凝土碳化作用有两方面的影响，一是粉煤灰取代部分水泥，使得混凝土中水泥熟料含量降低，析出的氢氧化钙数量必然减少，同时粉煤灰二次水化反应进一步降低氢氧化钙的含量，使混凝土的抗碳化性能下降。二是粉煤灰的微骨料填充效应能使混凝土孔隙细化、结构致密化，渗透速度下降，能在一定程度上减缓碳化速度。但两者相比，粉煤灰的掺入对抗碳化是不利的。

出于降低混凝土成本考量，许多混凝土生产企业会过于增加配合比中粉煤灰的掺量，而不考虑由此带来的混凝土耐久性问题，这是需要在混凝土生产过程中注意的。研究和实践表明，在混凝土中掺入大量的粉煤灰，会降低混凝土的抗碳化性能和抗冻性能。普通混凝土的碳化速率与水灰比近似于线性关系，掺入粉煤灰以后，在相同的水胶比下，碳化速率增加。降低水胶比，则可以达到相似的碳化速率，例如掺粉煤灰 30%而水胶比为 0.35 时，碳化速率与普通混凝土 0.5 时相当（图 2-12）。因此，在必须使用大掺量粉煤灰时，需要有其他改进措施，如采用较低的水胶比，增加混凝土的密实性，进而增强抗碳化的能力。对于抗冻混凝土，则需要掺加引气剂。

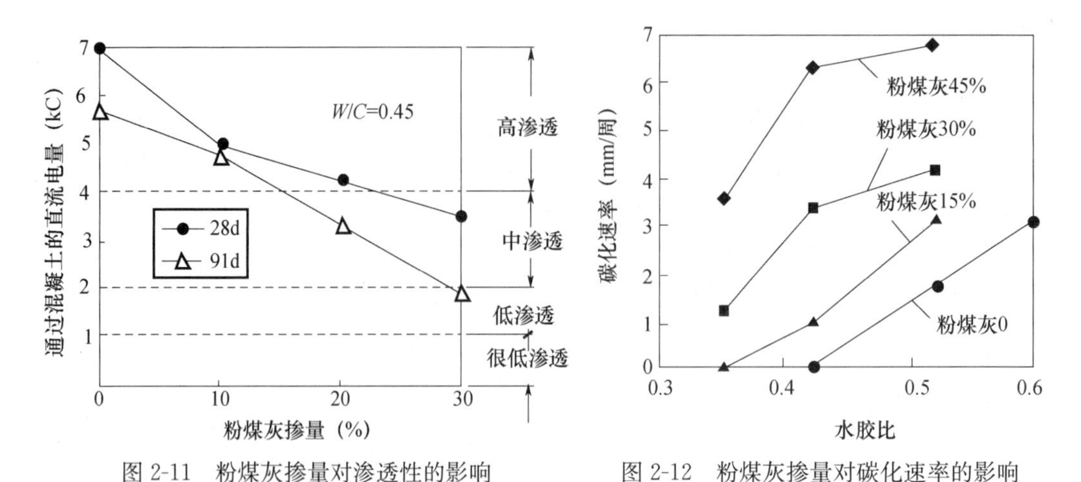

图 2-11 粉煤灰掺量对渗透性的影响

图 2-12 粉煤灰掺量对碳化速率的影响

（五）粉煤灰对混凝土收缩的影响

粉煤灰对抗裂性的影响主要反映在收缩（图 2-13、图 2-14）和温度两个方面。掺粉煤灰混凝土的自收缩、早期收缩和总干收缩都缩小，对提高混凝土抗裂性是十分有利的，特别是早期收缩的降低，对提高抗裂性更加有利。但质量较差的Ⅲ级粉煤灰会增大混凝土泌水，且早期强度低，不利于抗裂。采用优质粉煤灰，且配合比设计合理，养护得当，粉煤灰对混凝土的抗裂有改善作用。

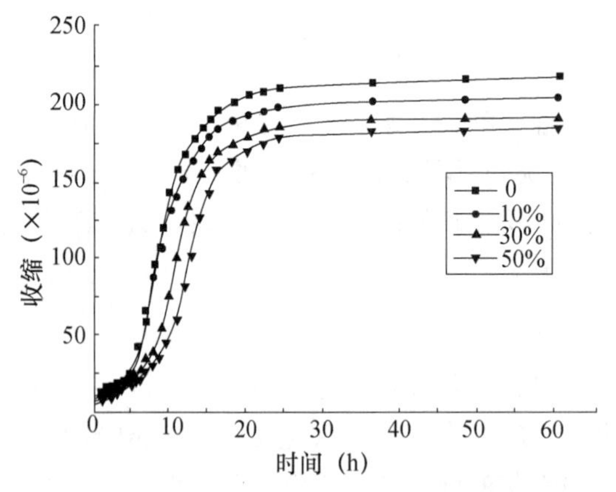

图 2-13 粉煤灰掺量对早期收缩的影响

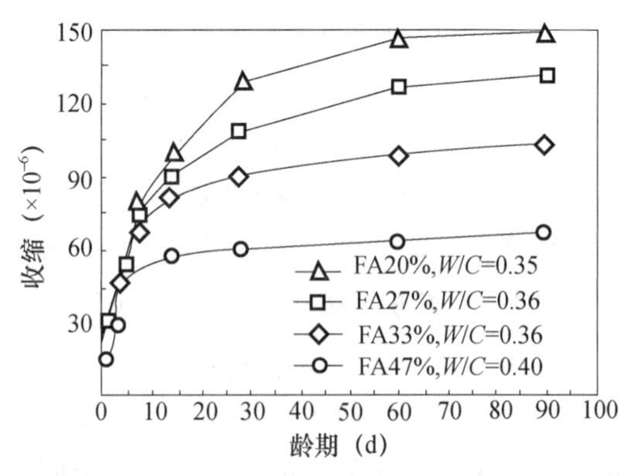

图 2-14 粉煤灰掺量对干燥收缩的影响

二、矿渣粉对混凝土性能的影响

（一）矿渣粉对混凝土工作性的影响

尽管矿渣粉的颗粒形状不规则，多数呈多角的形状，但其表面比水泥光滑，具有较低的吸水性能，因此矿渣粉能够提高新拌混凝土的工作性。此外，矿渣粉的密度低于水泥，用矿渣粉等量取代水泥后将增大粉体的体积，从而增大混凝土的浆骨比，也有利于提高混凝土的工作性。值得注意的是，当矿渣粉磨得过细时，其颗粒表面吸水过多，会使矿渣粉对新拌混凝土工作性的改善作用减少。

与水泥相比，矿渣粉在初期的反应速率较低，因而用矿渣粉替代部分水泥后可使混凝土的凝结时间延长，即混凝土处于塑性状态或可浇筑的时间延长。矿渣粉在一定程度上也能改善水泥与外加剂的相容性，表现在可以降低混凝土坍落度的经时损失（图 2-15）。

矿渣粉对于混凝土泌水的影响主要取决于其颗粒细度和掺量，当矿渣粉的细度与水泥比较接近时，矿渣粉表面光滑，活性较低，早期水化产物少，一般会导致泌水的增加。但当矿渣粉的比表面积较大时，由于矿渣粉颗粒对水的吸附作用更强，会适当降低矿渣粉对混凝土泌水的不利影响。随着矿渣粉掺量的增大，混凝土泌水速度和总泌水量会增大，由此可能增大混凝土表面塑性开裂的风险。控制大掺量矿渣粉的用水量是减少泌水的有效措施。

（二）矿渣粉对混凝土强度的影响

由于矿渣粉早期的反应速率比水泥慢，这样就意味着用矿渣粉替代部分水泥后会使混凝土的强度发展缓慢。通常矿渣粉的掺量越高，混凝土的早期强度发展越慢；随着矿渣粉反应程度的提高，对体系中胶凝总量的贡献逐渐增大，并消耗一定量的 $Ca(OH)_2$，从而改善混凝土的界面过渡区，矿渣粉混凝土后期的强度增长率一般高于纯水泥混凝土，且后期强度接近甚至超过纯水泥混凝土。

提高养护温度对水泥水化具有促进作用（图 2-16），因而养护温度的提高有利于混凝土早期强度的发展。有研究表明，矿渣粉具有比较高的表面活性，这使得矿渣粉的活性受温度的影响更大。提高养护温度对于矿渣粉混凝土早期强度的发展的促进作用高于普通水泥混凝土，且矿渣粉掺量越大，矿渣粉混凝土的早期强度发展受温度的影响越大。因此，矿渣粉混凝土的温度，原则上应在 10℃以上，在养护期间混凝土表面温度也应在 10℃以上。

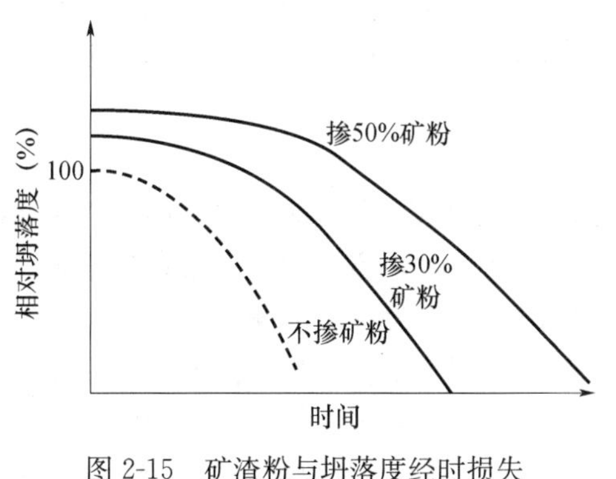

图 2-15　矿渣粉与坍落度经时损失

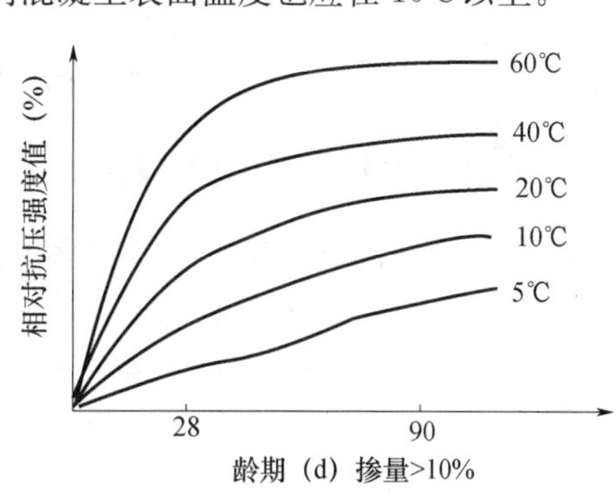

图 2-16　养护温度对强度的影响

（三）矿渣粉对混凝土干缩的影响

大多数研究表明，矿渣粉的掺入会增大混凝土的干缩，尤其是在矿渣粉掺量较大且水胶比较大的情况下。这可能是由于矿渣粉早期活性较低，混凝土早期内部水化蒸发、干燥过程较快导致。

（四）矿渣粉对混凝土耐久性的影响

矿渣粉可显著改善混凝土后期的密实性和抗渗透性，阻隔有害物质或离子在内部的传输通道，从而改善混凝土的多种耐久性能。

用矿渣粉替代部分水泥后混凝土抵抗硫酸侵蚀的能力增强，这是因为矿渣粉稀释了体系中的 C_3A 的含量；矿渣粉的反应消耗了部分 $Ca(OH)_2$，减少了形成硫酸钙的条件；矿渣粉混凝土后期强度高、结构致密。大掺量矿渣粉混凝土具有优异的抗硫酸盐侵蚀的性能。海水对混凝土的侵蚀情况与硫酸盐侵蚀相似，很多国家在海事工程中推荐采用矿渣混凝土。

在含气量与强度相近的情况下，矿渣粉混凝土与普通水泥混凝土的抗冻性相近。但矿渣粉掺量超过50%时，矿渣粉混凝土的抗冻性略差。当然，对于具体工程而言，当需要重点考虑混凝土的抗冻性时，起关键作用的因素是含气量。

大量研究表明，掺入矿渣粉能够有效减轻或抑制碱-骨料反应，因为矿渣粉的掺入和反应都降低了体系的总碱性，并提高了混凝土的后期密实度。目前，很多国家推荐采用掺入矿渣粉的方式减小混凝土的碱-骨料反应。

三、石灰石粉对混凝土性能的影响

石灰石粉毕竟不同于火山灰材料，它虽然能够在水化后期参与反应，但反应程度是很低的，也就是说石灰石粉在混凝土中的化学作用是很小的，而主要是填充效应和加速效应这两个物理作用做主要的贡献。随着石灰石粉掺量的增加，砂浆的抗压强度逐渐降低；当石灰石粉掺量较小时，强度降低的幅度较小，但当石灰石粉的掺量超过20%时，强度降低的幅度比较明显。因此，在混凝土中掺加石灰石粉代替部分水泥时，往往通过降低混凝土用水量（水胶比）的方式来提高强度。

用需水量比小的石灰石粉配制混凝土，能够提高混凝土的流动性，且石灰石粉在减小混凝土拌合物坍落度经时损失方面也有明显的作用。

在混凝土用水量不变的前提下，用石灰石粉替代部分水泥，会使混凝土的抗冻性和抗渗性能变差。但在实际工程中，在混凝土中掺入石灰石粉的同时降低用水量，在抗压强度相同的条件下，掺石灰石粉的混凝土能够获得满意的抗冻性和抗渗性，并且其干燥收缩也较小。

四、矿物掺合料使用技术要点

矿物掺合料在混凝土应用中拥有诸多的优点，但同时也存在一些问题。第一，优质的矿物掺合料可以改善混凝土拌合物的工作性，但坍落度过大时，容易发生泌浆现象；第二，大掺量矿物掺合料时，在较低气温下凝结缓慢，早期强度低；第三，混凝土早期孔隙率大，湿养护不够，混凝土碳化问题较突出，且表层失水影响混凝土水化，强度偏低，回弹值低；第四，对混凝土失水敏感，因内部黏度增加，阻碍混凝土持续泌水而加剧混凝土塑性开裂。在使用矿物掺合料时，应充分考虑存在的上述问题，在生产过程中做到以下几点：① 对于不同强度等级的混凝土，在满足施工的条件下，坍落度应尽可能小；② 注意不要过振，防止泌浆；③ 要尽量降低水胶比，掺量越大，水胶比要越低，以保证混凝土强度，尤其是早期强度；④ 注意及早、有效地保温、保湿养护并保证足够的养护时间，最好养护14d，一般不应低于7d。

第四节 “混凝土强度—粉煤灰掺量—水胶比”三者的关系

矿渣粉活性较粉煤灰高，矿渣粉掺量不超过40%时，等量取代水泥对混凝土的力学性能影响不大，而粉煤灰掺量的增加却对混凝土的力学性能有显著的影响。在原材料不发生变化时，混凝土的强度与水胶比成反比，水胶比越低强度越高。因此，可以采用降低水胶比的方法来弥补粉煤灰早期强度低的缺陷。

经过几十年的发展，我国电厂设备的改进使粉煤灰的燃烧更加充分，粉煤灰的质量和稳定性有较大的提高。再加上高效减水剂（高性能减水剂）复合使用，可以大幅度降低水胶比，改善了粉煤灰的使用环境。工程实践及试验研究表明，粉煤灰作为混凝土的矿物掺合料，既可以降低水化热，利用二次水化增加混凝土后期强度，又能提高混凝土的和易性、泌水性、流动性、泵送性及耐久性等。

20 世纪 80 年代我国杰出的粉煤灰学者沈旦申[7]提出了“粉煤灰效应”假说：形态效应、填充效应、火山灰效应。英国的 Dunstan 研究发现：混凝土的水胶比减小，粉煤灰对不同龄期混凝土强度的贡献随之增大，粉煤灰对强度的贡献与水胶比的关系比水泥还敏感。粉煤灰掺入以后，“混凝土强度—水灰比”二元关系转变成“混凝土强度—粉煤灰掺量—水胶比”三元关系（图 2-17[8]）。

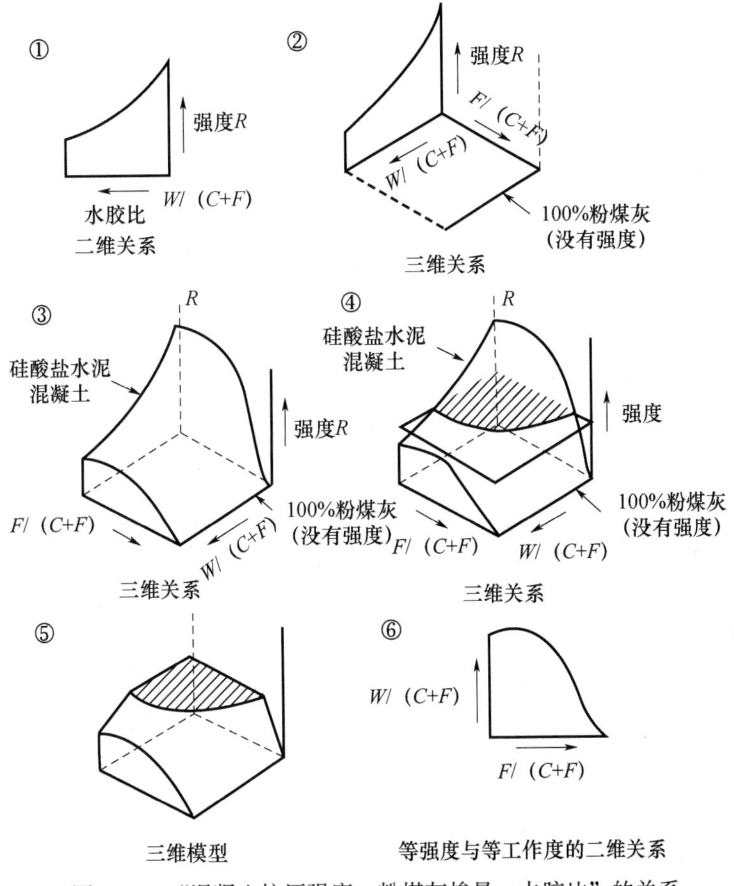

图 2-17 “混凝土抗压强度—粉煤灰掺量—水胶比”的关系

数年来的研究工作使混凝土技术得以进步和发展，这些为人们认识和使用粉煤灰的作用机理和应用技术提供了可靠的理论指导和技术支持，对粉煤灰在混凝土中的应用起到了积极的推动作用。但是长期以来，粉煤灰是作为水泥的替代品来掺用的，先后出现了等水胶比法、超量取代法和等水灰比法[9,10]。本书在混凝土强度指标的基础上对粉煤灰掺量与水胶比的关系上进行探讨，力求找到“混凝土强度—粉煤灰掺量—水胶比”之间的具体量化关系，更好地指导粉煤灰在混凝土生产中的应用。

一、粉煤灰掺量对混凝土强度的影响

（一）粉煤灰掺量对混凝土强度的影响试验

常用的混凝土强度等级为C10～C60，水胶比的变化范围为0.7～0.3，胶凝材料用量的范围为300～550kg/m^3。依据混凝土公司的生产实际所需要的混凝土强度等级，试验分别采用胶凝材料：300kg/m^3、350kg/m^3、410kg/m^3、470kg/m^{3}和540kg/m^3；水胶比为：0.60、0.50、0.42、0.35和0.30；粉煤灰掺量为：10%、20%、30%、40%和50%；用调整砂率及减水剂用量的方法将混凝土的坍落度控制在180～200mm的范围内，进行混凝土强度试验，其试验结果见表2-23。

表2-23 不同水胶比、胶凝材料用量、粉煤灰掺量的混凝土强度

水胶比	胶凝材料用量（kg/m^3）	粉煤灰掺量λ（%）	7d强度（MPa）	28d强度（MPa）	28d强度变化κ（%）	λ/κ
0.6	300	0	26.9	32.3	—	—
		10	24.8	30.1	−7	1.4
		20	21.9	28.0	−13	1.5
		30	17.7	25.4	−21	1.4
		40	14.1	21.3	−34	1.2
		50	10.2	15.7	−51	1.0
0.5	350	0	33.7	41.2	—	—
		10	31.2	39.4	−4	2.5
		20	27.8	37.2	−10	2.0
		30	24.2	33.7	−18	1.7
		40	18.7.	27.3	−34	1.2
		50	13.5	23.2	−44	1.1
0.42	410	0	39.8	47.7	—	—
		10	39.1	46.9	−2	5.0
		20	35.6	43.7	−8	2.5
		30	30.9	40.6	−15	2.0
		40	26.2	33.5	−30	1.3
		50	21.1	29.8	−38	1.3
0.35	470	0	47.5	56.4	—	—
		10	48.7	57.6	+2	5.0
		20	47.2	55.5	−2	10.0
		30	44.3	51.2	−10	3.0
		40	37.5	46.7	−17	2.4
		50	29.9	39.2	−30	1.7

续表

水胶比	胶凝材料用量 (kg/m^3)	粉煤灰掺量 λ (%)	7d 强度 (MPa)	28d 强度 (MPa)	28d 强度变化 κ (%)	λ/κ
0.3	540	0	57.8	65.8	—	—
		10	58.4	67.9	+3	3.3
		20	57.6	65.8	0	—
		30	52.9	63.1	−4	7.5
		40	45.5	57.4	−13	3.1
		50	35.3	46.1	−30	1.7

注：λ/κ 表示强度每变化 1%，粉煤灰掺量变化情况；+表示强度增加，−表示强度降低。

从表 2-23 可以看出：随着粉煤灰掺量的增加，混凝土各龄期的强度均表现出不同程度的降低；各水胶比下混凝土 7d 强度的降低幅度均大于混凝土 28d 强度变化的幅度；从 28d 强度降低的幅度来看，水胶比越大强度降低的幅度越大：水胶比为 0.6，粉煤灰掺量为 10%时，混凝土 28d 强度降低 7%，粉煤灰掺量为 50%时，混凝土 28d 强度降低降低 51%。而水胶比为 0.3，粉煤灰掺量为 10%时，混凝土 28d 强度上升了 3%，粉煤灰掺量 50%时，混凝土 28d 强度降低 30%，水胶比 0.6 时的混凝土 28d 强度降低幅度明显大于水胶比 0.3 时的强度降低幅度；随着水胶比的降低，混凝土 28d 强度每变化 1%，粉煤灰掺量的变化范围都在扩大（例如，水胶比 0.6，粉煤灰掺量为 10%～50%，混凝土 28d 强度每变化 1%，粉煤灰掺量变化范围在 1.0%～1.4%，水胶比为 0.3，粉煤灰掺量为 10%～50%，混凝土 28d 强度每变化 1%，粉煤灰掺量变化范围在 1.7%～7.5%，随着水胶比的降低，λ/κ 的变化范围在扩大）；粉煤灰掺量相同时，随着水胶比的降低，混凝土 28d 强度降低的幅度在缩小：粉煤灰掺量为 30%，水胶比 0.6 时，混凝土 28d 强度降低了 21%；水胶比 0.5 时，混凝土 28d 强度降低了 18%；水胶比 0.42 时，混凝土 28d 强度降低了 15%；水胶比 0.35 时，混凝土 28d 强度降低了 10%；水胶比 0.3 时，混凝土 28d 强度仅降低了 4%。

（二）试验结果分析

试验研究说明孔隙率对混凝土强度有着决定性的影响，孔的其他属性（例如孔径、孔的分布、孔形与取向等）对混凝土强度也有影响。水泥水化过程中，单位体积的水泥水化后体积增加约 1.2 倍，使原来由水占据的空间为水化产物所填充，而引起浆体孔隙率的降低。同样粉煤灰的火山灰反应形成水化产物体积超过反应前的体积，也会对减少浆体孔隙率起到作用[11]。中国建筑材料研究总院董刚[12]研究表明：水泥浆体中粉煤灰在 14d 前反应较少（仅为 2.5%），28d 以后粉煤灰的反应程度才开始逐渐增大，到 180d 仅有 20%左右参与二次水化。总的来说，粉煤灰的反应速率和反应率是很低的。

水泥的活性好、反应速度远远大于粉煤灰，在水胶比相同的条件下，水泥之间的空隙可以得到水泥水化产物的有效填充，随着粉煤灰掺量的增加，水泥熟料矿物成分相对减少，水胶比不变，而水灰比增大，产生的水化产物也减少，不能足以填充颗粒间的空隙，混凝土中水泥石有大量的孔隙存在，混凝土强度降低。粉煤灰掺量越大，未被填充的空隙越多，混凝土降低的幅度越大。水泥的水化及粉煤灰利用水泥水化产物 $Ca(OH)_2$ 二次水化均能降低混凝土的孔隙率，早期粉煤灰反应程度低，掺量越大强度降低幅度越明显，但到后期随着水化反应的进行，混凝土浆体的孔隙率逐渐被填充，混凝土强度降低的幅度变小。

水胶比也是影响混凝土孔隙率的一个重要的因素，随着水胶比的降低，用水量减少，胶凝材料颗粒之间距离变小。需要填充的孔隙也变小，不需要过多的胶凝材料水化产物就能填充胶凝材料颗粒之间的空隙，且粉煤灰中含有较高的球形玻璃体，使水泥分散更均匀。再加上粉煤灰对水泥的颗粒填充效应，使混凝土浆体孔隙率得到有效降低，并成为水泥水化产物的内核，加之粉煤灰的掺入，水化热的减少，都有利于强度提高。因此，在低水胶比的环境下，粉煤灰水化慢的弱点被掩盖，降低混凝土水化热及改善低水胶比情况下的水化环境的优点体现出来。例如在水灰比 0.3 时，用 50%的粉煤灰等量替代水泥，由于粉煤灰是利用水泥的水化产物进行二次水化反应，使混凝土中早期参与水化反应的水泥的“水灰比”变大。如果不考虑粉煤灰对水的表面物理吸附作用，初期实际参与水泥水化的“水灰比”接近 0.6，远远高于水泥理论上完全水化所需要的水灰比，此时可以认为水泥水化不受水化空间的制约，较之于水灰比为 0.30 的纯水泥浆体，掺粉煤灰的浆体中水泥组分可达到较高的水化程度。

二、等强度条件下粉煤灰掺量与水胶比的关系

（一）等强度试验

水胶比降低可以有效降低胶凝材料颗粒之间的距离，降低混凝土浆体的孔隙率，使需要填充孔隙的水化产物降低。粉煤灰等量替代水泥后，高活性的水泥颗粒减小，水化产物生成量降低，胶凝材料之间的颗粒得不到有效填充，强度降低。根据表 2-23 的试验结果可以看出，不同水胶比的条件下，随着粉煤灰掺量的增加，混凝土强度不同程度地降低。要保持掺加粉煤灰后混凝土的 28d 强度不发生变化，需要降低水胶比，提高胶凝材料强度，粉煤灰的减水性及与外加剂的协同效应为降低水胶比提供条件。

为了研究“混凝土强度—粉煤灰掺量—水胶比”三者之间的关系，试验分别采用胶凝材料：300kg/m^3、350kg/m^3、410kg/m^3、470kg/m^{3}和 540kg/m^3；基准水胶比分别为：0.66、0.55、0.46、0.40、0.33、0.30，并以基准水胶比对应的混凝土 28d 抗压强度值为基本强度值；粉煤灰掺量从 10%依次递增至 50%，保持各掺量的混凝土 28d 抗压强度值与基本强度值基本相同（差值在 5%以内）。用调整砂率及减水剂用量的方法，将混凝土的坍落度控制为 180～200mm，进行试验，并记录各掺量与基本水胶比对应混凝土 28d 抗压强度值的试验结果见表 2-24。

表 2-24 等强度条件下粉煤灰掺量与水胶比关系

胶凝材料用量（kg/m^3）	粉煤灰掺量 λ（%）	水胶比	水灰比	W	μ	λ/μ（%）	7d 强度（MPa）	28d 强度（MPa）	60d 强度（MPa）
300	基准	0.66	0.66	198.0	—	—	24.0	27.8	30.7
	10	0.63	0.70	189.0	0.03	3.3	23.8	28.4	32.1
	20	0.59	0.74	177.0	0.07	2.9	24.1	28.2	32.4
	30	0.56	0.80	168.0	0.10	3.0	23.7	27.6	31.9
	40	0.50	0.83	150.0	0.16	2.5	18.7	27.3	32.6
	50	0.44	0.88	132.0	0.22	2.3	19.2	28.2	33.4

续表

胶凝材料用量（kg/m³）	粉煤灰掺量λ（%）	水胶比	水灰比	W	μ	λ/μ（%）	7d强度（MPa）	28d强度（MPa）	60d强度（MPa）
350	基准	0.55	0.55	192.5	—	—	28.3	35.8	39.0
	10	0.53	0.59	185.5	0.02	5.0	28.5	36.5	41.2
	20	0.51	0.64	178.5	0.04	5.0	27.4	36.5	41.1
	30	0.47	0.67	164.5	0.08	5.0	27.6	36.8	42.6
	40	0.43	0.71	150.5	0.12	4.0	25.1	36.2	42.7
	50	0.37	0.74	129.5	0.18	2.8	26.5	35.9	42.1
410	基准	0.46	0.46	188.6	—	—	37.2	44.5	48.6
	10	0.45	0.50	184.5	0.01	10.0	34.0	43.2	48.2
	20	0.43	0.54	176.3	0.02	10.0	34.8	42.5	48.2
	30	0.41	0.59	168.1	0.04	7.5	33.1	42.9	49.6
	40	0.37	0.62	151.7	0.08	5.0	32.9	44.4	50.5
	50	0.32	0.64	131.2	0.14	3.6	33.1	44.7	51.2
470	基准	0.40	0.40	188.0	—	—	41.7	51.8	56.4
	10	0.39	0.42	183.3	0.01	10.0	40.9	49.7	55.3
	20	0.38	0.46	178.6	0.02	10.0	38.7	49.1	55.7
	30	0.36	0.51	169.2	0.04	7.5	39.2	48.9	55.7
	40	0.33	0.55	155.1	0.07	6.7	38.6	49.2	56.4
	50	0.29	0.58	136.3	0.11	5.0	36.2	48.9	56.9
500	基准	0.33	0.33	165.0	—	—	48.9	59.6	64.3
	10	0.32	0.36	160.0	0.01	10.0	47.8	59.7	65.1
	20	0.31	0.39	155.0	0.02	10.0	49.1	60.2	66.7
	30	0.29	0.42	146.0	0.04	10.0	51.7	62.4	70.1
	40	0.28	0.47	140.0	0.05	10.0	47.8	59.1	69.5
	50	0.26	0.52	130.0	0.07	10.0	44.7	58.8	68.6
540	基准	0.30	0.30	162.0	—	—	59.4	65.8	71.2
	10	0.30	0.30	162.0	—	—	60.8	67.9	74.1
	20	0.30	0.30	162.0	—	—	58.7	65.8	73.8
	30	0.29	0.41	156.6	0.01	30.0	56.2	66.2	72.6
	40	0.28	0.47	151.2	0.02	15.0	54.6	67.1	73.1
	50	0.26	0.52	140.2	0.04	12.5	57.8	65.2	71.7

注：μ 表示水胶比调整值，λ/μ 表示水胶比与粉煤灰掺量变化的关系。

从表中试验数据分析：

（1）随着粉煤灰掺量的增加，要保持各掺量与相应基本水胶比混凝土28d抗压强度值不变，掺入粉煤灰以后，水胶比均相应地降低；且粉煤灰掺量越大，水胶比需要降低的值也越大。

（2）混凝土 28d 抗压强度值不变的情况下，随着基本水胶比的降低，相同粉煤灰掺量的水胶比需要降低的幅度在减小。

（3）随着基本水胶比的降低，混凝土 28d 抗压强度对粉煤灰掺量的敏感度下降，对水胶比的敏感度增加，粉煤灰掺量对水胶比的敏感度降低。

（4）从龄期来看，随着粉煤灰掺量的增加，混凝土 7d 抗压强度值呈下降趋势明显，尤其在水胶比较大时，更为明显，而后期粉煤灰掺量的影响降低，表明粉煤灰参与水化反应的活性较低。

（二）等强度试验结果分析

从粒形上来看，粉煤灰中 70％以上的颗粒是表面光滑、质地致密、内比表面积小、性能稳定的球状玻璃体和硅酸盐玻璃微珠。粉煤灰玻璃微珠颗粒所特有的物理形状，有利于水泥颗粒的絮凝结构解絮和颗粒扩散，同时使混凝土内部降低黏度和颗粒之间的摩擦力，增加流动性，或流动性一定，需水量减少。在混凝土浆体中起到改善保水性，粉煤灰玻璃微珠均匀分散到混凝土浆体中，类似轴承滚珠的作用，对改善混凝土和易性也有明显作用。由于粉煤灰的密度较水泥低，等量的粉煤灰取代水泥，浆体的黏聚性提高，加之，粉煤灰粒径小于水泥的粒径，粉煤灰等量替代水泥后，由于粒形的差异，水泥和粉煤灰混合后，细小的粉煤灰颗粒可以均匀地填充在水泥颗粒中，使“水泥—粉煤灰”二元胶凝体系的颗粒级配得到改善，空隙率得到有效填充，有利于降低混凝土浆体内部的孔隙数量和孔隙尺寸，硬化水泥石更为致密，提高了混凝土的抗侵蚀能力。粉煤灰的这些特性直接影响硬化中的混凝土的初始结构，提高混凝土密实度和强度。

水胶比大于 0.4 时，水泥颗粒被水分隔开的间距较大，水泥虽能充分水化，可以迅速生成水化凝胶，但并不能填充水泥与水之间的空隙，混凝土强度自然偏低。即使掺入粉煤灰，由于粉煤灰自身没有水硬性，粉煤灰的水化还是利用水泥与水反应生成的水化产物 $Ca(OH)_2$进行二次水化反应。粉煤灰自身活性低，水化反应缓慢，生成的凝胶材料少，难以填充粉煤灰代替水泥后产生的空隙。因此，在水胶比不变的情况下，随着粉煤灰掺量越大，强度降低越快。

水胶比低于 0.4 时，在不掺粉煤灰的普通硅酸盐水泥浆体中，随着水胶比降低，未水化的水泥颗粒逐渐增多，这些未水化的水泥颗粒在混凝土胶凝体中仅仅起到物理填充作用。粉煤灰中强度高、硬度大、体积稳定性强的玻璃微珠可替代这部分起填充作用没有水化的水泥，不会引起强度的下降。

参考文献

[1] 阎培渝．通用水泥中的混合材超掺问题的一点看法［J］．水泥工程，2014（01）：2～4.
[2] 兰明章，王建成，崔素萍等．助磨剂组分与水泥超塑化剂相容性的初步探讨［J］．水泥技术，2006（03）：30～32.
[3] 李宪军．提高水泥与外加剂相容性的保坍助磨剂的研究［D］．西安：西安建筑科技大学，2008.
[4] 匡楚胜．论高性能混凝土用水量［J］，混凝土，2001（01）：53～56.
[5] 钱觉时．粉煤灰特性与粉煤灰混凝土［M］．北京：科学出版社，2002.
[6] 王保民，张源，韩瑜．粉煤灰资源的综合利用研究［J］．建材技术与应用，2011，10：10～13.
[7] 沈旦申．粉煤灰混凝土［M］．北京：中国铁道出版社，1989.
[8] 吴中伟，廉慧珍．高性能混凝土［M］，北京：中国铁道出版社，1999.

[9] 廉慧珍，李玉琳．当前混凝土配合比设计存在的问题之一［J］．混凝土，2009（03）：1～5.
[10] 覃维祖．利用粉煤灰开发高性能混凝土若干问题的讨论［J]，粉煤灰，2000（05）：3～6.
[11] 孙伟，缪昌文．现代混凝土理论与技术［M］．北京：科学出版社，2012.
[12] 董刚．粉煤灰和矿渣粉在水泥浆体中的反应程度研究［D］．北京：中国建筑材料科学研究总院，2008.

第三章 骨　　料

混凝土中骨料占体积的50%～70%，因此，骨料对混凝土的性能有重要的影响，骨料是颗粒状材料，大多数来自天然的岩石（碎石和卵石）和砂子。在混凝土工程中，一般粒径大于5.0mm的称为粗骨料，一般粒径在0.15～5mm的颗粒称为细骨料，骨料的分类见表3-1。

表3-1　骨料的分类

	方　法	分　类	
粗骨料	按颗粒大小	小石（5～20mm）	
		中石（20～40mm）	
		大石（40～80mm）	
		特大石（80～100mm）	
	按其形式来分（按骨料形成的条件）	天然粗骨料（天然矿物骨料）	包括碎石、卵石和火山渣、砾石或者天然岩石轧碎的碎石
		人造粗骨料	工业废料、工业副产品、建筑垃圾（混凝土）经破碎、筛分而成的骨料和人工焙烧的轻质陶粒
	按表观密度来分类	轻粗骨料（相对密度2.3以下）	
		普通粗骨料（相对密度2.4～2.8）	
		重粗骨料（相对密度2.9以上）	
	按石质分类	火成岩粗骨料（花岗岩、正长岩、闪长岩、玄武岩）	
		水成岩粗骨料（片麻岩、石英岩）	
		变质岩粗骨料	
	按一般特性及特殊性分类	普通粗骨料	
		特殊粗骨料（防护、耐火、防蚀）	
细骨料	按细度模数分	粗砂（3.1～3.7）	
		中砂（2.3～3.0）	
		细砂（1.6～2.2）	
		特细砂（0.7～1.5）	
	按来源分	天然砂	河砂、湖砂、山砂、淡化砂、海砂
		人工砂	机制砂、混合砂

骨料除了作为经济的填充材料之外，通常还为混凝土带来了体积稳定性和耐磨性。尽管骨料的强度在制备高强混凝土过程中扮演着重要的角色，在大多数情况下混凝土的强度和配合比基本上不受骨料成分的影响，但是耐久性可能会受到上述因素的影响（表3-2）。虽然没有对岩

石的矿物类型本身有特殊的要求，但是研究人员已经发现一些岩石成分带来一些实际问题。另一方面，为了使混凝土获得一些特殊的性能（如高密度或低导热率等）常常需要采用一些特殊的骨料。但是在没有特殊要求的情况下，绝大多数岩石可以生产出符合标准的骨料。

表 3-2 骨料性质对混凝土性质的影响

混凝土性质	相应的骨料性质
抗冻性	稳定性、孔隙率、孔结构、渗透性、饱和度、抗拉强度、黏土矿物
抗干湿性	孔结构、弹性模量
抗冷热性	热膨胀系数
耐磨性	硬度
碱-骨料反应	存在异常的硅质成分
强度	强度、表面结构、清洁度、颗粒形状、最大粒径
收缩和徐变	弹性模量、颗粒形状、级配、清洁度、最大粒径、黏土矿物
热膨胀系数	热膨胀系数、弹性模量
热导率	热导率
比热容	比热容
表观密度	相对密度、颗粒形状、级配、最大粒径
弹性模量	弹性模量、泊松比
易滑性	趋向于磨光
经济性	颗粒形状、级配、最大粒径、需要的加工量、可获量

骨料需要具有足够的硬度和强度，不含有害杂质、化学稳定性好。质地柔软、多孔的岩石其强度和耐磨性较差，而且它们在混凝土搅拌时可能破碎成细小颗粒，而损害混凝土的工作性，也会损害混凝土产品的强度和耐磨性。因此，应当尽量避免混凝土中使用含有较大量的上述岩石的骨料，或者尽量将它们从骨料中剔除。骨料还应当避免含有淤泥、黏土、污垢和有机物的杂质。如果骨料表面覆盖这些杂质会影响骨料与胶凝材料的粘结效果，而且淤泥和黏土等细小颗粒还会增加混凝土的需水量。有机物可能影响水泥的水化过程。

第一节 砂、石规范的差别

《普通混凝土用砂、石质量及检验方法标准》（JGJ 52—2006）（以下简称《混凝土用砂石》）于 2007 年 6 月 1 日实施，它对保证混凝土用砂、石质量起到了积极作用，但它与《建设用砂》（GB/T 14684—2011）、《建设用碎石、卵石》（GB/T 14685—2011）（以下简称《建设用石》）中的术语、质量要求、试验方法等多个方面没有统一，给实际工作带来了诸多不便。现将三个标准规范之间主要差异点，以表格形式列出进行对比。

一、《建设用砂》与《混凝土用砂石》的对比

（一）概念和定义不一致

1. 人工砂

《建设用砂》将机制砂和混合砂定义为人工砂，即机制砂和混合砂都是人工砂，而《混

凝土用砂石》仅将机制砂定义为人工砂，见表3-3。

表3-3 人工砂概念的差别

名称	人工砂	机制砂	混合砂
《建设用砂》	经除土处理的机制砂、混合砂的统称	由机械破碎、筛分而成的，粒径小于4.75mm的岩石颗粒	由机制砂和天然砂混合制成的砂
《混凝土用砂石》	岩石经除土开采、机械破碎、筛分而成的，公称粒径小于5.00mm的岩石颗粒	—	由天然砂与人工砂按一定比例组合而成的砂

人工砂与天然砂两者在生产工艺、质量指标、检验方法等方面有很大区别，而混合砂是由天然砂和机制砂组成，混合砂中的天然砂质量和掺加比例对混合砂质量有很大影响，因此混合砂质量与机制砂质量特别是颗粒级配、细粉含量有着明显差异。

目前我国的人工砂级配较差，中间少两头多，细度模数较大，颗粒形状粗糙尖锐，多棱角。粉体材料用量（包括石粉含量）和外加剂用量较大，如果配制不得法，用人工砂配制的混凝土拌合物坍落度会呈“草帽状”，工作性较差。解决这一问题采取的措施有：（1）提高制砂装备水平，改善级配和颗粒状；（2）与河砂混合掺用有利于改善人工砂的性能；（3）尽量采用石粉含量符合标准要求、细度模数2.5～3.3的人工砂。

2. 公称粒径

《建设用砂》将含泥量、泥块含量、石粉含量、颗粒级配等质量指标用实际尺寸来界定，而《混凝土用砂石》用公称粒径来界定（表3-4）。

表3-4 砂含泥量等指标的差别

名称	含泥量	泥块含量	石粉含量
《建设用砂》	天然砂中粒径小于75μm的颗粒含量	砂中原粒径大于1.18mm，经水浸洗、手捏后小于600μm的颗粒含量	人工砂中粒径小于75μm的颗粒含量
《混凝土用砂石》	砂中公称粒径小于80μm颗粒的含量	砂中原粒径大于1.18mm，经水浸洗、手捏后小于600μm的颗粒含量	人工砂中公称粒径小于80μm，且其矿物组成和化学成分与被加工母岩相同的颗粒含量

3. 适用范围

《建设用砂》按技术要求将砂分为Ⅰ、Ⅱ、Ⅲ类，而《混凝土用砂石》在质量要求中按混凝土强度等级将砂分为三种情况，见表3-5。

表3-5 砂质量要求的差别

名称	Ⅰ	Ⅱ	Ⅲ
《建设用砂》	宜用于强度等级大于C60的混凝土	宜用于强度等级C60～C30及抗冻、抗渗或其他要求的混凝土	宜用于强度等级小于C30的混凝土和建筑砂浆
《混凝土用砂石》	宜用于强度等级大于或等于C60的混凝土	宜用于强度等级C55～C30的混凝土	宜用于强度等级小于或等于C25的混凝土

《建设用砂》将强度等级大于C60的混凝土定义为高强混凝土，而《混凝土用砂石》将强度等级大于或等于C60的混凝土定义为高强混凝土。

（二）质量指标不一致

1. 规格等级

《建设用砂》将砂按细度模数分为粗、中、细三种规格，未涉及特细砂的质量要求，而《混凝土用砂石》将砂按细度模数分为粗、中、细、特细四级（表3-6）。

表3-6 细度模数的差别

名称	细度模数			
	粗砂	中砂	细砂	特细砂
《建设用砂》	3.7～3.1	3.0～2.3	2.2～1.6	—
《混凝土用砂石》	3.7～3.1	3.0～2.3	2.2～1.6	1.5～0.7

2. 天然砂的颗粒级配

《建设用砂》规定砂的实际颗粒级配与表中所列数字相比，除了4.75mm和600μm筛档外，可以略有超出，但超出总量应小于5%（＜5%），而《混凝土用砂石》规定砂的实际颗粒级配与表中的累计筛余相比，除公称粒径为了5.00mm和630μm的累计筛余外，其余公称粒径的累计筛余可稍有超出分界线，但总超出量不应大于5%（≤5%）。

《建设用砂》规定对人工砂三个级配区中150μm筛孔的累计筛余可以适当放宽界限，而《混凝土用砂石》规定人工砂的颗粒级配必须符合要求，见表3-7。

表3-7 砂颗粒级配的差别

《建设用砂》				《混凝土用砂石》			
方孔筛	1区	2区	3区	公称粒径	Ⅰ区	Ⅱ区	Ⅲ区
4.75mm	10～0	10～0	10～0	5.00mm	10～0	10～0	10～0
2.36mm	35～5	25～0	15～0	2.50mm	35～5	25～0	15～0
1.18mm	65～35	50～10	15～0	1.25mm	65～35	50～10	15～0
600μm	85～71	70～41	40～16	630μm	85～71	70～41	40～16
300μm	95～80	92～70	85～55	315μm	95～80	92～70	85～55
150μm	100～90	100～90	100～90	160μm	100～90	100～90	100～90
	放宽到100～85	放宽到100～80	放宽到100～75		—	—	—

3. 对砂质量要求的差别（表3-8）

表3-8 对砂质量要求的差别

项目	《建设用砂》			《混凝土用砂石》		
	质量指标					
	＞C60	C60～C30	＜C30	≥C60	C55～C30	≤C25
含泥量（%）	＜1.0	＜3.0	＜5.0	≤2.0	≤3.0	≤5.0
泥块含量（%）	0	＜1.0	＜2.0	≤0.5	≤1.0	≤2.0
MB值＜1.40	＜3.0	＜5.0	＜7.0	≤5.0	≤7.0	≤10.0

续表

项目	《建设用砂》			《混凝土用砂石》		
	质量指标					
	>C60	C60～C30	<C30	≥C60	C55～C30	≤C25
MB值≥1.40	<1.0	<3.0	<3.0	≤2.0	≤3.0	≤5.0
单级最大压碎值（%）	<20	<25	<30	<30		
云母（按质量计，%）	<1.0	<2.0		<2.0	≤2.0	
硫化物及硫酸盐含量（%）	<0.5			≤1.0		

目前我国人工砂石粉含量高，如果人工砂石粉含量太高且应用措施不当，混凝土性能会受到较大影响。因此，石粉含量过高处于不得已使用状态时，可将部分石粉计入胶凝材料用量的方式进行配合比设计并配制混凝土。解决人工砂石粉含量高的问题有两个主要措施：（1）提高制备砂浆装备水平，发达国家大多数制砂设备可以较好的控制石粉含量；（2）在制砂工艺上采取措施，比如采用选出石粉的工艺。

人工砂中会夹杂泥土，亚甲蓝值是反映石粉中黏土含量的技术指标，是人工砂的重要指标。机制砂的压碎指标是检验其坚固性和耐久性的一项指标。试验证明，中低强度等级混凝土不受压碎指标的影响，但会导致耐磨性下降。

4. 密度（表3-9）

表3-9 对砂密度要求的差别

名称	表观密度（kg/m^3）	松散堆积密度（kg/m^3）	空隙率（%）
《建设用砂》	>2500	>1350	<47
《混凝土用砂石》	无要求		

二、《建设用石》与《混凝土用砂石》的对比

（一）概念和定义不一致

1. 公称粒径

《建设用石》将含泥量、泥块含量、颗粒级配等质量指标用实际尺寸来界定，而《混凝土用砂石》用公称粒径来界定（表3-10）。

表3-10 对含泥量与泥块含量粒径定义的差别

项目	《建设用石》	《混凝土用砂石》
含泥量（%）	卵石、碎石中粒径小于75μm的颗粒含量	石中公称粒径小于80μm的颗粒的含量
泥块含量（%）	卵石、碎石中原粒径大于4.75mm，经水浸洗、手捏后小于2.36mm的颗粒含量	石中公称粒径大于5.00mm，经水洗、手捏后变成小于2.50mm的颗粒含量

2. 适用范围

《建设用石》按技术要求将石分为Ⅰ、Ⅱ、Ⅲ类，而《混凝土用砂石》在质量要求中按

混凝土强度等级将石分为三种情况，见表 3-11。

表 3-11 对石子适用强度等级分类的区别

名称	Ⅰ	Ⅱ	Ⅲ
《建设用石》	宜用于强度等级大于 C60 的混凝土	宜用于强度等级 C60～C30 及抗冻、抗渗或其他要求的混凝土	宜用于强度等级小于 C30 的混凝土
《混凝土用砂石》	宜用于强度等级大于或等于 C60 的混凝土	宜用于强度等级 C55～C30 的混凝土	宜用于强度等级小于或等于 C25 的混凝土

《建设用石》将强度等级大于 C60 的混凝土定义为高强混凝土，而《混凝土用砂石》将强度等级大于或等于 C60 的混凝土定义为高强混凝土。

（二）质量指标不一致

1. 含泥量、泥块含量及针片状颗粒

《建设用石》中强度等级大于 C60 混凝土的泥块含量为 0，而《混凝土用砂石》中强度等级大于 C60 的泥块含量为小于或等于 0.2%，两者差异较大。

《建设用石》中强度等级大于 C60 混凝土的针片状颗粒含量为小于 5%，而《混凝土用砂石》中强度等级大于或等于 C60 混凝土的针片状颗粒含量为小于或等于 8%，两者要求差异较大（表 3-12）。

表 3-12 石子质量要求的区别

项目	《建设用石》			《混凝土用砂石》		
	质量指标					
	>C60	C60～C30	<C30	≥C60	C55～C30	≤C25
含泥量（%）	<0.5	<1.0	<1.5	≤0.5	≤1.0	≤2.0
泥块含量（%）	0	<0.5	<0.7	≤0.2	≤0.5	≤0.7
针片状颗粒含量（%）	<5	<15	<25	≤8	≤15	≤25

商品混凝土用石的针片状含量不宜大于 10%，有利于改善骨料的粒形和级配，改善混凝土的性能。

2. 岩石抗压强度（表 3-13）

表 3-13 岩石抗压强度

《建设用石》				《混凝土用砂石》	
项目	质量指标			项目	质量指标
	火成岩	变质岩	水成岩		
抗压强度（MPa）	≥80	≥60	≥30	岩石抗压强度	应比所配制的混凝土强度至少高 20%。当混凝土强度等级大于或等于 C60 时，应进行岩石抗压强度检验

3. 压碎指标（表 3-14）

表 3-14 岩石抗压指标

项目	《建设用石》			《混凝土用砂石》	
	质量指标				
	Ⅰ类	Ⅱ类	Ⅲ类	C40～C60	≤C35
卵石	<12	<16	<18	≤12	≤16
碎石	<10	<20	<30	沉积岩≤10；变质岩或深成的火成岩≤12；喷出的火成岩≤13	沉积岩≤16；变质岩或深成的火成岩≤20；喷出的火成岩≤30

4. 密度（表 3-15）

表 3-15 石子密度

名称	表观密度（kg/m^3）	松散堆积密度（kg/m^3）	空隙率（%）
《建设用石》	>2500	>1350	<47
《混凝土用砂石》	无要求		

实践证明，石子松散堆积密度不大于 42%，有利于粗骨料紧密堆积，对混凝土性能和减少胶凝材料和外加剂用量具有重要意义。

三、检验方法的对比

国家标准与行业标准砂石的检验方法有一定的差别，见表 3-16，在使用过程中应引起注意。

表 3-16 砂石检验方法的对比

名称	《建设用石》	《建设用砂》	《混凝土用砂石》
可不经缩分项目	堆积密度、人工砂坚固性	堆积密度	含水率、堆积密度、紧密密度
试验条件	15～30℃	15～30℃	砂、石表观密度试验 15～25℃
摇筛时间	粗骨料级配筛分时间为 10min	—	粗骨料级配筛分时间无要求
砂含泥量计算	—	取两个试样的试验结果算术平均值作为测定值	两次试验的算术平均值作为测定值。两次结果之差大于 0.5%时，应重新试验
碎石含泥量计算	取两个试样的试验结果算术平均值作为测定值	—	两次试验结果算术平均值作为测定值。两次结果之差大于 0.2%时，应重试验
碎石泥块含量试验方法	泥块含量测定时要求在水中将泥块碾碎	—	泥块含量测定时要求在水放出以后再将泥块碾碎
吸水率	无吸水率要求及其检验方法	无吸水率要求及其检验方法	有吸水率要求及其检验方法

续表

名称	《建设用石》	《建设用砂》	《混凝土用砂石》
碎石压碎指标试验	按 1kN/s 速度均匀加荷到 200kN	—	在 160～300s 内均匀加荷到 200kN
人工砂压碎值计算	—	取最大单粒级压碎值作为其压碎值	$\delta=\frac{\alpha_1\delta_1+\alpha_2\delta_2+\alpha_3\delta_3+\alpha_4\delta_4}{\alpha_1+\alpha_2+\alpha_3+\alpha_4}$

注：式中 δ——总压碎值；α_1、α_2、α_3、α_4——公称直径分别为 2.50mm、1.25mm、630μm、315μm 各方孔筛的分计筛余；δ_1、δ_2、δ_3、δ_4——分别为 5.00～2.50mm、2.50～1.25mm、1.25mm～630μm、630～315μm 单级试样压碎指标

《混凝土用砂石》和《建设用砂》、《建设用石》虽然分属行标、国标，但都是用来控制建设工程用砂、石的质量，因此相关概念和定义、质量要求、检验方法应尽量一致或接近。目前，砂、石标准实施情况主要有以下三种：

（1）《建设用砂》（GB/T 14684—2011）、《建设用碎石、卵石》（GB/T 14685—2011）作为砂、石产品标准来实施，《普通混凝土用砂、石质量及检验方法标准》（JGJ 52—2006）作为应用规范来实施。

（2）混凝土搅拌站和部分预制构件厂采用《普通混凝土用砂、石质量及检验方法标准》（JGJ 52—2006）来进行质量控制，而砂、石供应商则采用《建设用砂》（GB/T 14684—2011）、《建设用碎石、卵石》（GB/T 14685—2011）作为交货检验依据。

（3）在混凝土结构工程设计、施工、监理基本采用《普通混凝土用砂、石质量及检验方法标准》（JGJ 52—2006）。

第二节 砂、石对混凝土性能的影响

混凝土是当今最大宗的建筑材料，我国混凝土年产量已经超过 40 亿立方米，庞大的混凝土生产需要大量的砂石原材料。业内尽人皆知，我国砂、石质量普遍较差（图 3-1），河砂逐步匮乏，细度模数不能满足要求，砂的含泥量最多的达 10%。机制砂代替河砂是大势所趋，但是机制砂生产设备落后，生产的机制砂石粉含量高、粒形差、级配上“两头多，中间少”、细度模数大。石子松堆空隙率在 45%以上（理想粒形和级配的石子松堆空隙率为 38%），针片状颗粒超 10%（西方国家的限值为 5%），胶凝材料和外加剂用量大，我国已故学者蔡正咏指出：我国混凝土质量比西方国家差，主要原因在于骨料的质量。

(a)

(b)

(c)

图 3-1 石子的粒形

(a) 日本常用的石子；(b) 我国常用的石子；(c) 针片状颗粒

我国砂石生产主要是个体生产、规模小，基本上处于失控状态。再加上混凝土生产企业管理人员认为水泥是影响混凝土质量的根本，控制住水泥质量就能控制住混凝土质量，形成“重胶凝材料，轻砂石”的观念。其实，混凝土中砂石质量占70%左右，是影响混凝土质量的关键。

一、砂

（一）砂的细度模数与颗粒级配的关系

细度模数是混凝土用砂的重要指标，代表砂的粗细程度。砂的细度模数与砂的颗粒级配有联系又有区别，颗粒级配决定细度模数，细度模数反映颗粒级配的状态。同一细度模数的砂可以有多种级配，砂的细度模数相同不代表砂的级配相同，见表3-17。

表3-17 砂的细度模数均为3.0的中砂，级配不同

序号	筛孔	4.75mm	2.36mm	1.18mm	0.60mm	0.30mm	0.15mm	筛底
中砂1	筛余（g）	49	92	90	91	86	89	3
	百分比（%）	9.8	18.4	18.0	18.2	17.2	17.8	0.6
中砂2	筛余（g）	42	89	93	99	87	82	8
	百分比（%）	8.4	17.8	18.6	19.8	17.4	16.4	1.6

砂的细度模数虽然不能全面反映砂的颗粒级配情况，但细度模数作为一种粗略地描述细骨料的级配形式，可以在一定程度上反映砂的差别。商品混凝土生产企业砂的用量大，来源复杂，级配多变，给混凝土质量控制带来很大的难度，完全依靠砂的级配变化来控制混凝土质量是不现实的。因此，我们要通过找到砂的细度模数对混凝土性能的影响，通过对砂细度模数的控制来实现控制混凝土的质量。

在生产与试验中发现，砂的细度模数与混凝土胶凝材料用量有很好的相关性，胶凝材料用量大，细颗粒较多，混凝土黏度大，需要使用细度模数偏大的砂。胶凝材料用量小混凝土的保水性差，需要增加细颗粒用量提高黏聚性，使用细度模数较小的砂。为了满足不同的混凝土对砂细度模数的要求，可以选用不同细度模数的砂复配用于生产控制。

例如，现有两种不同细度模数的砂，分别为$\mu_f=1.4$和3.0，欲将其复配为细度模数2.7的砂，其各自的百分比为：

设：细度模数3.0的砂复配百分数为x，$\mu_f=1.4$的砂为$(1-x)$

$3.0x+1.4(1-x)=2.7$，通过简单计算，则细度模数3.0的砂为81%；细度模数1.4为19%。复配后混合砂的级配情况见表3-18。

表3-18 河砂（81%）与尾矿砂（19%）进行复配，筛分指标

筛径（mm）	4.75	2.36	1.18	0.63	0.315	0.15
累计筛余（%）	3.2	17.2	35.7	55.0	75.0	91.7
细度模数	2.67					
级配区间	Ⅱ					

该种砂的复配方法可以根据混凝土对砂细度模数不同的要求，迅速确定不同细度模数砂的复配比例，对砂的细度模数变化情况及时调整。在实际生产中每种砂通过不同的料仓分别计量，以确保混合砂掺配比例准确，质量均匀。

（二）砂的细度模数对混凝土性能的影响

细度模数作为砂的一个重要指标，混凝土的很多性能都受到它的影响，这一指标还没有受到普遍的重视。本试验采用配合比见表 3-19，砂细度模数为 2.4、2.6、2.8、3.0 和 3.2 五个细度模数进行试验。通过试验对比各细度模数的砂对混凝土工作性能的影响见表 3-20。

表 3-19 C30 试验配合比

原材料用量（kg/m³）						水胶比	砂率（%）
水泥	粉煤灰	水	砂	碎石	减水剂		
280	90	175	770	1060	7.4	0.47	42

表 3-20 不同细度模数的砂对混凝土工作性能的影响

序号	细度模数	坍落度（mm）	扩展度（mm）	工作性描述	7d 强度（MPa）	28d 强度（MPa）
1	2.4	170	380×390	黏稠、流动性差	26.9	37.9
2	2.6	200	500×490	和易性良好	27.1	38.5
3	2.8	190	510×510	和易性较好	27.5	39.1
4	3.0	195	535×530	泌水、抓底	26.8	38.7
5	3.2	190	550×550	严重泌水、抓底、离析，有堆积现象	27.3	38.2

从试验结果可以看出：(1) 随着砂细度模数的增大，混凝土坍落度先增大后减小。当砂细度模数变小时，砂的比表面积增大，需水量增加，混凝土坍落度变小；当砂细度模数变大时，砂的比表面积减小，需水量减少，混凝土出现泌浆现象，石子出现堆积，坍落度变小。(2) 砂的细度模数减小，混凝土保水性变好，流动性变差，扩展度变小；砂的细度模数增大，混凝土保水性变差，扩展度出现水圈。(3) 随着砂细度模数的增加，混凝土工作性先变好后变差。在适宜的细度模数时，混凝土和易性较好，符合施工要求。细度模数大于 3.0 时泌水增加，可泵性变差。主要原因是砂粗颗粒过多，比表面积小，保水性差，混凝土中多余的水浮在表面或边缘。(4) 水胶比是混凝土强度的决定因素，砂细度模数的变化对混凝土强度的变化影响不大，在 2～3MPa 之间。

按照上述 C30 的试验方法分别对 C15～C60 强度等级的混凝土进行试验（图 3-2）。经试验发现：对于不同强度等级的混凝土，由于水胶比不同，胶凝材料用量不同，所要求的砂的细度模数也不相同。

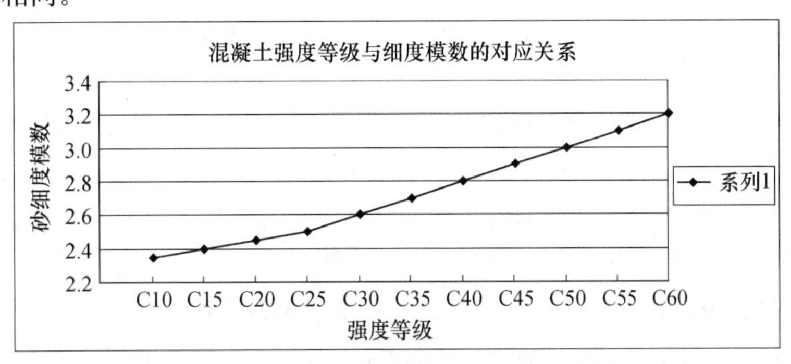

图 3-2 不同强度等级的混凝土最佳细度模数

由图3-2可以看出，混凝土强度等级越高要求砂的细度模数也越大，混凝土强度等级高，水胶比小，胶凝材料用量大，胶凝材料的细度较小，浆体的富余量大，对砂中的细颗粒需求的相对较少；低强度等级混凝土，水胶比大，胶凝材料用量少，水泥浆体不足以填充砂的空隙，需要有较多的细颗粒来填充砂的空隙，因此对砂的细颗粒量要求大，砂的细度模数相应较小。由此可见，不同强度等级的混凝土对砂的细度模数要求也不相同。

（三）细度模数与混凝土泌水性

随着混凝土技术的发展，混凝土施工常采用泵送工艺。在泵送过程中，由于混凝土中各组分的运动速度不一样，也会产生分离。这种分离与静态时的分离作用不同，它是一种动态的，是在一定外力作用下分离。混凝土在压力作用下的泌水称为压力泌水，对混凝土来说，是一个较重要的指标，它反映在压力作用下混凝土保持水泥浆的能力。如果在泵送时，较快产生压力泌水，遇到弯头、接头、接缝时，含浆量多、饱和的混凝土变成浆体贫乏非饱和的混凝土，从而丧失可泵性。混凝土拌合物压力泌水性能表征就是压力泌水率，它是在一定压力下，混凝土拌合物在规定时间内所泌水占所能泌水量的百分比，一般泵送混凝土10s的相对压力泌水率S_{10}不宜大于40%。

按照表3-19中配合比试配，进行压力泌水试验，测试加压10s时的泌水量（V_{10}mL）和加压140s时的泌水量（V_{140}mL），计算出压力泌水率（S_{10}）。结果以三次试验的平均值表示，精确至0.1%。用V_{10}/V_{140}来评价压力泌水，S_{10}可以代表混凝土拌合物的保水性能，其值越小表明拌合物的可泵性越好。探讨细度模数对混凝土泌水性的影响，结果见表3-21。

表3-21 细度模数对混凝土压力泌水率影响的试验结果

序号	细度模数	V_{10}（mL）	V_{140}（mL）	S_{10}（%）
1	2.4	6.5	25.5	25.5
2	2.6	9.0	31.0	29.0
3	2.8	11.5	34.5	33.3
4	3.0	15.0	38.0	39.5
5	3.2	19.5	42.5	45.9

注：$S_{10}=V_{10}/V_{140}\times100\%$。

从试验结果可以看出，随着细度模数的增加，混凝土压力泌水率变大。细度模数2.4时泌水率25.5%，细度模数为3.0时，泌水率39.5%。当细度模数大于3.0时泌水率大于40%，混凝土保水性变差，混凝土出现严重泌水、抓底、离析，有堆积现象，工作性变差，不利于泵送。表3-21的试验结果可以看出，混凝土压力泌水率S_{10}控制在30%左右可以获得良好的工作性。随着砂的细度模数增加，砂的比表面积变小，保水性变差。在泵送过程中，混凝土在泵压的作用下，水分和浆体先从泵口泵出，而剩余的石子由于缺少砂浆的润滑作用，摩擦力增大，流动性变差致使堵泵。砂细度模数小，比表面积大，混凝土黏度增加，流动性变差，需要较大的压力来推动混凝土运动，可见砂太粗或太细不利于施工。应根据胶凝材料用量的大小，调节砂细度模数以获得良好的工作性。

（四）砂细度模数及砂率对混凝土强度及外加剂掺量的影响

采用C30配合比（表3-22），分别采用42%、44%、46%三个砂率，砂细度模数采用

3.0、2.8、2.6、2.4、2.2、2.0、1.8和1.6八个细度模数，调整外加剂掺量使混凝土初始坍落度达到（200±10）mm时，减水剂掺量变化见表3-23。

表3-22 混凝土试验配合比 （kg/m³）

水泥	粉煤灰	水	砂率（%）			表观密度
280	90	175	42	44	46	2370

表3-23 外加剂掺量随砂率、细度模数变化表

外加剂掺量 / 砂率（%） / 细度模数	42	44	46
3.0	2.0%	2.0%	2.1%
2.8	2.0%	2.0%	2.1%
2.6	2.0%	2.1%	2.2%
2.4	2.1%	2.2%	2.3%
2.2	2.2%	2.3%	2.4%
2.0	2.3%	2.5%	2.6%
1.8	2.5%	2.7%	2.8%
1.6	2.7%	3.0%	3.2%

从表3-23可以看出，在相同砂率下要达到（200±10）mm的坍落度，在砂率不变时，随着砂细度模数的减小，外加剂的掺量逐渐增大；在砂细度模数不变时，随着砂率的增加，减水剂掺量增大。细度模数较大时，外加剂随砂率增加的幅度较小；当细度模数较小时，外加剂随砂率增加的幅度变大。砂率的增大使石子的用量变大，砂的比表面积增加，对外加剂的吸附量增加。同样，砂的细度模数变小，砂的表面积也增加，外加剂吸附量也变大。细度模数对砂比表面积的影响大于砂率对砂比表面积的影响，这也是有时调整砂的细度模数比调整砂率对混凝土性能影响更明显的原因。砂子的用量偏大，包裹在砂子表面的浆体数量要增大，一般砂率增大1%，用水量应增加1.5%。要保持用水量不变，需要增加外加剂掺量以增强减水效果，释放较多的自由水保证混凝土的工作性。

（五）砂含泥量对混凝土的影响

骨料作为混凝土体系中极为重要的组成部分，其中带有一定含泥量是无法避免的。大规模的基础设施建设促使砂石开采量逐年增加，由于用量太大，原料通常供不应求。优质的砂石资源是十分有限的，很多地区迫不得已在一些含泥量很高的河道、山体进行采掘，导致了砂石中的泥土含量往往要超过规定限值很多。

泥土是具有一定粒径范围的层状或层链状硅酸盐的多矿物集合体。泥土作为一种层状硅酸盐矿物，其层间距的可变化性是导致其吸附水分、体积溶胀的主要原因。水是混凝土体系中提供润滑和流动作用的最主要载体，泥土作为一种吸水能力强的矿物，对体系中的自由水的吸附是不可忽视的，因为被吸入层间的这部分水是无法参与体系流动的。泥土层间对于体系内自由水的大量吸附导致固相和液相体积的变化也许才是对体系和易性影响的最大因素。

泥土具有的吸附作用使混凝土体系中的减水剂的有效成分减少，致使在整个体系中微小

的气泡被泥土颗粒破坏，增大了各成分之间的摩擦阻力，从而降低扩展度。在砂含泥量超过国家规范要求时，如条件有限，在实际运用中应谨慎使用，并要进行混凝土配合比调整使其满足施工要求。

根据原材料进货过程中对砂含泥量进行的试验结果，选取含泥量为 2%、5%、8%和 10%，试验配合比见表 3-24，对以上四种比例河砂进行试验。

表 3-24 试验配合比 （kg/m^3）

强度等级	水	水泥	粉煤灰	砂	碎石	外加剂
C20	180	210	110	790	1060	5.8
C30	175	280	90	770	1060	7.4
C40	170	330	70	740	1070	8.8

通过对含泥量为 2%、5%、8%及 10%四种河砂进行试验，混凝土的初始坍落度（扩展度）和 1h 坍落度（扩展度）经时损失，对试块进行 7d、28d 抗压强度试验，结果见表 3-25、图 3-3。

表 3-25 砂含泥量对混凝土坍落度与强度的试验影响

强度等级	砂含泥量	坍落度（mm）		扩展度（mm×mm）		抗压强度（MPa）		
		初始	1h	初始	1h	7d	28d	百分比（%）
C20	2%	190	185	475×480	465×480	20.4	28.8	—
	5%	180	135	440×450	310×300	19.6	26.6	92.3
	8%	130	60	310×310	135×130	17.2	23.5	81.6
	10%	70	10	130×140	无	13.8	18.1	62.7
C30	2%	200	200	495×495	500×500	31.9	39.9	—
	5%	180	140	450×450	350×360	29.8	35.1	88.0
	8%	135	50	305×300	125×125	25.4	30.2	75.7
	10%	55	10	115×105	无	17.9	21.7	54.4
C40	2%	220	210	525×525	520×510	38.9	49.6	—
	5%	190	155	470×485	390×400	36.2	43.8	88.3
	8%	110	40	285×300	无	28.6	35.7	71.6
	10%	50	5	无	无	21.7	25.4	50.9

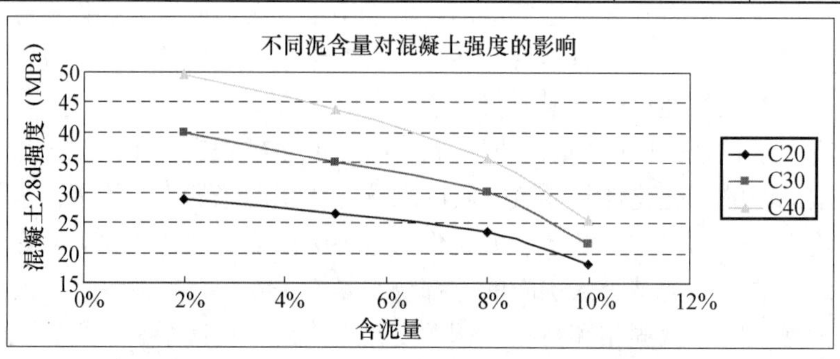

图 3-3 不同砂含泥量对混凝土强度影响曲线图

1. 砂含泥量对混凝土工作性能的影响：

随着含泥量的增加，混凝土初始坍落度明显降低。砂的含泥量越大，对坍落度的影响越明显，呈加速降低趋势。在其他原材料相同的情况下，含泥量达到10%时，混凝土拌合物初始坍落度为0mm。含泥量越高混凝土需水量越大，要保证施工要求的流动性，必须增加混凝土的用水量。随着含泥量的增大，混凝土的保坍性能也越来越差。在试验中发现，砂含泥量大于5%时，为了保证初始坍落度能达到180mm，需增加的用水量远远超过含泥量为2%的砂的用水量。

从表3-25可以看出，随着含泥量的增加，混凝土扩展度逐渐降低，经时扩展度也逐渐降低，当含泥量大于2%时，初始扩展度和经时扩展度逐渐增大；当含泥量小于2%时，初始扩展度在480mm×480mm左右，流动性大，有利于施工。

砂含泥量过大时造成混凝土坍落度损失的一个重要原因，含泥量较大时，外加剂的吸附造成混凝土浆体中，外加剂有效成分不足。试验表明外加剂掺量2.0%，外加剂减水率为20%左右，外加剂的掺量变化0.1%，混凝土坍落度相应变化20mm。从本试验可知，砂含泥量超过5%时，每增加1%，外加剂掺量要提高0.1%才能保持坍落度不发生变化。

2. 砂含泥量对混凝土强度的影响

表3-25中给出砂含泥量对混凝土力学性能的影响数据，从中可以看出随着含泥量的增加，各强度等级混凝土的7d、28d混凝土的抗压强度均明显降低，而且降低幅度呈现不等速增长：含泥量由2%增加到5%时，混凝土28d强度降低8%～12%，即含泥量每增加1%，抗压强度降低3%左右；含泥量由5%增加到8%时，混凝土28d强度降低15%～18%，即含泥量每增加1%，抗压强度降低5%左右；含泥量由8%增加到10%时，混凝土28d强度降低20%，即含泥量每增加1%，抗压强度降低10%左右。

由于砂表面被砂中泥土包裹形成泥土层，阻碍了砂与胶凝材料的粘结，使胶凝材料与砂的界面增大，降低了胶凝材料与砂水化粘结力，泥及泥块称为混凝土的软弱区。同时砂中的泥土是一种松散多孔的物质，增加了混凝土的孔隙率，从而降低了混凝土的强度。如果保持混凝土强度的不变，水泥用量应随着砂含泥量的增加而增加，即砂的含泥量在2%～5%的范围内，含泥量每增加1%，水泥用量增加3%左右；含泥量在5%～8%的范围内，含泥量每增加1%，水泥用量增加5%左右；含泥量在8%～10%的范围内，含泥量每增加1%，水泥用量增加10%左右。为保持强度不发生明显变化，要增加水泥用量，相比加大混凝土的生产成本。

3. 砂含泥量对混凝土压力泌水的影响

按照表3-19中配合比进行试配，按照压力泌水试验方法进行试验，所得结果见表3-26。

表3-26 砂含泥量对混凝土压力泌水率影响的试验结果

序号	砂含泥量	V_{10}（mL）	V_{140}（mL）	S_{10}（%）
1	2%	13.0	33.5	38.8
2	5%	7.0	22.0	31.8
3	8%	3.5	13.0	26.9
4	10%	1.0	4.5	22.2

从表3-26可以看出，随着砂含泥量的增加，压力泌水较小，保水性增加，可泵性较好。但随着含泥量的增加，混凝土坍落度变小，流动性变差。尤其含泥量＞5%时，混凝土虽然压力泌水小，但混凝土流动性差，影响混凝土施工。主要原因是砂中含泥量过多，泥的比表面积较大且是层间结构，吸附大量的水和外加剂的有效成分，致使混凝土流动性降低。

二、石子

石子的表面特征主要是指骨料表面的粗糙程度及形成的空隙特征等。一般情况下，卵石表面光滑，少棱角，空隙与表面积较小，拌制混凝土时水泥用量较少，和易性较好，但与水泥浆的粘结力较差；碎石颗粒粗糙有棱角，空隙率和总表面积大，与卵石混凝土比较，碎石混凝土所需水泥浆较多，但与水泥浆的粘结力较强。所以在同样条件下，碎石混凝土强度高，故配制高强混凝土宜用碎石，碎石的颗粒形状以接近球形或立方体形为优。以针状、片状颗粒为差，当含有较多的针、片状颗粒时，将增加空隙率，降低混凝土拌合物的和易性，骨料界面粘结力下降，并且针、片状颗粒受力时容易折断，进而影响混凝土强度。

国内外对于粗骨料的最大粒径、强度、针片状颗粒含量、坚固性等对混凝土性能的影响已开展了大量的研究工作。通过试验数据研究分析，总结其对混凝土性能的影响规律，为在生产中控制混凝土质量提供理论依据。

（一）石子的针片状含量对混凝土性能的影响

1. 石子针片状对孔隙率及压碎值的影响

本试验采用5～25mm连续级配碎石，先把碎石的针片状颗粒全部挑出，然后再按要求比例加入针片状石子，使其含量分别为0%、5%、10%、15%、20%、25%和30%，该碎石表观密度为2690kg/m³，则各针片状含量下石子空隙率见表3-27。

表3-27 针片状对石子空隙率与压碎值的影响

针片状含量（%）	0	5	10	15	20	25	30
表观密度（kg/m³）	1668	1581	1514	1473	1432	1346	1279
空隙率（%）	38.0	41.3	43.7	46.4	47.8	50.0	53.5
压碎值（%）	9.5	12.5	13.1	13.9	15.8	18.2	23.1

从表3-27中可以看出碎石的空隙率随着针片状含量的增加而增加，针片状含量每增加5%，空隙率大约相应增加2%～3%。在混凝土中石子的空隙要靠砂浆来填充，砂浆体积相应也要增加2%～3%。砂浆的收缩大于混凝土的收缩，砂浆体积增加，进而混凝土抗裂性降低。另外，针片状碎石的加入，使碎石的比表面积增大，石子间水泥浆体厚度变小，降低混凝土流动性，同时水泥粘结强度也降低。

从表3-27、图3-4、图3-5可以看出，碎石压碎值随着针片状含量的增大而增大，且当针片状含量大于15%时，影响程度更加明显。原因是，在压碎值测试过程中，针片状颗粒被其他颗粒支撑为简支梁状，易被折断劈裂，使部分颗粒在较小载荷下提前破坏。且针片状颗粒含量增多，颗粒局部破坏也变得越严重。

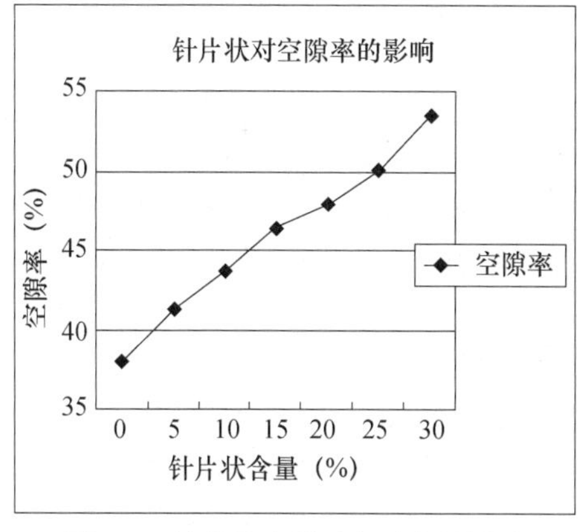

图 3-4 针片状含量对空隙率的影响

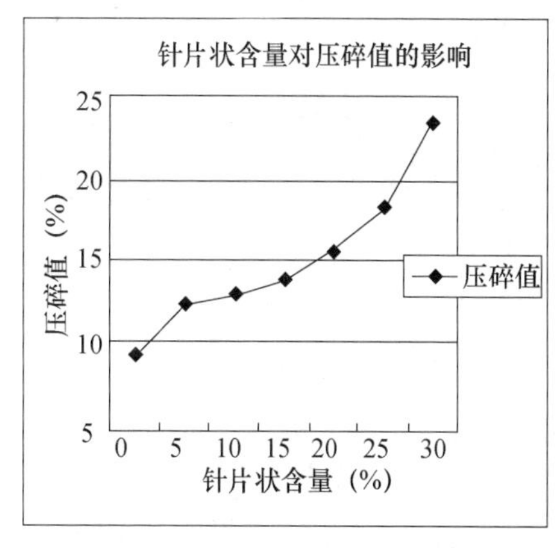

图 3-5 针片状对压碎值的影响

2. 针片状对混凝土工作性能的影响

本试验采用 5～25mm 连续级配碎石，混凝土配合比如表 3-19，先把碎石的针片状颗粒全部挑出，然后再加入针片状石子，使其含量分别为 0%、5%、10%、15%、20%、25%和 30%，试验结果见表 3-28。

表 3-28 石子针片状含量对混凝土工作性能的影响

序号	针片状	坍落度（mm）	扩展度（mm×mm）	工作性描述	7d 抗压强度（MPa）	28d 抗压强度（MPa）	28d 抗折强度（MPa）
1	0%	210	520×520	流动性优	27.9	39.2	4.1
1	5%	215	520×525	流动性优	28.9	38.9	4.1
2	10%	210	520×520	流动性好	28.3	39.7	4.0
3	15%	200	500×490	和易性良好	28.1	37.5	3.7
4	20%	180	490×485	露石子，包裹性差	28.5	36.1	3.3
5	25%	165	480×480	石子堆积、泌水	26.9	35.4	2.6
6	30%	160	470×480	严重离析	26.8	33.5	2.0

由表 3-28 可见，两种强度等级的混凝土拌合物的坍落度均随着针片状含量的增加而呈现减小的趋势，当针片状含量超过 15%时，坍落度下降较大。试验中还发现，随粗骨料针片状含量增加，坍落度损失和流动度损失均明显增大。在 C30 混凝土中，针片状含量达到 25%时，拌合物产生离析、泌水，还会出现露石现象。这是因为针片状骨料较多时，混凝土在流动过程中易造成互相之间的机械啮合，针片状骨料间摩擦阻力大，致使坍落度、扩展度变小；同样重量的粗骨料，针片状骨料的比表面积大于扁圆、方圆形骨料、吸水量也较大，从而造成游离水相对较少，流动性变差；较大比表面积需要更多的浆体来包裹，在浆体量一定的情况下，针片状骨料含量越多，混凝土黏聚性变差，越易出现离析和泌水现象，这种作用对低水胶比的高强混凝土影响更为明显。大量工程实践证明，针片状骨料在混凝土中常常是倾向于一个方向排列的，即大都呈水平排列，所以其骨料下方水灰比增大，使得局部水泥水化程度及水化速度发生变化，导致坍落度及流动度损失增大。

3. 粗骨料针片状含量对混凝土力学性能的影响

采用不同针片状含量的碎石所配制的混凝土，各龄期强度试验结果见表 3-28，为了更加直观地观察针片状含量对混凝土力学性能的影响，依据表 3-28 绘制出图 3-6 和图 3-7。

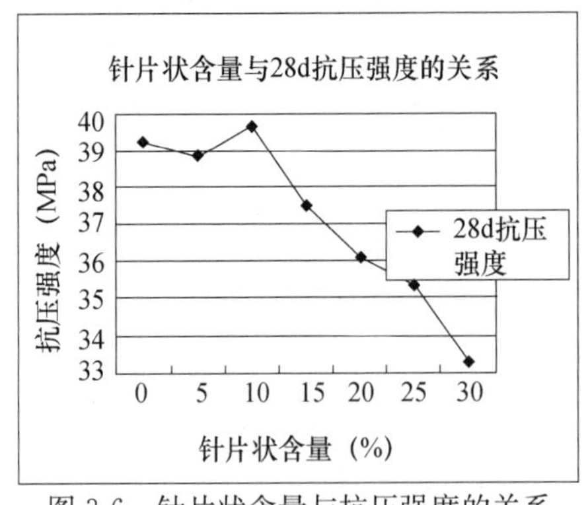

图 3-6 针片状含量与抗压强度的关系

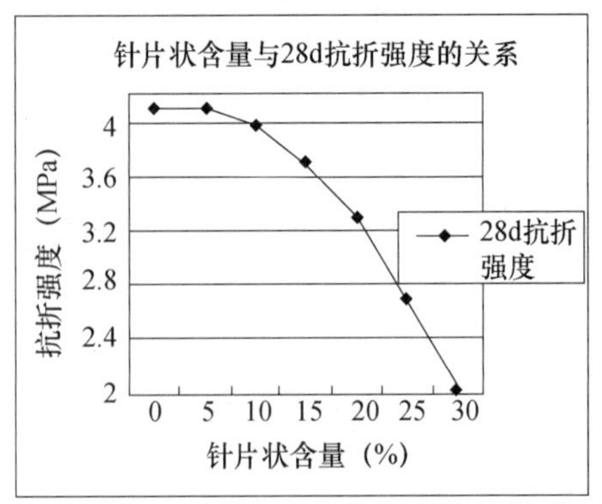

图 3-7 针片状含量与抗折强度的关系

由图 3-6 和图 3-7 可以看出，对于强度等级 C30 的混凝土，针片状含量在 10%以下时对混凝土强度基本没有影响。超过 10%以后，混凝土的立方体抗压强度，随粗骨料针片状含量的增加而降低。当针片状含量较大时，粗骨料的比表面积增大，浆体相对较少，不能充分包裹骨料，使得浆体与骨料界面区的缺陷增多；同时，针片状骨料由于其粒形的特点，在浆体中易发生水平定向排列，造成骨料下方局部水胶比增大，在振捣过程中还会阻滞气泡上浮，从而在骨料下方界面处产生较多的孔洞和裂缝，因此，针片状骨料含量的增加，造成了混凝土体系薄弱环节的增多，导致了混凝土强度的降低。而当针片状含量较低时，浆体相对充足，有利于振捣成型，混凝土整体结构更加均匀，强度相对较高。针片状含量对于混凝土的早期强度影响不大，但随着龄期的增加，针片状含量越低的混凝土后期强度增长率越高。

由图 3-7 可见，针片状的含量对水泥混凝土抗折强度的影响较为显著，尤其是针片状含量达到 10%后抗折强度下降比较明显，针片状含量 15%使得抗折强度下降约为 10%，当针片状含量达到 25%时，下降值达到约 37%。抗折强度为水泥混凝土路面的主要设计控制指标，从本试验结果可以看出，当针片状含量高于 15%对抗折强度有较大的影响，因此，石子中针片状含量应小于 15%，必要时宜小于 10%。

（二）石子最大粒径对混凝土性能的影响

石子的粒径越大，其比表面积相应减小，因此所需的水泥浆量相应减少，在一定的和易性和水泥用量的条件下，则能减少用水量而提高混凝土强度，从这个意义上说，石子的粒径应尽量选用大一些的[1]。但并不是粒径越大越好，一是粒径越大，颗粒内部缺陷存在的几率越大；二是粒径越大，颗粒在混凝土拌合中下沉速度越快，造成混凝土内颗粒分布不均匀，进而使硬化后的混凝土强度降低，特别是流动性较大的泵送混凝土更加明显。在普通混凝土中，碎石的最大粒径是根据构件的截面尺寸和钢筋间距来确定，粒径的大小对强度影响不大，试验结果见表 3-29。

表 3-29 C20 级混凝土试验结果 （kg/m^3）

石子规格	水	水泥	粉煤灰	砂	碎石	外加剂	7d 抗压强度（MPa）	28d 抗压强度（MPa）
5～20mm	180	210	110	790	1060	5.8	18.1	26.6
5～40mm	180	210	110	790	1060	5.8	18.0	26.2

当混凝土水胶比较小（一般为不大于 0.4）时，碎石的最大粒径对混凝土强度的影响就很显著，国外一般认为其最大粒径不宜超过 10mm，我国现行规范规定为不超过 31.5mm，通常取 20～25mm[2]。试验结果见表 3-30。

表 3-30　C50 级混凝土试验结果　（kg/m³）

石子规格	水	水泥	粉煤灰	砂	碎石	外加剂	7d 抗压强度（MPa）	28d 抗压强度（MPa）
5～20mm	165	425	75	688	1077	10.8	51.6	59.3
5～40mm	165	425	75	688	1077	10.8	47.1	54.2

从表 3-30 中可见，碎石的最大粒径对高强混凝土的强度有较大影响。因此，对于高性能混凝土，所用石子的最大粒径要有限制。美国 Mehta 和加拿大 Aitcin 认为，对大多数岩石来说，如果把最大粒径减小到 10～15mm，通常可以消除骨料的内在缺陷。混凝土强度为 60～100MPa 时，石子最大粒径可以选为不大于 20mm；强度超过 100MPa 时，石子最大粒径不能超过 12mm。日本建议超高强混凝土石子的最大粒径在 10mm 以下。但也不是说粒径越小越好，粒径太小，使得石子的比表面积增加，空隙率增大，势必要增加水泥用量，提高成本，否则会影响混凝土的强度，同时，粒径越小加工时黏附在石子表面上的粉尘越多，给施工冲洗带来困难，一旦冲洗不干净，则会大大削弱骨料界面的粘结力，进而降低混凝土的强度。

当水胶比一定时，砂石用量和粒径影响混凝土中界面过渡区的厚度和数量，因此对混凝土的强度及渗透性有影响。图 3-8[3] 表明，当水胶比较大时，石子粒径对强度的影响不显著，水胶比越低，影响越大；水泥用量越大，石子粒径越大混凝土强度越低，粒径越小强度越高。图 3-9[3] 表明，水灰比越大，骨料的粒径越大，对渗透性影响越明显，混凝土抗冻性也越差。

粗骨料级配对混凝土抗压强度的影响可从其对界面过渡区品质的影响来考虑，在粗骨料具有相同的矿物成分的前提下，过渡区的品质取决于骨料周围尤其是底部的泌水趋势和包裹骨料的胶凝材料用量。在表 3-29 中，由于混凝土的水胶比较大，胶凝材料用量较少，对所用粗骨料粒径较小的混凝土而言，由于其内部较大的粗骨料表面积，使得粗骨料的可见胶凝材料用量较小，因而，削弱了界面过渡区的品质并降低了混凝土的强度。在表 3-30 中，混凝土的水胶比较小，胶凝材料用量较大，粗骨料的粒径不再成为制约界面过渡区品质的因素，但此时由于较大粒径粗骨料的周围尤其是底部泌水趋势增强，因而削弱了界面过渡区的品质并降低了混凝土的强度。

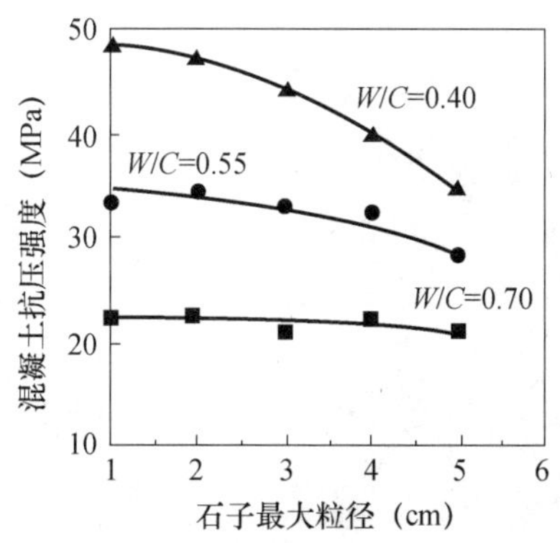

图 3-8　骨料最大粒径对混凝土强度影响

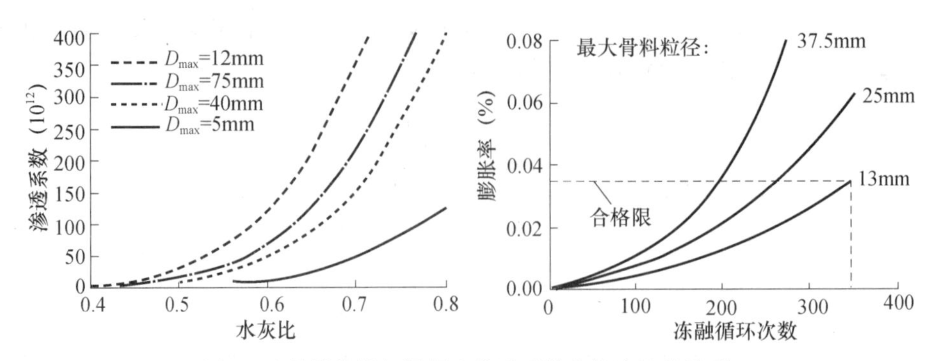

图 3-9 骨料粒径与混凝土渗透系数和抗冻性的关系

（三）石子的复合理论及应用

连续级配碎石由大粒径和小粒径两种不同粒径组成，受粒径级配数量的不同影响，连续级配碎石可以形成不同的组成结构：悬浮密实结构、骨架空隙结构和骨架密实结构（图 3-10）。泵送混凝土需要相对密实的悬浮密实结构骨料组合这种骨架结构易于流动，利于泵送。

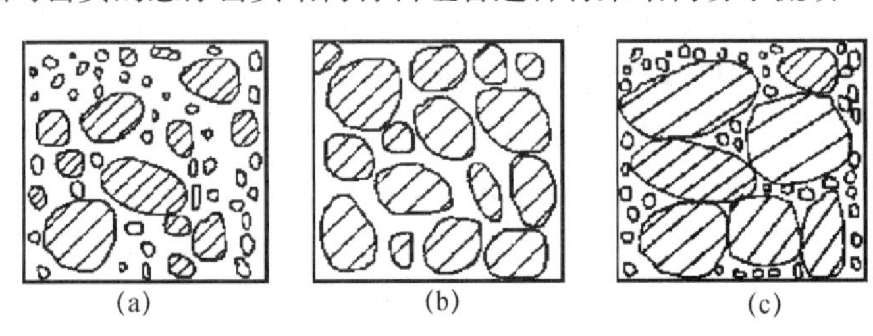

图 3-10 级配碎石组成结构图

（a）悬浮密实结构；（b）骨架空隙结构；（c）骨架密实结构

碎石的悬浮密实结构是一种连续级配的组合形式，连续级配是按照不同尺寸颗粒按照一定的比例合理搭配，从而达到最小的空隙率和较小的比表面积。在混凝土的生产过程中采用分级供应，使用了用单粒级两级配或三级配，按量复配使用来优化级配，减小空隙率，降低胶凝材料用量。石子的理想级配是空隙率最小，就应增大最大一级的含量（一般 D_{max}～$D_{max}/2$）的含量大致可达 50%～60%，能使较小的碎石填满颗粒较大的碎石并有一定的富余量，能在较大碎石间形成一定的松动效应（图 3-11），以减少碎石间的摩擦阻力，改善骨料的润滑作用，从而改善混凝土的流动性。

图 3-11 碎石的松动效应

按照填充理论，两种不同粒径的石子要达到空隙率最小，两种平均粒径相差 1/2 的碎石，粒径较小的石子粒径略大于较大石子的空隙产生松动效应，则有：

$$V'_{0x}=V'_{0j}\cdot P'_{j} \tag{3-1}$$

$$P'_{j}=\left(1-\frac{\rho'_{oj}}{\rho_{oj}}\right) \tag{3-2}$$

将式（3-2）代入式（3-1）得：

$$\frac{V'_{0x}}{V'_{0j}}=1-\frac{\rho'_{0j}}{\rho_{0j}} \tag{3-3}$$

$$V'_{0x}=\frac{m_x}{\rho'_{0x}} \tag{3-4}$$

$$V'_{0j}=\frac{m_j}{\rho'_{0j}} \tag{3-5}$$

将式（3-4）、式（3-5）代入式（3-3），整理得：

$$\frac{m_x}{m_j}=\frac{\rho'_{0x}}{\rho'_{0j}}-\frac{\rho'_{0x}}{\rho_{0j}} \tag{3-6}$$

式中 V'_{0j}、V'_{0x}——分别为 $1m^3$ 混凝土中大粒径碎石、小粒径碎石的体积，m^3；

ρ'_{0j}、ρ'_{0x}——分别为大粒径碎石、小粒径碎石的堆积密度，kg/m^3；

ρ_{0j}——大粒径碎石的表观密度，kg/m^3；

m_j、m_x——分别为 $1m^3$ 混凝土中大粒径碎石、小粒径碎石的质量，kg；

P_j——大粒径碎石的空隙率，%。

式（3-6）是两种不同粒径碎石的合理掺量计算公式，由试验结果的基本数据可以计算出两种不同粒径碎石的复配合理掺量。

（四）石子复配应用实例

在实际生产过程中使用的所谓连续级配碎石实际上级配并不合理，例如：5～25mm（表 3-31、表 3-32）碎石的级配中缺少 5～10mm 的级配。将 5～25mm 是碎石中加入一定量的 5～10mm 的碎石进行调节，可以得到级配合理，空隙率较低的碎石。

表 3-31 5～25mm 碎石性能指标

表观密度（kg/m^3）	堆积密度（kg/m^3）	空隙率（%）	针片状含量（%）	压碎值（%）	级配（mm）
2690	1620	40	5.2	9.5	5～25

表 3-32 5～25mm 碎石筛分情况

筛孔（mm）	31.5	26.5	19.0	16	9.5	4.75	2.36
累计筛余（%）	0	3.9	—	68.1	—	95.5	99.5

表 3-33 5～10mm 碎石筛分情况

筛孔（mm）	16	9.5	4.75	2.36
累计筛余（%）	0	12.9	93.1	94.6
表观密度（kg/m^3）	2690			
堆积密度（kg/m^3）	1580			
空隙率（%）	41			

将表 3-31 和表 3-33 的各项指标代入式（3-6）：

$$\frac{m_x}{m_j}=\frac{\rho'_{0x}}{\rho'_{0j}}-\frac{\rho'_{0x}}{\rho_{0j}}=0.975-0.587=0.388$$

则可以得出：

$$\frac{m_x}{m_x+m_j}\approx 28.0\%$$

本试验中 5～25mm 的碎石中含 5～10mm 的碎石为 5%左右，5～10mm 的碎石中含 5～10mm 的碎石为 87%左右（9.5 以上的筛余为 12.9%），设 5～25mm 含有的 5～10mm 的碎石为：5%・x，则 5～10mm 的碎石含有的该级配的石子为：87%×（1－x）。复合石子含有 5～10mm 的碎石约为 28.0%时，该连续级配碎石的空隙率较小，混凝土工作性最佳。则：

$$5\%\cdot x+87\%\times(1-x)=28\%$$

解得：x=76.6%≈77%，所以，5～10mm 的碎石用量为 23%。

按此比例进行复配后测得堆积密度为 1680（kg/m³），空隙率为 38%（表 3-34）。

表 3-34 5～10mm（23%）和 5～25mm（77%）进行复配结果

筛孔（mm）	26.5	19.0	16	9.5	4.75	2.36	空隙率（%）
累计筛余（%）	2.8	29.7	49.0	68.8	94.8	98.8	38
规范值（%）	0～5	—	30～70	—	90～100	95～100	—

石子的空隙率主要影响混凝土中的骨料和浆体体积，石子的空隙率越小，混凝土中石子体积用量越大，浆体体积越小。复配前石子的空隙率为 40%，复配后石子的空隙率为 38%，空隙率减少了 2%，填充骨料空隙的浆体也相应减少 2%，即 20L/m³。按表 3-19 的混凝土配合比计算，调整前石子 1060kg/m³，石子的松散空隙体积约为 261L/m³（0.4×1060/1620）；调整后，石子的用量为 1081kg/m³（1060×102%），石子的松散空隙体积约为 245L/m³（0.38×1081/1680），需要填充的浆体减少了 16L/m³。水泥的密度为 3000kg/m³，粉煤灰的密度为 2200kg/m³，则复合胶凝材料的密度为 2760kg/m³。表 3-19 水胶比为 0.47，则 16L/m³ 胶凝材料浆体含有的胶凝材料体积约为 10.9L/m³，胶凝材料的质量约为30kg/m³。由此可见，通过简单石子复配，可以节省胶凝材料 30kg/m³，成本降低 5～8 元/m³。

（五）混凝土中的石子用量

石子在混凝土中起到骨架作用，增加石子用量，可以提高混凝土体积稳定性。石子的最大粒径越大、粒形与级配越好、空隙率越小，填充空隙的砂浆越少，石子用量就越大；砂细度模数大，砂的平均粒径粗，填充到石子的空隙之间，挤开石子的程度大，填充的砂浆体积增大，石子的用量相应降低，砂细度模数小，对石子的空隙的影响较小，石子的用量增加。美国标准《常规、重量级和大体积混凝土选择比例的惯例》（ACI 211.1—91）（2002 年再次核准）体现了上述论述，见表 3-35。

表 3-35 砂细度模数不同时，每方混凝土中粗骨料的体积用量

砂细度模数 / 粗骨料粒径（mm）	2.4	2.6	2.8	3.0
10	0.50	0.48	0.46	0.44

续表

砂细度模数 粗骨料粒径（mm）	2.4	2.6	2.8	3.0
12.5	0.59	0.57	0.55	0.53
20	0.66	0.64	0.62	0.60
25	0.71	0.69	0.67	0.65
40	0.76	0.74	0.72	0.70
50	0.78	0.76	0.74	0.72
75	0.82	0.80	0.78	0.76
150	0.87	0.85	0.83	0.81

注：① 干燥捣实体积；② 对于工作性要求较低的混凝土，如路面，相应的数值可以增加10%；③ 对于大流动性或自密实混凝土，相应的数值可以降低10%。

由表3-35查得石子捣实的堆积体积后，乘以石子的捣实堆积密度，就可以得到1m^{3}混凝土的石子用量。但石子的捣实密度与捣实程度有关，捣实程度很难统一，石子的捣实堆积密度很难保持一致。尽管如此，可以利用砂的细度模数与石子用量之间的关系，调整两者的用量比例，使混凝土获得良好的工作性。

如果把混凝土看成有粗骨料和砂浆两部分构成，粗骨料间的空隙有砂浆填充，砂浆体积与粗骨料的体积是此消彼长的关系，浆体的用量大，粗骨料的用量就小。如果砂浆刚好填满粗骨料的空隙，则混凝土没有流动性，即坍落度为0mm。为了使混凝土具有流动性，砂浆填充粗骨料的空隙并有一定的富余，多余的砂浆包裹在粗骨料的表面起润滑作用，这样，在粗骨料重力的作用下才具有运动的能力。砂浆的富余系数越大，混凝土的坍落度越大，砂浆的体积也越大，粗骨料的体积相对较小。当砂的细度模数与石子的最大粒径相同时，石子的单方用量与混凝土坍落度有关，表3-36为石子单方用量的参考值[3]。砂的细度模数变化0.1，石子相应用量变化1%。

表3-36 不同坍落度的混凝土中粗骨料单方用量范围

混凝土坍落度（mm）	粗骨料单方用量（m^3）
180	0.60～0.64
210	0.59～0.63
230	0.58～0.62

注：粗骨料最大粒径为20mm，砂的细度模数增加0.1，粗骨料用量减少1%。

在商品混凝土行业里，很长一段时间都是粗放式经营，过多关注水泥、外加剂及矿物掺合料的质量，忽视对砂石质量的控制。许多企业认为，只要水泥质量有保证，砂、石是不用太多考虑的，尤其对于骨料级配的问题没有足够的认识，甚至不屑一顾。实际生产中砂石骨料的用量是最需要频繁调整的，这就恰恰说明，骨料是需要重点地、经常性地关注。在商品混凝土实际生产中严格保证骨料优良级配组合，这样的目的是为了降低企业生产成本，一些企业最容易忽视的骨料级配问题。

首先，良好的骨料级配可以保证颗粒之间紧密堆积和有效润滑，从而对混凝土的黏聚性和流动性都有很大提高，可保证对坍落度的精确控制。因为在配合比一定时，坍落度越小，

实际水灰比 W/B 就会越小，强度越高，即意味着在强度一定时水泥用量可以适度减少。

根据《普通混凝土配合比设计规程》（JGJ 55—2011）对混凝土强度配制要求：$f_{cu,0} \geqslant f_{cu,k}+1.645\sigma$，可知，在需求强度 $f_{cu,k}$ 一定时，强度标准差 σ 越小则实际配制强度 $f_{cu,0}$ 就会越小，这是企业生产控制水平较高的体现，同时水灰比 W/B 反而会越大，所需的水泥量才可能越少。而决定 σ 的就是实际生产的控制水平，当然越小越好，说明生产过程中产品性能稳定。一般企业在实际生产中 σ 的取值范围是 5～6，较好的为 4，如果能选用 3，企业将有非常大的行业竞争力。

随着商品混凝土行业的不断发展，竞争也随之急速加剧，企业对技术的重视程度越来越高，因为它不仅关系到企业的效益，甚至面临着被行业淘汰的风险。技术创新是多元化的，就像本章所阐述的骨料级配问题，这么微小到常被人忽略的一点竟然蕴藏着巨大的奥秘。那么，对于商品混凝土中的六大材料而言也必定有非常多的技术创新等着人们来发掘。

然而，技术提高的背后，其实是企业生产管理水平的提高，把粗放式的管理改进到精细化的管理，就能为企业带来丰厚的效益，企业要长足发展，也需要从管理创新中发现亮点。

第三节　铁尾矿砂在混凝土中的应用

铁尾矿砂是铁矿石精选矿提纯、磨细、选铁矿后产生的一种细度模数稳定，且符合细砂或者特细砂的尾矿废渣。铁尾矿砂含有的细粉大部分为石粉颗粒，属于坚固成分，有利于混凝土力学性能和耐久性。

混凝土的可持续发展、绿色生产，也不只是降低水泥用量的技术要求，砂石质量是影响混凝土质量的关键，质量优良的砂石才是配制出低成本、高性能混凝土的前提和保证。砂石资源匮乏，砂石原材料品质波动较大，很难购买到满足现行规范要求的天然砂石。主要表现为天然砂中含石量较高（一般在 10%～40%），并且含泥量严重超出标准。颗粒级配表现为粗颗粒多，细颗粒少，级配十分不合理，给配制中、低强度等级的混凝土带来很大的困难。用铁尾矿砂部分取代河砂，即可以减小含石量波动对混凝土工作性能的不利影响，又优化细骨料的颗粒级配，尾矿砂粒径小于 0.15mm 的细粉主要是石粉，石粉在性能上不同于河砂中的泥粉，对外加剂吸附较小，掺入部分铁尾矿砂可以有效降低细骨料的含泥量。应用铁尾矿砂也可以优化混凝土配合比参数的调整范围，增加混凝土配合比调整自由度。尤其在胶凝材料相对较少的低强度等级混凝土中加入适量的铁尾矿砂充当细骨料有利于提高混凝土的黏聚性、和易性。

对铁尾矿砂与河砂复配使用缺少系统性的研究，另外，对铁尾矿砂的使用还存在以下困难：(1) 长期以来，混凝土行业习惯于使用天然河砂，对河砂产生依赖和固定的思维难以改变，对于铁尾矿砂认识不足。(2) 铁矿开采企业对选矿过程中产生铁尾矿砂作为废弃物进行堆积、掩埋等简单处理。(3) 对铁尾矿砂的认识、使用是一个循序渐进的过程。依照《普通混凝土用砂、石质量及检验方法标准》（JGJ 52—2006）相关规定，结合混凝土和铁尾矿砂的特点，对铁尾矿砂用做混凝土细骨料的可行性和应用范围进行试验分析。

一、铁尾矿砂掺量对混凝土的影响

天然河砂细度模数偏大、含石量大，铁尾矿砂颗粒级配主要集中在 0.63～0.15mm 之间见表 3-37，粒径小于 0.15mm 的细颗粒在 15%左右见表 3-38。

表 3-37 河砂颗粒级配

筛径（mm）	4.75	2.36	1.18	0.63	0.315	0.15
累计筛余（%）	7.2	23.6	45.8	67.4	90.2	97.0
细度模数	3.1					
级配区间	Ⅰ					

表 3-38 铁尾矿砂颗粒级配

筛径（mm）	4.75	2.36	1.18	0.63	0.315	0.15
累计筛余（%）	0	0.4	1.6	7.4	46.8	82.2
细度模数	1.4					
级配区间	Ⅲ					

铁尾矿砂中有较高的活性化学成分见表 3-39：CaO；SiO_2；Al_2O_3 和 Fe_2O_3 的总和占 83.3%。尾矿砂中小于 0.075mm 和小于 0.045mm 的部分，可以直接参与水泥水化析出的 $Ca(OH)_2$ 发生二次水化反应，另外，尾矿砂中含有较高的 Fe_2O_3 在反应中形成的水化产物水化铁酸钙对提高抗折强度有利。

表 3-39 铁尾矿砂化学成分分析

化学成分	CaO	SiO_2	Al_2O_3	Fe_2O_3	MgO	Loss	总计
百分比（%）	17.5	48.49	3.16	14.15	6.21	9.05	98.56

铁尾矿砂在扫描电镜下如图 3-12（a）、（b），铁尾矿砂颗粒较小较细，粒形不规则，电镜放大后表面颗粒粗糙。

(a)

(b)

图 3-12 铁尾矿砂在扫描电镜下的形状
（a）×90；（b）×200

针对天然河砂与铁尾矿砂的特点，将铁尾矿砂与天然河砂混合配制成满足混凝土生产要求的Ⅱ区中砂。使用这种混合砂配制混凝土，技术关键是混合砂的混合比例怎么确定。其混合比例可按照混凝土工作性、力学性能、混合砂细度模数等技术指标优选出最佳的混合比例，该比例的混合砂应满足混凝土对普通砂的各项技术要求。试验时，外加剂掺量适当调整，保证达到要求的工作性，探讨铁尾矿混合砂混凝土的应用技术规律。

（一）混凝土和易性的评价方法

新拌混凝土的和易性，也称工作性，是指拌合物易于搅拌、运输、浇捣成型，并获得质量均匀密实的混凝土的一项综合技术性能。通常用流动性、黏聚性和保水性三项指标表示。流动性是指拌合物在自重或外力作用下产生流动的难易程度；黏聚性是指拌合物各组成材料之间不产生分层离析现象所具备的性能；保水性是指拌合物不产生严重的泌水现象所具备的性能。通常情况下，混凝土拌合物的流动性越大，则保水性和黏聚性越差，反之亦然，相互之间存在一定矛盾。和易性良好的混凝土是指既具有满足施工要求的流动性，又具有良好的黏聚性和保水性。因此，不能简单地将流动性大的混凝土称之为和易性好，或者流动性减小说成和易性变差。在评价混凝土工作性时，用坍落度结合坍落流动度（用拌合物坍落稳定时所铺展的直径表示，也称扩展度），参考图 3-13[3] 进行评价。

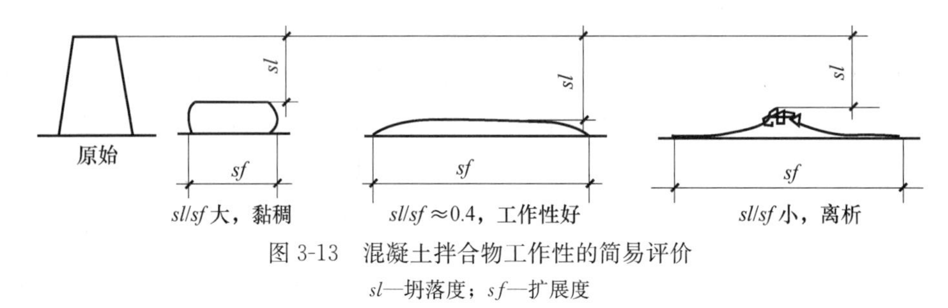

图 3-13　混凝土拌合物工作性的简易评价

sl—坍落度；sf—扩展度

坍落度与扩展度的比值也称为坍扩比，从图 3-13 中可以看出坍扩比在 0.4 左右混凝土的工作性较好；大于 0.4 时，混凝土工作性黏稠；小于 0.4 时，混凝土工作性差，易出现泌水、离析。坍扩比与 0.4 的差值越大，工作性越差，坍扩比可以作为工作性评价的简易方法。

（二）尾矿砂掺量对砂率的影响

砂率是指砂子在混凝土骨料中所占的百分率，表示混凝土中砂子与石子的比例关系，砂率大小直接影响骨料的总表面积及空隙率，进而影响混凝土拌合物的和易性。在混凝土中粗骨料石子的空隙靠砂子来填充，石子的空隙又要靠胶凝材料与水组成的浆体来填充。为了使混凝土具有一定的工作性，砂子与胶凝材料浆体组成的砂浆包裹在骨料表面起到润滑作用，砂浆填充粗骨料的空隙率并有一定的富余才能使混凝土拌合物具有良好的工作性和易振捣密实性。但砂率也不宜过大，砂率过大，使骨料的比表面积增大，包裹在骨料表面的浆体变薄，甚至浆体不足，造成骨料间的摩擦力增大，混凝土拌合物的流动性降低。砂率也不能过小，砂率过小，与胶凝材料浆体组成砂浆不足以填充骨料的空隙，使填充粗骨料之间的富余浆体减少，也会降低混凝土的流动性，严重时影响混凝土拌合物的黏聚性和保水性，易造成离析、泌水、流浆等现象。

在混凝土拌合物坍落度一定的条件下，若砂率小，为保证有足够的砂浆包裹润滑粗骨料，必须增加胶凝材料浆体的用量才能保证足够的砂浆量。同样，若砂率过大，要增加过多的胶凝材料浆体来包裹、填充、润滑骨料。因此，砂率是控制混凝土拌合物工作性的重要参数，砂率选用的是否合理直接影响混凝土的工作性和质量。铁尾矿砂在颗粒级配上与河砂有显著的区别，河砂的细度模数较大，粗颗粒较多，细颗粒不足，而铁尾矿砂中粗颗粒较少，细颗粒偏多。单独使用铁尾矿砂配制混凝土，细颗粒多，比表面积大，胶凝材料浆体用量大，同样，单独使用河砂配制混凝土，由于缺少细颗粒，保水性和黏聚性变差，易泌水、离析。

铁尾矿砂与河砂混合使用可以解决河砂细颗粒不足的弊端，使混凝土的细颗粒增加，另外铁尾矿砂中小于0.15mm的石粉颗粒，也可以使混凝土粉体材料增加，改变总浆体量、浆体稠度及水粉比（用水量与细粉量的比值）。为了研究铁尾矿砂混合比例的变化对混凝土砂率的影响，按照表3-40所给出的配合比，铁尾矿砂掺量分别为0%、20%、40%进行试验。考虑到铁尾矿砂掺量的增加改变了原有粉体的数量及浆体的稠度，在铁尾矿砂掺量的同时，适当提高减水剂的掺量，保证混凝土拌合物具有良好的工作性，其试验结果见表3-40。

表3-40 尾矿砂掺量对砂率的影响

尾矿砂掺量（%）	砂率（%）	配合比（kg/m³）						坍落度（mm）	扩展度（mm）	坍扩比
		胶凝材料	水	外加剂	尾矿砂	河砂	碎石			
0	39	360	180	6.8	—	715	1118	180	530×540	0.34
	42			6.8	—	770	1063	190	510×515	0.37
	45			6.8	—	825	1008	205	500×505	0.41
	48			6.8	—	880	953	200	430×440	0.45
20	39	360	180	7.2	143	572	1118	200	550×555	0.36
	42			7.2	154	616	1063	220	550×545	0.40
	45			7.2	165	660	1008	215	500×500	0.43
	48			7.2	176	704	953	210	470×480	0.44
40	39	360	180	7.6	286	429	1118	235	585×590	0.40
	42			7.6	308	462	1063	230	545×540	0.42
	45			7.6	330	495	1008	220	500×500	0.44
	48			7.6	352	528	953	205	460×460	0.45

在用水量和胶凝材料用量相同的情况下，随着铁尾矿砂掺量的增加，通过调整砂率均可以获得满意的工作性能。铁尾矿砂掺量为0%，混凝土砂率为45%时，坍扩比为0.41，工作性较好；铁尾矿砂掺量为20%，混凝土砂率为42%时，坍扩比为0.40，工作性较好；铁尾矿砂掺量为40%，混凝土砂率为39%时，坍扩比为0.40，工作性较好。随着铁尾矿砂掺量的增加，混凝土砂率随之降低。

河砂的细度模数为3.1，铁尾矿砂的细度模数为1.4，随着铁尾矿砂掺量的增加，必然引起混合砂细度模数的变化。混合砂的细度模数等于铁尾矿砂的细度模数与其掺量的乘积加上河砂的细度模数与其掺量的乘积，即：

铁尾矿砂掺量20%时，混合砂细度模数=1.4×20%+3.1×（1−20%）=2.76；

铁尾矿砂掺量为40%时，混合砂细度模数=1.4×40%+3.1×（1−40%）=2.38。

可以看出，铁尾矿砂掺量增加20%，混合砂的细度模数降低近0.4，砂率降低3%。铁尾矿砂掺量的增加直接改变混合砂的细度模数，进而影响砂率。因此，在铁尾矿砂的使用过程中，应关注河砂与铁尾矿砂细度模数的变化，及时调整砂率。混合砂细度模数变化 0.2，砂率要相应调整 1%～2%。

从外加剂的用量来看，随着铁尾矿砂用量的增加，外加剂掺量相应增加才能获得良好的工作性。从表 3-37 和表 3-38 可知，河砂中粒径小于 0.15mm 的粉状颗粒含量为 3%，铁尾矿砂中粒径小于 0.15mm 的粉状颗粒含量为 17.8%，即相同质量的情况下铁尾矿砂含有粒径小于 0.15mm 的颗粒较河砂多 14.8%。当铁尾矿砂掺量为 20%时，砂率为 42%，混凝土工作性较好。此时，细砂用量为 154kg/m³，在铁尾矿砂掺量为 0%时，混合砂中粒径小于 0.15mm 的粉体颗粒比铁尾矿砂掺量为 0%时增加了 154×14.8%=22.8kg/m³。从试验结果可以看出，铁尾矿砂掺量为 0%时，外加剂的掺量为 1.9%，如果把增加的这些粉体粒径在计算外加剂用量时看做粉体材料，外加剂用量为（360+22.8）×1.9%=7.27kg/m³。铁尾矿砂掺量为 20%时，外加剂掺量为 2.0%，用量为 7.2kg/m³，两者相差不大。在计算外加剂用量时，应考虑砂中含有的细粉对外加剂的影响。

（三）铁尾矿砂掺量对混凝土抗压强度影响

铁尾矿砂作为一种质量相对稳定的特细砂与河砂混合使用，增加了混凝土配合比设计调整的空间。通过不同的混合比例，优化混合砂的颗粒级配，降低空隙率，提高混凝土整体性能。根据表 3-41 的配合比参数，对铁尾矿砂掺量为 0%、20%、40%、60%，进行混凝土抗压强度试验，其试验结果见表 3-42。

表 3-41 试验配合比

胶凝材料（kg/m³）	水胶比	粉煤灰掺量（%）	矿渣粉掺量（%）	砂率（%）	碎石（kg/m³）	外加剂掺量（%）	表观密度（kg/m³）
300	0.60	20	20	44	1049	1.8	2360
360	0.50	20	20	42	1063	2.0	2380
420	0.40	20	20	40	1082	2.3	2400
480	0.35	20	20	38	1090	2.5	2420

表 3-42 尾矿砂掺量对混凝土工作性及抗压强度的影响

胶凝材料（kg/m³）	尾矿砂（%）	河砂（kg/m³）	尾矿砂（kg/m³）	坍落度（mm）	扩展度（mm×mm）	7d 抗压强度（MPa）	28d 抗压强度（MPa）
300	0	825	—	155	420×430	18.2	26.7
	20	660	165	165	440×450	21.8	27.5
	40	495	330	185	460×460	20.8	27.4
	60	330	495	160	420×410	17.2	25.6
360	0	770	—	195	525×520	27.8	38.6
	20	616	154	220	550×550	28.4	37.9
	40	462	308	205	480×480	26.7	37.6
	60	308	462	170	460×450	27.6	38.1

续表

胶凝材料(kg/m³)	尾矿砂(%)	河砂(kg/m³)	尾矿砂(kg/m³)	坍落度(mm)	扩展度(mm×mm)	7d抗压强度(MPa)	28d抗压强度(MPa)
420	0	720	—	235	580×580	40.3	48.6
	20	576	144	225	570×575	42.4	51.6
	40	432	288	195	460×460	42.1	51.1
	60	288	432	180	420×415	40.8	50.0
480	0	670	—	245	615×610	47.4	56.8
	20	536	134	210	470×480	49.1	57.8
	40	402	268	195	460×455	49.8	57.4
	60	268	402	175	400×400	48.8	58.6

从表3-42可以看出，在胶凝材料用量300kg/m³时，铁尾矿砂掺量为40%时坍落度达到最大值220mm，坍扩比0.4；在胶凝材料用量360kg/m³时，铁尾矿砂掺量为20%时坍落度达到最大值185mm，坍扩比0.4；在胶凝材料用量420kg/m³时，铁尾矿砂掺量为0%时坍落度达235mm，坍扩比0.41，铁尾矿砂掺量增加到20%时，坍落度为225mm，略有降低，坍扩比0.4；胶凝材料增加到480kg/m³时，铁尾矿砂的加入均降低工作性。

在胶凝材料用量低于420kg/m³时，适当增加铁尾矿砂掺量能够改善混凝土的和易性，提高混凝土保水性，抗离析泌水能力，增加混凝土的黏聚性。随着铁尾矿砂掺量的增加，混凝土的黏聚性增加，混凝土的坍落度及扩展度先增大后减小。混凝土的浆体浓度在一定的范围内可以有效填充到骨料的空隙中，润滑骨料颗粒，减小表面摩擦力。当浆体中粉体量增大超过一定的范围时，造成浆体的稠度过大，不能有效解决骨料颗粒间的摩擦力，流动性变差。

混凝土拌合物内摩擦阻力，一是来自胶凝材料浆体间的内聚力与黏性，二是来自骨料颗粒间的摩擦力。浆体的黏聚力主要取决于水胶比，即胶凝材料浆体的稠度，水胶比越大浆体的稠度越小，黏聚力越差，无法带动骨料一起运动，混凝土越容易离析、泌水、分层；水胶比降低，浆体的稠度增大，黏聚力增强，混凝土流动时需要克服屈服剪切力，使得混凝土的扩展度降低，流动性变差。骨料间摩擦力主要取决于骨料颗粒间的摩擦系数及包裹在骨料表面胶凝材料浆体的数量，浆体数量越多，骨料间水泥浆层越厚，骨料之间的摩擦力越小。因此，在原材料一定时，坍落度主要取决于浆体的多少和黏度大小。

铁尾矿砂混凝土拌合物工作性试验表明，只要混合比例适当，完全可以配制出性能优良的混凝土。混合砂中铁尾矿砂与河砂的混合比例不是固定的，其随着强度等级（胶凝材料用量）的变化而变化，即随着胶凝材料的增加铁尾矿砂的掺入比例逐渐降低。

从各龄期强度发展规律来看，不同强度等级的混凝土，铁尾矿砂的掺入比例不同，各龄期强度虽有差异，但波动幅度不大，只要是工作性能良好的混凝土，混凝土强度及发展规律均能满足要求。

（四）铁尾矿砂掺量对坍落度及浆体体积的影响

浆体是由水泥等胶凝材料与水拌合而成，具有流动性和可塑性，胶凝材料浆体使混凝土拌合物中砂石骨料表面具有一层润滑流体使砂石骨料彼此分开，降低由于混凝土拌合物中石子之间的相互摩擦而形成的摩擦力，胶凝材料浆体量大小直接影响混凝土的和易性。

铁尾矿砂的细度模数和细粉含量相对稳定，波动范围较小。铁尾矿砂中粒径小于0.15mm的细粉主要是石粉，这些细颗粒在粒径上属于粉体胶凝材料，在混凝土胶凝体系中起到补充胶凝体系中的数量，改变混凝土体系的流变性能。在水胶比不变的情况下，随着铁尾矿砂掺量的增加，浆体的稠度变大，流动性降低。

为了了解混凝土中铁尾矿砂掺量对混凝土最大坍落度的影响，混凝土配合比采用表3-41，进行混凝土试验，通过调整外加剂掺量使混凝土获得最大坍落度，试验结果见表3-43。

表3-43 尾矿砂掺量变化对坍落度的影响

胶凝材料 (kg/m³)	尾矿砂 (%)	河砂 (kg/m³)	尾矿砂 (kg/m³)	总粉量 (kg/m³)	外加剂掺量 (%)	坍落度 (mm)	扩展度 (mm×mm)	总粉体 (kg/m³)
300	0	825	—	24.8	1.7	165	420×430	324.8
	20	660	165	48.2	1.8	180	450×450	348.2
	40	495	330	71.6	1.9	195	500×500	371.6
	60	330	495	95.0	2.0	215	520×515	395.0
360	0	770	—	23.1	1.9	200	485×495	383.1
	20	616	154	45.0	2.0	215	545×550	405.0
	40	462	308	66.8	2.1	230	580×580	426.8
	60	308	462	88.7	2.2	240	600×610	448.7
420	0	720	—	21.6	2.2	220	550×555	441.6
	20	576	144	42.0	2.3	240	600×600	462.0
	40	432	288	62.5	2.4	250	585×570	482.5
	60	288	432	82.9	2.6	265	600×600	502.9

注：砂中总粉量指河砂与铁尾矿砂组成的混合砂中含有粒径小于0.15mm颗粒的数量。

从表3-43可以看出，随着铁尾矿砂掺量的增加，铁尾矿砂带入的细粉量也逐渐增加。铁尾矿砂每增加20%，混合砂中的总粉量增加15～20kg。在用水量、胶凝材料用量不变的情况下，铁尾矿砂掺量的增加，水粉比减小，浆体的黏聚性增大，拌合物的保水性增强，随着外加剂掺量的增加混凝土坍落度变大。

在铁尾矿砂的使用过程中，由于铁尾矿砂中含有大量粒径小于0.15mm细粉颗粒，从形态上应把这些细粉颗粒看做胶凝材料的一部分。则混凝土各胶凝材料密度为：水泥密度为3000kg/m³，粉煤灰密度为2200kg/m³，矿粉密度为2800kg/m³，由水泥（60%）、矿粉（20%）、粉煤灰（20%）组成的混凝土胶凝材料密度为：

$$\rho_B=\frac{1}{\frac{\alpha_C}{\rho_C}+\frac{\alpha_F}{\rho_F}+\frac{\alpha_K}{\rho_K}} \tag{3-7}$$

式中 α_C、α_F、α_K——分别为水泥、粉煤灰、矿粉占胶凝材料的质量百分比；

ρ_B、ρ_C、ρ_F、ρ_K——分别为胶凝材料、水泥、粉煤灰、矿粉的密度。将水泥、粉煤灰、矿粉的密度代入上式可以计算出胶凝材料密度为2770kg/m³，铁尾矿砂表观密度为2720kg/m^3。根据表3-43可以得出表3-44各配合比粉体总浆体量对应的适宜坍落度。

表3-44　混凝土粉体总浆量与坍落度的关系

胶凝材料(kg/m^3)	尾矿砂(%)	总粉量(kg/m^3)	砂细粉表观密度(kg/m^3)	胶凝材料密度(kg/m^3)	坍落度(mm)	总浆体(L)
300	0	24.8	2720	2770	165	297.4
	20	48.2			180	306.0
	40	71.6			195	314.6
	60	95.0			215	323.2
360	0	23.1	2720	2770	200	318.5
	20	45.0			215	326.5
	40	66.8			230	334.6
	60	88.7			240	342.6
420	0	21.6	2720	2770	220	327.5
	20	42.0			240	335.0
	40	62.5			250	342.6
	60	82.9			265	350.1

从表3-44可以看出，随着混凝土最大坍落度的增加，混凝土用水量与所有粉体组成的总粉体浆量也相应增大。为了直观表现出混凝土粉体总浆体量与坍落度的关系，绘制出图3-14。

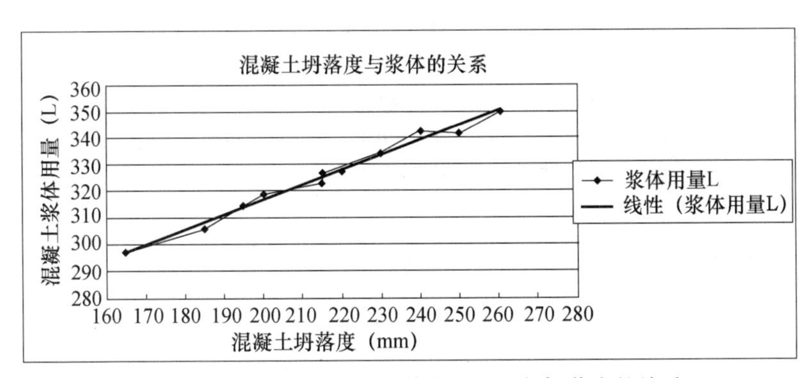

图3-14　混凝土总粉料粉体浆量用量与坍落度的关系

从图中可以看出混凝土坍落度x与混凝土浆体量y有线性关系：

$$y=0.5651x+203.83$$

为获得满意的工作性，混凝土必须具有一定的浆体，浆体越多，骨料间摩擦力越小，混凝土拌合物越易于流动，混凝土坍落度就越大，反之坍落度变小。若满足工作性的条件下，浆体过多，就会出现流浆及泌水现象，且胶凝材料用量大也不经济；若浆体过少，致使不能填满骨料间的空隙或不够包裹所有骨料表面时，则混凝土拌合物黏聚性变差，会产生崩塌现象。因此，在铁尾矿砂的使用过程中，应根据混凝土坍落度的要求、混凝土的强度等级和胶凝材料用量调整铁尾矿砂在混合砂中的掺量，以找到适合混凝土工作性的浆体用量。

二、不同强度等级铁尾矿砂的掺量

铁尾矿砂中的细粉颗粒在混凝土浆体中主要起两方面的作用：其一，增加混凝土浆体的数量，提高包裹在骨料表面浆体的厚度，减小骨料间的摩擦力，增加混凝土的工作性；其二，在水胶比不变的情况下，铁尾矿砂的细粉颗粒可以增加水粉比，增加混凝土浆体的稠度，使黏聚性、保水性增加。在低强度等级的混凝土中，浆体量少，浆体稠度低，增加铁尾矿砂的掺量可以增加浆体数量，增加混凝土的黏聚性、保水性。而高强度等级的混凝土拌合物，自身胶凝材料较多，浆体大，再加上水胶比小，浆体稠度大，再加入铁尾矿砂，浆体的水粉比更低，工作性更差。这也是低强度等级混凝土使用的砂应细度模数小一些，以提高混凝土黏聚性、保水性，高强度等级混凝土使用的砂细度模数大一些，以降低混凝土中细粉的数量，降低混凝土的黏度。由此看来，在铁尾矿砂与河砂混合使用时，应根据混凝土胶凝材料用量及混凝土工作性要求确定混合比例，对于泵送 C10～C60 等级混凝土，铁尾矿砂与河砂的推荐混合比例见表 3-45。

表 3-45　各强度等级下，尾矿砂代替河砂的比例

强度等级	C10	C15	C20	C25	C30	C35	C40	C45	C50	C55	C60
铁尾矿砂（%）	40	40	35	30	25	20	15		10	—	—
混合砂细度模数	2.4		2.5	2.6	2.7	2.8	2.9		3.0	3.1	

在使用铁尾矿砂的过程中应注意对天然砂质量的检测，根据天然砂的细度模数调整混合比例，在调整过程中，并注意调整砂率及外加剂掺量。

参考文献

[1] 王华生，赵慧如．混凝土工程便携手册［M］．北京：机械工业出版社，2001.
[2] 冯浩，朱清江．混凝土外加剂工程应用手册［M］．北京：中国建筑工业出版社，1999.
[3] 吴中伟，廉慧珍．高性能混凝土［M］．北京：中国铁道出版社，1999.

第四章　外　加　剂

在混凝土搅拌过程中掺入掺量小于胶凝材料质量的5%，用以改善混凝土性能的物质称为混凝土外加剂。外加剂的使用有效地解决了混凝土工作性能、强度、耐久性和体积稳定性方面的问题。它可以减少用水量和水泥用量、消耗工业废渣、提高混凝土工作性能、增加混凝土强度、提高混凝土耐久性，是现代混凝土生产中必不可少的组分。

外加剂品种众多、功能齐全，根据功能的不同主要分为：减水剂、缓凝剂、早强剂、引气剂、膨胀剂、阻锈剂、防水剂、防冻剂、速凝剂、保塑剂、泵送剂、减缩剂、增稠剂、保水剂等。

第一节　外加剂的品种

一、高效减水剂

美国混凝土协会将高效减水剂定义为在用水量不变时，能大幅度提高新拌混凝土坍落度，或者保持相同坍落度时、能大幅度减少用水量的外加剂。

减水剂分为普通减水剂和高效减水剂，普通减水剂包括：木质素磺酸盐类（如木质素磺酸钙、木质素磺酸钠、木质素磺酸镁及丹宁等）、多元醇类羟基羧酸盐类等；高效减水剂又分为传统减水剂和高性能减水剂，传统高效减水剂包括：萘系、氨基磺酸盐类、脂肪族类及其他；高性能高效减水剂包括：聚羧酸系。

目前，国内主要使用的减水剂系列是萘系高效减水剂、氨基磺酸盐高效减水剂、脂肪族高效减水剂和聚羧酸系高效减水剂，2014年聚羧酸减水剂的用量已经超过萘系减水剂。

减水剂的发明和应用是混凝土外加剂技术上一次重要的飞跃。它增大了混凝土的流动性，提高混凝土泵送施工的速度，高层建筑施工简单化。随着聚羧酸高性能减水剂的使用，混凝土的流动性得到进一步改善，坍落度可达到250mm以上，扩展度达到600mm以上，解决了部分特殊结构部位（一般为钢筋密集部位和构件凹入部分）难以振捣的难题；高效减水剂的应用，在保证混凝土坍落度不变的情况下，可以大幅度降低混凝土用水量，聚羧酸高性能减水剂的使用可使水胶比降至0.25以下，使高强混凝土或超高强混凝土配制成为现实；在保持原强度等级不变的条件下，减少水泥用量，节约成本。

（一）萘系高效减水剂

萘系高效减水剂：主要成分为萘磺酸甲醛缩合物钠盐，原材料为工业萘、工业浓硫酸、工业甲醛和工业氢氧化钠。根据其产品中Na_2SO_4含量的高低，可分为高浓型产品（Na_2SO_4含量<3%）、中浓型产品（Na_2SO_4含量3%～10%）和低浓型产品（Na_2SO_4含量>10%）。萘系减水剂掺量范围：粉体为水泥质量的0.5%～1.0%；溶液固含量一般38%～40%，掺量为水泥质量的1.5%～2.5%，减水率在18%～25%。萘系减水剂不引气，对凝结时间影响小，与葡萄糖酸钠、糖类、羟基羧酸及盐类、柠檬酸及无机缓凝剂进行复配，再加上适量的引气剂可以有效控制坍落度损失。低浓型萘系减水剂的缺点是硫酸钠含量大，温度低于15℃时，出现硫酸钠结晶现象。在冬季的使用过程中，为了克服萘系减水剂中的硫酸钠结晶，可以与脂肪族高效减水剂或氨基减水剂复合降低硫酸钠的含量。

（二）氨基磺酸系高效减水剂

氨基磺酸系高效减水剂是以氨基芳基磺酸盐、苯酚类和甲醛进行缩合的产物。氨基磺酸盐高效减水剂粉体掺量一般在0.4%～0.7%，减水率在25%～30%，混凝土坍落度损失小的优点，但是该类产品在生产和应用中也存在如下问题：(1) 对氨基苯磺酸和苯酚的价格偏高，直接导致产品成本偏高；(2) 苯酚和甲醛均为易挥发的有毒物质，生产工艺控制不好会对环境造成污染；(3) 保水性差，泌水严重，导致商品混凝土胶凝材料和砂石包裹不好，降低混凝土性能；(4) 对掺量敏感，若掺量过低，混凝土坍落度较小，若掺量过大，导致泌水严重，使得混凝土拌合物产生离析分层，底板混凝土结板，引起施工困难及混凝土质量下降。

（三）脂肪族高效减水剂

脂肪族高效减水剂又称为磺化丙酮甲醛缩聚物，主要原料为酮类、醛类、亚硫酸盐类、催化剂和水，它们之间按一定的摩尔比混合，在碱性条件下进行磺化、缩合反应。脂肪族高效减水剂的合成工艺易受反应体系的温度、体系的pH值、反应时间等条件的影响，所以合成工艺多变且复杂，很难判断哪种工艺最优。

脂肪族高效减水剂，固含量35%～40%，掺量1.5%～2.2%，减水率15%～25%，具有良好的分散效果和明显的增强特性，耐高温，保塑性好，减水率高，与水泥适应性好的特点。脂肪族高效减水剂可以广泛用于配制泵送剂、缓凝、早强、防冻、引气等各类复合型减水剂，且可以与萘系减水剂、氨基减水剂、聚羧酸减水剂复合使用。其主要缺点是在混凝土初凝前，表面会泌出一层黄浆，在混凝土凝结后，颜色会自然消除，不影响混凝土的内在和表面性能。针对其易泌水、染色，引起新拌混凝土颜色变化的缺点，可通过接枝适量的木质素磺酸盐或者以对氨基苯磺酸钠部分取代亚硫酸盐，对脂肪族高效减水剂进行改性[1]。

（四）聚羧酸系高效减水剂

聚羧酸系高性能减水剂是一系列具有特定分子结构和性能聚合物的总称，一般是将不同单体通过自由基反应聚合得到。聚羧酸减水剂的结构是线型主链连接多个支链的梳形共聚物，疏水性的分子主链段含有接酸基、磺酸基、氨基等亲水基团，侧链是亲水性的不同聚合度聚氧乙烯链段。

聚羧酸系高效减水剂的性能特征主要体现在：

(1) 掺量低：一般在0.15%～0.25%（折固量），仅为萘系一般掺量的1/4左右，聚羧酸的极限掺量在0.4%～0.5%（折固量）；

(2) 减水率高：一般在25%～30%，在接近极限掺量0.5%时，减水率可超过45%；

(3) 保坍性好：坍落度损失很小，2～3h内坍落度基本无损失，甚至出现“倒大”现象；

(4) 对混凝土的增强效果潜力大：各龄期的强度比均有较大幅度的提高（可达150%以上），早期抗压强度比提高更为显著；

(5) 混凝土低收缩：基本克服了传统高效减水剂增大混凝土收缩的缺点，聚羧酸减水剂的收缩较萘系减水剂低30%以上；

（6）具有一定的引气量：混凝土引气量平均值为3%～4%，混凝土的流动性、抗冻性和保水性均优于传统高效减水剂；

（7）总碱含量极低，降低了发生碱-骨料反应的可能性，提高混凝土耐久性；

（8）环境友好：在合成生产过程中不使用甲醛和其他任何有害原材料（如浓硫酸等），生产和使用过程中对人体无健康危害，对环境不会造成任何污染。

聚羧酸减水剂与其他减水剂也存在适应性的问题，它可以与木质素减水剂复配但不能与萘系和氨基磺酸盐高效减水剂复配；聚羧酸减水剂可以1∶4代替脂肪族减水剂复配使用，效果很好，在脂肪族减水剂合成的过程中，尤其对脂肪族减水剂的保塑效果明显。但因为聚羧酸减水剂合成工艺较多，复合使用前应先进行试验，再使用；聚羧酸减水剂对一些缓凝剂也存在不适应的问题，如柠檬酸钠容易促凝，三聚磷酸钠、焦磷酸钠容易沉淀。聚羧酸可以与葡萄糖酸钠、蔗糖、麦芽糊精、硼砂、硫酸锌等缓凝剂复合可以显著降低经时损失；可以与亚硝酸钠、硝酸钠、硝酸钙、三乙醇胺、乙二醇等防冻剂复合使用。

二、缓凝剂

缓凝剂是一种能延长混凝土凝结时间的外加剂，缓凝剂可以使混凝土在较长时间内保持塑性，减少混凝土坍落度损失，便于浇筑成型或延缓水化放热速率，减少因集中放热产生的温度应力引起的混凝土裂缝。

缓凝剂的掺量应根据生产厂家的推荐掺量和混凝土凝结时间试验确定。在混凝土生产时，缓凝剂的掺量应精确计量，避免计量不准或其他原因造成的超掺。如果缓凝剂超掺过多，一旦发现凝结时间差异，不可强拆模板。应及时加强覆盖和表面养护，避免长时间失水导致表面裂缝以及强度的永久性损失。对于初凝时间超过48h，因水泥水化受到影响，28d强度较正常凝结的混凝土最多可下降30%。因此，混凝土配合比设计时应充分考虑凝结时间过长对后期强度的影响，合理选择缓凝剂的掺量，以确保后期强度满足要求。

（一）缓凝剂性能与种类

在混凝土中使用的缓凝剂品种较多，按其化学成分可分为无机和有机两类。无机缓凝剂包括：硼砂、氯化锌、碳酸锌、铁、铜、锌、镉的硫酸盐，磷酸盐和偏磷酸盐等；有机缓凝剂包括：羟基羧酸及其盐，多元醇及其衍生物，糖类及碳水化合物。缓凝减水剂是兼具缓凝和减水功能的外加剂。主要品种有木质素磺酸盐类，糖蜜类及各种复合型缓凝减水剂等。

1. 无机盐类缓凝剂

最常用的无机盐类缓凝剂有磷酸盐、硼砂、氟硅酸钠等。

（1）磷酸盐、偏磷酸盐类缓凝剂

磷酸盐、偏磷酸盐是近年来应用较多的无机缓凝剂，主要使水泥中的C_3S缓凝。正磷酸的缓凝作用不大，但各种磷酸盐的缓凝作用却较强。磷酸盐与氢氧化钙反应在已生成的熟料相表面形成了“不溶性”的磷酸钙，阻碍了正常水化的进行。在相同掺量下，磷酸盐类缓凝剂中缓凝作用最强的是焦磷酸盐。缓凝作用由强至弱按以下排序：焦磷酸盐（$Na_4P_2O_7$）＞三聚磷酸钠（$Na_5P_3O_{10}$）＞四聚磷酸钠（$Na_6P_4O_{13}$）＞十水磷酸钠（$Na_3PO_4\cdot10H_2O$）＞磷酸氢二钠（$Na_2HPO_4\cdot2H_2O$）＞磷酸二氢钠（$NaH_2PO_4\cdot2H_2O$）＞正磷酸（H_3PO_4）。

三聚磷酸钠是使用较多的缓凝剂，其掺量在0.06%～0.1%。三聚磷酸钠在水中溶解度最初较大可达35g/100g水，称为瞬时溶解度，数日后溶解度反而降低至初始的1/2～1/3，因此有白色沉淀生成，是为最后溶解度。焦磷酸钠是白色粉末，对水泥水化热的延缓很强的磷酸盐，主要作用是使水泥中的C_3S缓凝，掺量一般不超过胶凝材料的0.08%。

(2) 硼砂（$Na_2B_4O_7 \cdot 10H_2O$）

硼砂为白色粉末状结晶物质，吸湿性强，在干燥的空气中易缓慢风化。易溶于水和甘油，其水溶液呈弱碱性，常用掺量为水泥用量的0.1%～0.2%。它的缓凝机理，主要是硼酸盐的分子与溶液中的钙离子形成络合物，抑制氢氧化钙结晶的析出。络合物以在水泥颗粒表面形成一层无定形的阻隔层，延缓水泥的水化与结晶析出。

(3) 氟硅酸钠（Na_2SiF_6）

氟硅酸钠为白色结晶，微溶于水，不溶于乙醇，有腐蚀性。主要用于耐酸混凝土，一般掺量为水泥用量的0.1%～0.2%。

(4) 其他无机缓凝剂

氯化锌、碳酸锌、铁、铜、锌、镉的硫酸盐也具有一定的缓凝作用。

锌盐有降低混凝土泌水作用，且不影响后期强度，但作为缓凝剂作用不够持久，很少单独使用，常与有机质缓凝剂复合后用于调节混凝土坍落度和凝结时间。硫酸锌和硝酸锌与葡萄糖酸钠复合使用掺量仅为0.02%效果就不错了，总之锌盐是葡萄糖酸钠掺量的25%～30%。但要注意二者复合使用时，不能再使用碳酸钠，否则会生成碳酸锌沉淀。如果某个锌盐与减水剂不适应，应调换另一种锌盐。

2. 有机物类缓凝剂

有机物类缓凝剂是较为广泛使用的缓凝剂，按其分子结构可分为羟基羧酸盐类、糖类及其化合物类、纤维素类、多元醇及其衍生物类。

(1) 羟基羧酸盐类缓凝剂

羟基羧酸盐类是一类纯化工产品，由于其分子结构上含有一定数量的羟基（—OH）和羧基（—COOH）而得名。其缓凝作用的机理：这些化合物的分子具有（—OH）、(—COOH)，它们具有很强的极性，由于吸附作用，被吸附在水化物的晶核（晶坯）上，阻碍了结晶继续生长，主要是对硫酸钙水化物结晶转化过程延缓和推迟。缓凝剂的掺量在0.05%～0.2%范围，掺量应根据温度和缓凝时间的来确定。

① 葡萄糖酸钠

葡萄糖酸钠为白色或淡黄色粉末，易溶于水，pH值8～9，缓凝性很强，主要抑制硅酸三钙的水化，并与磷酸盐系、硼酸盐、某些羟基羧酸盐缓凝剂有良好的协同作用，提高调凝效果。但葡萄糖酸钠与柠檬酸钠不能同时使用，葡萄糖酸钠多数情况下也不能与六偏磷酸钠混用，两者有交互作用，泌水增加了而且保持坍落度的效果反而下降了。葡萄糖酸钠的掺量一般为0.04%～0.08%，具有6%～8%的减水率。温度为20℃时，掺量每增加0.02%，凝结时间延长120～140min。温度对葡萄糖酸钠掺量的影响见表4-1。

表4-1 温度对葡萄糖酸钠掺量的影响

温度（℃）	5	10	20	30	35
掺量（%）	0～0.015	0.01～0.02	0.02～0.03	0.03～0.05	0.05～0.08

② 柠檬酸

柠檬酸是可溶于水的白色粉末或半透明结晶，水溶液呈弱酸性，水易变质发霉。柠檬酸钠能改善混凝土抗冻性能，作为缓凝剂使用时，掺量为0.02%～0.08%，在此范围内，掺量每增加0.02%，凝结时间延长60～80min。掺量超过0.2%时，缓凝作用显著，可缓凝2～9h，且易泌水、离析。掺量0.05%时混凝土28d强度仍有提高，继续加大掺量会影响强度。

(2) 糖类及其化合物类缓凝剂

糖类及其化合物类缓凝剂是各种糖——单糖和多糖，能与水泥中氢氧化钙成不稳定络合物抑制硅酸三钙水化而暂时地延缓水泥的水化进程。但不同的糖用量不一样效果也不一样，即使同是蔗糖，但形态不同效果也有差别，而且加入后一段时间拌合物会引起泌水。应用较多的单糖包括麦芽糖、蔗糖、葡萄糖、木糖等，大多含有5～8个碳原子。糖类化合物掺量在0.1%～0.3%范围，掺量超过4%会起促凝作用。

麦芽糊精又称水溶性糊精，是以谷类淀粉为原料，经酶化工艺、水解转化、提纯和干燥而成。麦芽糊精属于多糖类混凝土缓凝剂，外观为白色粉末，水溶性好。作为缓凝剂掺量一般为胶凝材料的0.04%～0.08%，多糖类用于混凝土和水泥缓凝剂的淀粉类的糊精以及改性淀粉（淀粉醚），多糖类糊精能耦合铝离子，抑制C_3A的水化速度，提高外加剂与水泥的适应性，并且由于黏性较大因此掺量大会引起拌合物泌水减小。麦芽糊精的掺量较低的条件下（0.01%～0.05%），对水泥早期强度明显提高。麦芽糊精与葡萄糖酸钠1∶3复合使用可以解决葡萄糖酸钠作为缓凝剂容易泌水的缺点。

(3) 多元醇及其衍生物类缓凝剂

多元醇及其衍生物类缓凝剂，如丙三醇（甘油）、聚乙烯醇、山梨醇、甘露等，其中丙三醇可以缓凝到全部停止水化。缓凝作用较为稳定，特别在使用温度变化时有较好稳定性。它的缓凝作用同样是因为极性基团的吸附作用导致水化受阻。多元醇类缓凝剂掺量在0.05%～0.2%范围。

(4) 纤维素类缓凝剂

纤维素类缓凝剂包括甲基纤维素、羧甲基纤维素等主要用于增稠、保水，同时具有缓凝作用，掺量一般较低，在0.1%以下。

（二）缓凝型减水剂

缓凝减水剂是指同时具有缓凝与减水作用的外加剂。缓凝减水剂主要品种有糖钙、木钙、木钠。

糖钙减水剂是制糖工业的副产品——废蜜经与石灰乳化制成的产品。糖钙减水剂同时具有减水作用，减水率在5%～7%左右，属非引气型，掺量范围在0.1%～0.3%。可以与减水剂、引气剂等复合使用。除延长混凝土的凝结时间外，还能抑制坍落度损失。糖钙减水剂掺量较小，价格便宜，在改进生产工艺后水溶性提高，沉淀减少。

糖钙减水剂和木钙减水剂一样，在使用硬石膏及氟石膏为调凝剂时会发生假凝现象及坍落度损失快。这主要是因为糖钙降低了石膏的溶解度，促使了铝酸三钙的急速水化而假凝，即使达不到假凝程度也会大大降低浆体的流动性，造成坍落度损失。

三、早强剂

混凝土早强剂是指能提高混凝土早期强度，并且对后期强度无显著影响的外加剂。早强剂的主要作用在于加速水泥水化速度，促进混凝土早期强度的发展。

根据电解质盐类对水泥—水体系凝结过程的影响规律和难容电解质的溶度积规则，高的阳离子对水泥的凝聚和水化有促进作用，而阴离子中 SO_4^{2-}、OH^-、Cl^-、Br^-、I^-、NO^{3-} 等对水泥的凝聚和水化有促进作用，这些离子组成的盐（或碱）可以作为混凝土的早强剂。

早强剂主要有以下几种：

1. 氯化物类早强剂

（1）氯化钙

$CaCl_2$（无水氯化钙）的分子量为 110.99，易吸水，工业氯化钙常含有两个结晶水，易溶于水。氯化钙作为混凝土的早强剂使用，其最重要的用途是缩短混凝土的初、终凝时间及加速混凝土早期强度的增长。在冬季寒冷天气施工，掺加适量氯化钙可以缩短混凝土的养护时间，提前拆模，加快预构件场地的周转，在现浇工程中，加快施工速度。随着氯化钙掺量的增加，水泥凝结时间缩短。当氯化钙掺量过大时，混凝土凝结时间很短，甚至出现速凝现象，对混凝土后期强度产生较大的负面影响，而且氯离子对混凝土抗钢筋锈蚀性危害很大。

掺加氯化钙的混凝土在常温养护条件下强度发展较快，但在低温情况下其强度增长的百分率更高。不仅能促进混凝土强度的发展而且能降低混凝土孔溶液的冰点，其早期强度会有明显增加，但增加的幅度受水泥品种、细度掺合料种类及掺量的不同而有差异。

（2）氯化钠

氯化钠（NaCl）的分子量为 58.45，工业氯化钠为白色立方晶体，纯度为 96.97%。混凝土中掺加一定量的氯化钠，能够起到降低浆液中水的冰点的作用，并加速水泥水化和混凝土强度的增长。

（3）其他氯化物

混凝土早强剂使用的氯化物盐类，还有氯化钾、氯化锂、氯化铁和氯化铝等。

氯化钾为白色晶体，氯化钾的作用和用法与氯化钠相同，不过其效果比氯化钠好。

氯化锂常以含有一个结晶水的状态存在，即 $LiCl \cdot H_2O$，具有吸湿性，氯化锂作为混凝土早强剂，常与 $NaNO_2$ 复合使用。

氯化铁在混凝土中不仅起到早强作用，而且具有保水、密实和降低冰点的综合作用。

氯化铝为黄色粉末，单独掺加氯化铝对水泥水化有显著的促进作用，但是混凝土的后期强度有一定的降低。

2. 硫酸盐早强剂

碱金属的硫酸盐都有一定的促凝早强作用，对凝结时间的影响则一般与其掺量有关，例如硫酸钙在掺量较少对水泥起缓凝作用，但掺量较大时具有明显的促凝作用；铁、铜、锌、铅的硫酸盐因在水泥离子表面形成难溶性薄膜而具有缓凝性，一般不提高早期强度。水泥矿物中的 SO_4^{2-} 与高效减水剂分子中的 SO^{3-} 具有相似的性质，都会与铝酸盐相反应，当然 SO_4^{2-} 比高效减水剂更容易反应。常用的硫酸盐早强剂为硫酸钠、硫酸钾和硫酸钙。

（1）硫酸钠

无水硫酸钠俗称元明粉，白色或淡黄色粉状物，含有十个结晶水的硫酸钠（$Na_2SO_4 \cdot 10H_2O$）又叫芒硝，为白色晶体。

在水泥水化过程中，硫酸钠能较快地与硅酸盐水化产物 $Ca(OH)_2$ 作用，生成硫酸钙（石膏）和氢氧化钙，生成的氢氧化钠能使水泥中的石膏及铝酸三钙溶解度提高，从而加快硫铝酸钙的生成，提高混凝土早期强度。硫酸钠具有比水泥粉磨时掺入的石膏更大的细度，其与水泥中铝酸钙的反应速度也快得多，因此大量形成钙矾石。水泥中掺入硫酸钠早强剂的化学反应式为：

$$Na_2SO_4 + Ca(OH)_2 + 2H_2O \longrightarrow CaSO_4 \cdot 2H_2O + 2NaOH$$

$$3CaSO_4 \cdot 2H_2O + 3CaO \cdot Al_2O_3 + 26H_2O \longrightarrow 3CaO \cdot Al_2O_3 \cdot 3CaSO_4 \cdot 32H_2O$$

AFt（$3CaO \cdot Al_2O_3 \cdot 3CaSO_4 \cdot 32H_2O$）的大量形成必然消耗了许多氢氧化钙，使整个液相 Ca^{2+} 的浓度降低，导致 C_3S 包裹层内外存在较大的浓度差，渗透压增大，致使包裹层破裂，大大加速 C_3S 矿物的早期水化。

掺加硫酸钠的结果是在早期就使水泥石中大量钙矾石晶体相互交叉连锁、搭接，C-S-H 凝胶填充于其间，提高混凝土早期强度。如果硫酸钠掺量过大时，由于早期形成的钙矾石晶体太多，因钙矾石晶体长大产生很大的结晶压（膨胀力），会使水泥石结构遭到破坏，混凝土强度反而会下降。对于蒸养混凝土，硫酸钠的掺量要比自然条件下的小一些，因为其受钙矾石膨胀危害要大一些。

硫酸钠对于矿渣粉水泥和火山灰水泥的早强作用优于硅酸盐水泥或普通硅酸盐水泥的效果，原因可能是反应产生氢氧化钙能激发矿渣粉的火山灰活性。

采用硫酸钠早强剂时，应避免其结块，一旦发现受潮结块，应将硫酸钠仔细过筛，防止团块掺入，并适当延长搅拌时间。如果硫酸钠以水溶液的形式掺加，应注意温度对溶解度的影响。

（2）硫酸钾

硫酸钾呈白色晶体，硫酸钾对水泥水化所起的促进作用其机理与硫酸钠有所不同，硫酸钠在水泥水化过程中易形成不溶性的复盐 $K_2Ca(SO_4)_2 \cdot H_2O$（钾石膏），这是一种纤维状的结晶物，对提高混凝土的早期强度有利，硫酸钾的掺量为 0.5%～3.0%。

（3）硫酸钙

硫酸钙又称石膏，石膏有二水石膏（$CaSO_4 \cdot 2H_2O$）、无水石膏（$CaSO_4$）和半水石膏 $\left(CaSO_4 \cdot \frac{1}{2}H_2O\right)$。二水石膏俗称软石膏，白色晶体，无水石膏和半水石膏也呈白色晶体。在水泥生产过程中，为调节其凝结时间，已经加了一定量的石膏（3%～4%），如果拌合混凝土时再掺加石膏，则掺量少起缓凝作用，而掺量大时（比如大于 1%），大量的硫酸钙与水泥中铝酸钙反应形成钙矾石晶体，则水泥的凝结时间缩短。

石膏（$CaSO_4$）在水泥中主要起到调节水泥凝结时间的作用，但部分缓凝剂的加入会对石膏产生一定的影响，大致有以下三类缓凝剂：① 分子量大的物质，其作用如胶体保护剂，降低了半水石膏的溶解速度，阻止了晶核的发展。如骨胶、蛋白胶、淀粉渣、糖蜜渣、畜产品水解物、氨基酸与甲醇的化合物、单宁酸等。② 降低石膏溶解度的物质，如丙三醇、乙醇、糖、柠檬酸及其盐类、硼酸、乳酸及其盐类等。③ 改变石膏结晶结构的物质，如醋酸钙、碳酸钠、磷酸盐等。

硫酸盐早强剂对水泥的影响比较复杂，因此使用硫酸盐早强剂的要注意以下几个方面：① 选用合适的掺量。硫酸盐的掺量不同，对水泥混凝土的凝结时间的影响也有很大的差别。当水泥中的 C_3A 含量比较高和 C_3A 与石膏的比例较大时，掺加少量的硫酸盐会对水泥的凝结硬化起延缓作用，而掺量较大则起到明显加速水化硬化的作用。② 注意对水泥的适应性。

尽管硫酸盐对纯硅酸盐水泥有较好的早强作用，但比起硅酸盐水泥来，则它对矿渣粉水泥和火山灰水泥具有更好的早强效果，其原因是硫酸盐能够激发水泥混合材中玻璃体的潜在活性。所以，对于矿渣粉水泥和火山灰水泥，选择硫酸盐早强剂或复合有硫酸盐的早强减水剂更加有效果。③ 注意硫酸盐早强剂对水泥混凝土长期性能的影响。硫酸盐尽管能促使水泥水化过程中，大量形成钙矾石，提高其早期强度，但如果水泥石已经建立稳定的结构，再继续大量形成钙矾石，则钙矾石结晶长大产生的结晶压力将有可能破坏水泥石结构，导致强度下降甚至结构开裂等不良后果，所以作为早强剂使用的硫酸盐掺量不能过高。④ 防止混凝土表面起霜。混凝土内常含有可溶性的盐、碱离子（Na^{+}、K^{+}、Ca^{2+}、OH^{-}、Cl^{-}、$SO_4{}^{2-}$等），当混凝土内部水分向外蒸发时，便将这些可溶性的离子携带到混凝土表面，水分蒸发，而这些离子被留在表面沉淀下来，有些可能被后来的雨水冲掉，有些可能与空气中的二氧化碳作用形成难溶性盐，无法除去，这种白色沉淀像冬日形成的霜一样，因此，通常将这种现象称为："起霜"或"白华"。

3. 硝酸盐和亚硝酸盐

掺加碱金属或碱土金属的硝酸盐和亚硝酸盐均对水泥水化过程起促进作用。这些盐类不仅能作为混凝土的早强组分，而且可以作为混凝土防冻剂的组分使用。亚硝酸钠的掺入可以防止混凝土内部钢筋的锈蚀，其原因是可以促使钢筋表面形成致密的保护膜，所以氯盐早强剂或氯盐防冻剂中复合有亚硝酸钠组分。

4. 碳酸盐类早强剂

碳酸钠、碳酸钾均可作为混凝土的早强剂及促凝剂。碳酸钠与水泥浆体中石膏反应，生成不溶的碳酸钙沉淀，从而破坏了石膏的缓凝作用（$Na_2CO_3 + CaSO_4 \longrightarrow CaCO_3\downarrow + 2Na_2SO_4$）。单一使用碳酸钾作为早强剂时，不仅掺量大且强度损失也大。因为过掺将使其与水泥中的C_3A作用生成疏松结构的水化碳酸铝钙，它又与水化产物氢氧化钙作用生成水化碳酸钙。其在正温下分解而破坏水泥结构，致使强度倒缩。碳酸钾能使混凝土速凝，并能提高混凝土在负温条件下的早期强度。近年研究表明，与高效减水剂、缓凝剂和引气剂复合使用可以减少碳酸钾的掺量，克服对混凝土后期强度的倒缩、抗冻融循环降低的缺点

在冬季施工中使用具有明显加快混凝土凝结时间及提高混凝土负温强度增长率。并且碳酸盐由于能改变混凝土内部孔结构的分布、减小混凝土总孔隙率，而使混凝土在掺入碳酸盐后抗渗性能有所提高。

5. 有机化合物早强剂

三乙醇胺（TEA）是最常用的有机化合物早强剂，分子式为［$N(C_2H_4OH)_3$］，分子量为149.19。三乙醇胺为橙黄色透明液体，易溶于水，密度为1.122～1.130g/cm^3。三乙醇胺是一种表面活性剂，掺入混凝土中，它的作用机理是能促进C_3A的水化，在C_3A—$CaSO_4$—H_2O体系中，它能加快钙矾石的形成，因而对混凝土早期强度发展有利。同时三乙醇胺影响水泥水化的进程，它存在两个临界掺量0.02%和0.15%：当掺量小于0.02%时，水泥浆体凝结时间随其掺量的增大而迅速缩短；在若其掺量在0.04%～0.08%之间，水泥浆体凝结时间基本保持不变；大于0.10%时，水泥浆体凝结时间开始增长；在0.15%时甚至出现较强的缓凝，并且引气现象十分严重，这对强度不利；但超过0.15%时则出现快凝现象。

三乙醇胺对水泥具有增溶作用，它可促进C_3A的水化，也可以与溶液中铁、铝离子形

成络合物，从而促进铝酸三钙（C_3A）、铁铝酸三钙（C_4AF）的水化生成钙矾石（AFt）。通常认为三乙醇胺对硅酸三钙（C_3S）的水化略有延缓作用，并可以加速硫酸盐的消耗及AFt向单硫型水化硫铝酸钙（AFm）的转化。

三乙醇胺常与氯盐早强剂复合使用，早强效果更佳。常用的有机化合物早强剂还有甲酸钙、乙酸钙和乙酸钠。

6. 复合早强剂

为了克服单一早强剂存在的不足，发挥各自的特点，通常将三乙醇胺、硫酸钠、氯化钙、氯化钠、石膏及其他外加剂复配组成复合早强剂，有时产生叠加效应，使效果大大改善。

常用的配方有：

三乙醇胺0.02%～0.05%＋氯化钠0.5%；

三乙醇胺0.02%～0.05%＋氯化钠0.3%～0.5%＋亚硝酸钠1%～2%；

三乙醇胺0.02%～0.05%＋生石膏2%＋亚硝酸钠1%～2%；

硫酸钠1%～1.5%＋亚硝酸钠1%～3%＋氯化钙0.3%～0.5%＋氯化钠0.3%～0.5%；

硫酸钠0.5%～1.5%＋氯化钠0.3%～0.5%；

硫酸钠1%～1.5%＋亚硝酸钠1%；

硫酸钠0.5%～1.5%＋三乙醇胺0.05%；

硫酸钠1%～1.5%＋三乙醇胺0.03%～0.05%＋石膏2%；

氯化钙0.3%～0.5%＋亚硝酸钠1%。

三乙醇胺复合其他早强剂是非常典型的例子，现在也有资料介绍三乙醇胺与硫氰酸钠、硫代硫酸钠与硫氰酸钠复合使用，而且硫氰酸钠的促凝效果也远胜过三乙醇胺。但硫氰酸钠一般不与氯化钠复合使用，这样会加剧氯化钠的锈蚀性。

四、引气剂

引气剂是指能使混凝土在拌合过程中引入大量微小、封闭而稳定气泡的外加剂。引气剂掺量非常小，却能使混凝土在搅拌过程中引气而大幅度改善混凝土抗冻融循环方面的耐久性，应用在道路、桥梁、大坝和港工等方面，大大提高了其使用寿命，因此，它是一种非常重要的外加剂。

（一）种类

引气剂类型按化学成分可分为：脂肪酸盐类、松香树脂酸类、皂甙类、合成洗涤剂类和木质素磺酸盐类。

（1）脂肪酸盐类。此类引气剂如脂肪醇硫酸钠，水溶性强且泡沫力和泡沫稳定性较好，掺量为0.005%～0.02%，含气量2%～5%，减水率为7%，但混凝土强度下降15%。商品名称为OP—8、OP—9和OP—10。

（2）松香树脂酸类。此类引气剂主要包括松香热聚物、松香酸钠、改性松香酸盐等。松香酸钠引气剂为黑色黏稠体，掺量为0.003%～0.02%，减水率约为10%，改性松香酸盐为粉状，溶解性和引气性都较好，是我国目前采用最广泛的引气剂，引气量为3.5%～6%。

（3）皂甙类。该引气剂是黄士元教授研制开发的一种非离子型引气剂，从多年乔木皂角树或油茶籽中提取，经改性而成的天然原料产品。主要成分是三萜皂甙，为浅棕色粉末，有刺鼻气味，其特点是：① 易溶于水，起泡性强，起始泡沫高度>180mm，泡沫壁较厚且富有弹性，泡沫细腻稳定性好（起泡平均孔径小于 200μm）；② 对酸、碱和硬水有较强的化学稳定性，与其他外加剂有良好的相容性，可直接在聚羧酸减水剂中使用；③ 减水率为 6%；④ 掺量为 0.005%～0.05%，引气量为 1.5%～4.0%。

（4）合成洗涤剂类。此类（如烷基磺酸盐、烷基苯磺酸盐类）为白色粉末，水溶性好，易起泡，但起泡稳定性差，且起泡孔径较大，一般不采用此类引气剂。

（5）木质素磺酸盐。木钙、木钠、木镁也能在混凝土中引气，但气泡孔径大，提高混凝土抗冻效果远小于上述各类引气剂，且掺量稍大，造成混凝土缓凝和强度大幅度下降，一般不作为引气剂单独使用。

（二）引气剂对混凝土性能的影响

掺加引气剂可以使混凝土在搅拌过程中引入大量微小、封闭、分布均匀的极性气泡，这对改善混凝土和易性和提高混凝土耐久性都十分有利，也具有一定的减水效果。但应注意的是，有些引气剂，对混凝土强度的负面影响较大，所以应严格控制混凝土的含气量。掺加引气减水剂则可以同时达到引气和减水的效果。

1. 对混凝土和易性的影响

掺加引气剂或引气减水剂在混凝土中引入大量微小且独立的气泡，这种球状气泡如滚珠一样使混凝土和易性得到较大改善。这种作用尤其在骨料粒形不好的碎石或人工砂混凝土中更为显著。掺加引气剂或引气减水剂对新拌混凝土和易性的改善主要表现在坍落度的增加、泌水离析现象的减少等。

（1）对混凝土坍落度的影响。在保持水泥用量和水胶比不变的情况下，在混凝土中掺加引气剂，由于混凝土含气量的增加，相应增加混凝土的坍落度。掺加引气减水剂由于有引气和塑化双重作用，所以混凝土坍落度大幅度增加。在水胶比不变的情况下，随着含气量增加，坍落度增加。相当于每增加含气量 1%，混凝土坍落度可提高 10mm。

（2）减水作用。如果保持坍落度不变，则在混凝土内部引气后可以减少水胶比，所以，可以认为，掺加引气剂也有助于减水。一般而言，混凝土含气量每增加 1%，在保持相同坍落度的情况下，水胶比可以减小 2%～4%（单位用水量减少 4～6kg），一般引气剂的减水率可达 7%～9%，当引气剂与不引气的减水剂复合后，由于叠加作用可使减水率达 12%～15%[2]。尽管引气剂的减水作用有助于弥补引气对强度的影响，但混凝土的含气量不能过高，否则强度会下降。

（3）对混凝土泌水、沉降的影响。由于引气剂或引气减水剂的掺加，对减少混凝土的泌水、沉降现象效果十分显著。

Kreijger[3]通过试验，提出了相对泌水速度与外加剂浓度的关系式。对于 $W/C=0.5$ 的水泥浆，掺加阴离子型减水剂，相对泌水速率为：

$$Q_1/Q=1-10x$$

而对掺加阴离子型引气剂或非离子型减水剂者，相对泌水速度为：

$$Q_1/Q=1-4x$$

式中 Q_1/Q——相对泌水速度；

Q_1——不掺外加剂的水泥浆的泌水速度；

Q——掺外加剂的水泥浆的泌水速度；

x——外加剂浓度。

使用相同浓度的外加剂时，由水泥浆的泌水速度可以计算混凝土的泌水速度。泌水和沉降的程度如何，与混凝土中水泥浆的黏度有密切关系，而水泥浆的黏度又与其微粒对引气剂的吸附及气泡在粒子表面的附着情况有关。由于大量微小气泡的存在，使整个浆体体系的表面积增大，黏度提高，必然导致泌水和沉降的减少。另外，大量微小气泡的存在和相对稳定，实际上相当于阻碍混凝土内部水分向表面迁移，堵塞泌水通道。再者，由于吸附作用，气泡和水泥颗粒、骨料表面都带有相同电荷，这样一来，气泡、水泥颗粒以及骨料之间处于相对的“悬浮”状态，阻止重颗粒沉降，也有利于减少泌水和沉降。

因掺加引气剂所带来的减少沉降和泌水效果，极大地改善了混凝土的均匀性，骨料下方形成水囊的可能性减少。另外，复合掺加引气减水剂也是配制大流动度混凝土、自密实混凝土的技术保证之一。

2. 对混凝土凝结硬化的影响

由于引气剂的掺量非常小（0.001%～0.2%），掺加引气剂的混凝土其凝结时间与不掺的相当，引气剂的掺加对水泥水化热的影响也不大。

3. 对硬化混凝土性能的影响

掺加引气剂对混凝土的力学性能和耐久性均有较大的影响，具体如下：

（1）对混凝土强度的影响。在混凝土单位用水量和坍落度不变的情况下，由于掺入引气剂或引气减水剂，一方面，可以增加混凝土的含气量，另一方面，可减少混凝土的单位用水量，即降低水胶比，因而会对其强度产生影响。

从减水的结果来讲，混凝土强度会提高，但从引气的角度来讲，混凝土的强度一般是下降的（多数情况如此）。因此，掺加引气剂或引气减水剂对混凝土强度影响是两种作用的综合结果。

冈田—西林[3]的经验公式就是对掺加减水剂的混凝土的强度与减水率和含气量之间关系的较好描述。该公式假定混凝土的水胶比（W/C）每降低0.01，抗压强度增加2～3MPa，而混凝土内的含气量每增加1%，抗压强度降低5%，具体如下：

$$R=R_0(1-0.05\Delta A+\alpha\Delta W/C)$$

式中 R——掺加减水剂混凝土的抗压强度，MPa；

R_0——基准混凝土（未掺加减水剂混凝土）的抗压强度，MPa；

ΔA——混凝土中因掺加减水剂而增加的含气量（掺减水剂混凝土的含气量与基准混凝土含气量之差）；

$\Delta W/C$——混凝土中因掺加减水剂而减低的水胶比（掺减水剂混凝土的水胶比与基准混凝土水胶比之差）；

α——减水剂增强系数，受减水剂品种、掺量、混凝土水胶比、养护龄期等影响一般取2～3。

一般在水泥用量和坍落度不变的情况下，含气量每增加1%，28d抗压强度降低2%～3%；若保持水胶比不变，则含气量每增加1%，28d抗压强度降低5%～6%。掺加引气减水剂，由于减水率较大，混凝土的强度可以不降低或若有升高。

（2）对干缩的影响。掺加引气剂或引气减水剂对干缩的影响情况是这样的：引气作用会使干缩增大，而减水作用又会使干缩减小，实际上是两者的综合作用。一般掺加引气剂后，混凝土的干缩会增加，但增加不多，而掺加引气减水剂的混凝土，由于减水率较大，其干缩与不掺基本相当。

（3）对抗渗的影响。由于掺加引气剂或引气减水剂，使得混凝土用水量减少，泌水沉降降低，也即硬化浆体中大毛细孔减少，骨料浆体界面结构改善，泌水通道、沉降裂纹减少，另外，引入的气泡占据了混凝土中的自由空间，破坏了毛细管的连通性，这些作用都将会提高混凝土的抗渗透性。

（4）对混凝土抗冻性的影响。在混凝土中添加引气剂可以获得良好的抗冻性（图 4-1），在这种条件下，含气量的增加会导致混凝土强度降低，这一点可以通过降低水胶比补偿强度损失。为保证混凝土具有良好的耐久性，引气剂的引气量应有一个最佳值（图 4-2），含气量较高会使混凝土强度降低，进而影响到耐久性，含气量较低混凝土耐久性也受到影响。

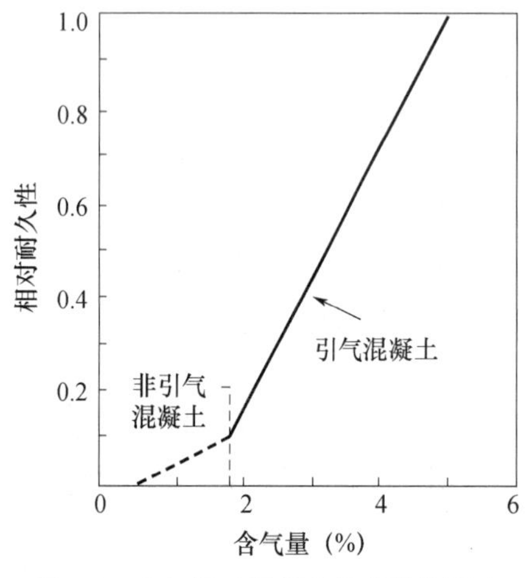

图 4-1　含气量对混凝土抗冻性的影响

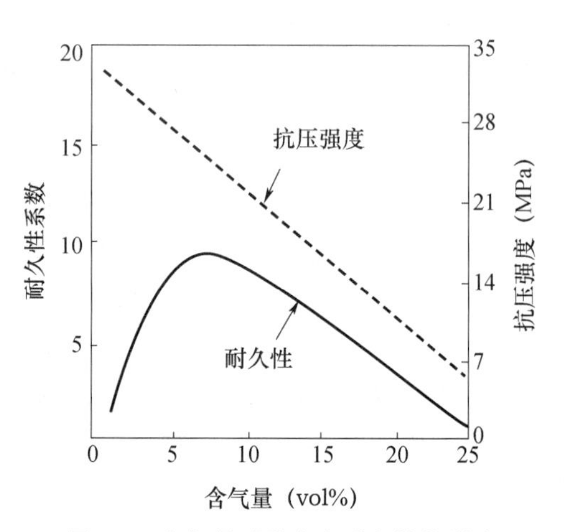

图 4-2　含气量对强度和耐久性的影响

（三）影响引气量的因素

掺入引气剂或引气减水剂改善混凝土性能的效果如何，不仅与混凝土的含气量有关，还与所引入的气泡大小、结构等因素有关。就引气剂的引气效果来讲，也受到诸多因素的影响，如引气剂的掺量、水泥的品种及用量、掺合料的掺量和品种、骨料、搅拌方式和时间、停放时间、环境温度、振捣方法和时间等。

（1）引气剂掺量。在推荐掺量范围内，混凝土的含气量随引气剂的掺量增大而增大。对于某种混凝土来说，要引入一定量的气泡还应考虑水泥用量、混凝土配合比等其他因素，最好通过试验确定其最佳掺量。

（2）水泥的品种和用量。掺引气剂混凝土含气量与水泥品种及用量有关。试验表明，引气剂掺量相同时，硅酸盐水泥所配制的混凝土的含气量高于用火山灰水泥或粉煤灰水泥所配制的混凝土，而低于用矿渣粉水泥所配制的混凝土的含气量。这是因为火山灰、粉煤灰对引气剂的吸附作用很强，而矿渣粉混凝土的引气剂掺量应低一些。

在引气剂掺量相同时，随着水泥用量的增加，含气量减小。所以，对于粉煤灰水泥和火山灰水泥所配制的混凝土，如果要达到相同的引气量，掺加的引气剂要高于硅酸盐水泥，而矿渣粉水泥混凝土的引气剂掺量应低一些。

（3）掺合料的品种和用量。掺合料品种和用量对引气剂的引气效果也有很大的影响，粉煤灰、沸石粉和硅灰，由于对引气剂的吸附作用较强，替代部分水泥后，将减小引气剂的引气效果，且随着替代量的增大，混凝土含气量减小。所以对掺加这几种掺合料的混凝土，应适当增加引气剂的掺量。试验表明，要引入相同的空气含量，对于掺硅灰的混凝土，其引气剂掺量要较纯水泥混凝土增加25%～75%。

（4）骨料。在混凝土配合比和引气剂掺量相同时，粗骨料最大粒径增大，混凝土的含气量趋于减小，卵石混凝土的含气量一般大于碎石混凝土。

对于细骨料，当其中0.15～0.6mm粒径范围的砂子所占的比例增大时，引气剂的引气效果增强；小于0.15mm或大于0.6mm的砂子比例增加时，混凝土含气量减小。

当需要引入相同空气时，采用人工砂作为细骨料所配制的混凝土的引气剂掺量通常要比天然砂混凝土高出一倍多。

在混凝土骨灰比、水胶比相同时，掺加引气剂的效果随着砂率的提高而增大。

（5）混凝土配合物的温度。环境温度不仅影响混凝土原材料的温度，而且影响混凝土拌合物的温度。混凝土拌合物温度每升高10℃，混凝土的含气量约减小20%。

（6）混凝土拌合物的停放时间。混凝土拌合物制备后，若长时间运输或停放，将导致含气量减小，但是掺加几种不同种类的引气剂的混凝土，其含泥量随时间减小的程度是不同的，也即含气量的经时损失率不同。

五、膨胀剂

混凝土膨胀剂是与水泥、水拌合后，经水化反应生成钙矾石或氢氧化钙，并使混凝土产生膨胀的混凝土外加剂。使用膨胀剂的目的在于：① 提高混凝土抗裂化能力，减少并防止裂缝的出现；② 阻塞混凝土毛细孔渗水，提高抗渗等级；③ 使超长钢筋混凝土结构保持连续性，满足建筑设计要求；④ 不设后浇带以加快工程进度，防止后浇带处理不好引起地下室渗水。

混凝土工程可以采用下列膨胀剂：① 硫铝酸钙类；② 硫铝酸钙-氧化钙类；③ 氧化钙类。

目前膨胀剂主要是掺入硅酸盐类水泥中使用，用于配制补偿收缩混凝土或自应力混凝土。表4-2是其常见的一些用途。

表4-2　膨胀剂的一些常见用途

混凝土种类	常见用途
补偿收缩混凝土	地下、水中、海水中、隧道等构筑物；大体积混凝土（除大坝外）；配筋路面和板；屋面与厕浴间防水；构件补强、渗漏修补；预应力混凝土；回填槽、结构后浇带、隧洞堵头、钢管与隧道之间的填充；机械设备灌浆、地脚螺栓的固定、梁柱接头、加固等
自应力混凝土	自应力钢筋混凝土输水管、灌注桩等

根据膨胀剂的品种、特性及对混凝土性能的影响规律，膨胀剂在使用中应注意以下几个方面：

（1）胶凝材料不能太低。掺膨胀剂混凝土胶凝材料过低，一方面不能满足混凝土和易性的要求，另一方面不能有效发挥膨胀剂作用和补偿收缩的作用。掺膨胀剂混凝土胶凝材料最少用量见表 4-3。

表 4-3 掺膨胀剂混凝土胶凝材料最少用量

膨胀混凝土种类	胶凝材料最少用量（kg/m^3）
补偿收缩混凝土	300
填充用膨胀混凝土	350
自应力混凝土	500

（2）水泥用量。用于有抗渗要求的补偿收缩混凝土，水泥用量应不小于 $320kg/m^3$，当掺入矿物掺合料时，水泥用量不小于 $280kg/m^3$。

（3）水胶比。水胶比不宜大于 0.5，水胶比过大，一方面会使混凝土抗压强度过低，另一方面也不利于抗渗性和耐久性。

（4）膨胀剂掺量。对于硫铝酸盐类膨胀剂，在补偿收缩混凝土中掺量不宜大于 12%，但不小于 6%。填充用膨胀混凝土掺量不宜大于 15%，不宜小于 10%。

（5）搅拌时间。粉状膨胀剂应与混凝土其他原材料一起投入搅拌机，搅拌时间延长 30s。

（6）养护。掺膨胀剂的混凝土养护不当更易产生裂缝，只有加强湿养护，才能实现膨胀和补偿收缩，预防裂缝的目的。对于大体积混凝土和大面积混凝土，表面抹压后用塑料薄膜覆盖，混凝土硬化后，宜采用蓄水养护、喷雾养护、喷洒养护剂或用湿麻袋覆盖，以保持表面潮湿，养护时间不应少于 14d；对于墙体等不宜保水的结构，宜从顶部水管喷淋，拆模时间不宜少于 3d，拆模后宜用湿麻袋紧贴墙体覆盖，并浇水养护或采用喷洒养护剂的方法，保持混凝土内部潮湿，养护时间不少于 14d；冬期施工，混凝土浇筑后，应立即用塑料薄膜和保温材料覆盖，养护期不应少于 14d，带模板养护不应少于 7d，拆模后仍应洒水养护，直到 14d。

六、商品混凝土应用外加剂中的认识误区

（一）关于减水率的认识误区

（1）减水率越高，掺量越低越好。减水剂是一种在混凝土搅拌前或搅拌过程中加入，能减少或大幅度减少混凝土拌合用水的外加剂。混凝土中掺入减水剂后可有效改善混凝土和易性、流动性，混凝土结构改善，强度提高，在保持混凝土强度不变时也可节约大量水泥。看到减水剂能提高强度，并有大量节约水泥的重大作用，搅拌站技术人员误认为配制商品混凝土使用减水剂时，减水率越高越好，甚至在配制低强度混凝土时也要求较高的减水率。在配制强度等级较低（如 C20）时，如果采用较高的减水率，造成混凝土用水量大幅度降低，再加上本身胶凝材料减少，很容易造成混凝土泌水、离析，拌合物状态较差，影响了混凝土匀质性，并给混凝土质量带来不利影响。

有搅拌站技术人员认为减水剂掺量越低越好，较低的掺量给生产及质量控制带来很大的困难。减水剂掺量低，减水率高，在混凝土生产时对用水量十分敏感，用水量较小的变化都会引起坍落度的大幅度变化。砂石的含水量变化及计量的误差都给生产控制带来困难。

（2）萘系减水剂高浓性产品好于低浓性产品，这是很不正确的。两种产品的区别只是产品中硫酸钠含量，一般高浓产品硫酸钠含量为 3%～5%，而低浓型产品硫酸钠含量为

18%～20%，表面看，高浓产品，萘磺酸甲醛缩合物有效含量高于低浓产品，但是由于水泥中 C_3A 对减水剂的吸附量较大，高浓产品中被 C_3A 吸附量也大，余下部分才能对水泥中含量最大矿物成分 C_3S 等起分散作用，而低浓产品中的硫酸盐会被 C_3A 优先大量吸附，余下的有效成分对水泥中其他矿物成分的分散作用仍可与高浓产品相近。

（3）一些高效减水剂存在泌水或色观问题，认为不适合在商品混凝土中使用。如脂肪族类高效减水剂，由于该产品减水率高且缺少保水成分，可能影响混凝土的保水性，使混凝土产生泌水离析，但通过同掺一定量的引气剂或一些具有保水功能的成分完全可以避免。由于该产品在碱性条件下合成，多显红色或深红色，加入混凝土中如产生泌水，混凝土表面会出现一层黄色水液。混凝土凝结后，一次浇水养护后，就会没有黄色水液渗出，不会影响到混凝土的外观。

（4）聚羧酸系减水剂的性能优于萘系。聚羧酸系减水剂在应用之初就打着高于萘系的旗号，过多地强调了其优点，而忽略缺点。其实每一种材料都是优点和缺点同时存在的。聚羧酸系减水剂针对较高强度等级混凝土（水胶比小于 0.40，总胶凝材料 450kg/m^3）的优势较为明显，在 C35 以下的强度等级并无优势。另外，聚羧酸系减水剂对骨料的含泥量敏感程度高于萘系，应避免使用含泥量较大的砂石，并注意控制原材料的质量的稳定性。

（二）解决坍落度损失的唯一途径是增加缓凝剂的用量

商品混凝土加水搅拌后，随着时间的延长，坍落度也会慢慢减小，这是商品混凝土施工中的正常现象，但是对于在短期内坍落度迅速损失则会使混凝土无法浇筑施工。为解决商品混凝土坍损，通常在外加剂配制过程中都会适量加入缓凝剂，这就给施工人员一个错觉，误认为增加缓凝剂用量是解决商品混凝土坍落度损失的唯一途径。

混凝土坍落度损失是多种因素造成的，最大的影响因素当然是水泥水化加速，但也不可忽视水泥二次吸附的影响。水泥水化加速除因水泥细度外，水泥中调凝剂用量、水泥中铝酸三钙的含量、施工温度都会影响水泥的水化速度。掺用缓凝剂当然可以抑制水泥水化，但由于水泥品种不同，水泥中矿物成分差别较大，并非只要是缓凝剂都能抑制这些矿物成分的水化。如一些缺硫缺碱水泥，缓凝剂的加入却会加速水泥水化，加大坍落度损失。掺入硫酸盐早强剂补充水泥中三氧化硫不足却能抑制水化速度，减小坍落度损失。糖类缓凝剂用于C_3A含量高的水泥没有缓凝保坍效果，用于高碱水泥还会加速水泥水化甚至使混凝土产生速凝。解决上述现象增加缓凝剂用量根本无效。而同掺少量引气剂，细密的气泡能有效地隔离水泥粒子，使之无法相互吸附，可以减小坍落度损失。

即便采用了适用的缓凝剂，用量也不宜无限增大。缓凝剂的大量掺用，不但增加了施工成本，更会影响混凝土早期强度并影响施工进度。过量掺入缓凝剂，混凝土长时间处于塑性状态，骨料下沉塑性收缩增大，混凝土水分大量蒸发，在水泥水化前失水太多还会使混凝土出现粉化现象，强度下降。

不难看出，解决商品混凝土坍落度损失问题，应找出造成坍落度损失的主要影响因素。采取适当的保坍措施，而并非任意加大缓凝剂的掺用量就能解决。

（三）掺用引气剂会降低混凝土强度

混凝土掺加引气剂要降低强度，是众所周知的，但不能一概而论。一般来说，掺加引气剂的混凝土，含气量每增加 1%，在水胶比不变的条件下，强度降低 4%～6%，在水泥用量不变的条件下，强度降低2%～3%。

但掺入引气剂后混凝土的坍落度增大，应该减小水胶比，保持相同的水泥用量和坍落度不变来比较，而有些人在减少单位用水量的同时，也相应降低水泥用量，即保持水胶比不变，这样一来混凝土强度自然就降低了。本来掺加引气剂保持水胶比不变的目的，是增加坍落度、改善和易性，却把掺减水剂保持和易性不变，以节约水泥的比较方法用于掺加引气剂混凝土和空白混凝土的强度比较上了。[4]

常用引气剂都有一定的减水功能，在常用掺量时引气剂的减水率都在6%以上，减水效果也会使混凝土强度得以提高。试验表明，用水量减少1%也会使混凝土强度提高2%～4%，这是完全可以弥补因含气量增加对强度的影响。

（四）冬期施工掺入防冻剂就可以防止混凝土冻害

冬期混凝土施工时，为防止冻害，保证施工质量，一般都掺入一定量的防冻剂。为此，许多施工者误认为冬期施工时只要掺入防冻剂就可以防止冻害，这是对防冻机理的误解。

按《混凝土防冻泵送剂》（JG/T 377—2012）标准的试验方法规定，－5℃防冻泵送剂必须自加水起，成型后标养6h（包括1h的试验时间），才能放入低温箱中受冻，正温养护的时效为6×20＝120℃·h。《建筑工程冬期施工规程》（JGJ/T 104—2011）中6.7.2条规定：负温养护法施工的混凝土，起始养护温度不应低于5℃。这就是说，防冻混凝土在搓面完成之前绝对不能受冻，否则，会遭受冻害。

掺入防冻剂后，虽然混凝土中水的冰点降低，冻害会减少，但是在负温下混凝土中水泥水化停止，水化水虽未结冰，但混凝土也会长期无法形成一定的强度。不但无法进行混凝土连续施工，一段时期后仍会给混凝土造成冻害。因此，在混凝土冬期施工过程中，即使混凝土中加入防冻剂仍需要加强保温养护，保温至混凝土允许受冻强度以上。特别是在低于－5℃的气温条件下浇筑混凝土时，一定要交底明白，板底要生火保温，板顶要先覆盖一层塑料薄膜，上面再盖一层棉毡或草苫子，确保在24h内不冻结。[5]

（五）掺用膨胀剂就可以防裂、抗渗

膨胀剂是一种掺入混凝土中能在限制条件下产生体积膨胀从而补偿混凝土各种收缩，改善混凝土密实性，提高混凝土抗裂、抗渗性能的外加剂。长期以来，应用于该产品的成功实例不少。但近期，应用该产品后出现工程事故也越来越多，使许多工程人员对膨胀剂的应用效果产生怀疑，甚至产生了“混凝土不用膨胀剂不开裂，越用越开裂”的看法。上述观念还出现在一些专家学者的论述中。是否在商品混凝土中不能掺用膨胀剂，笔者通过事故分析认为，商品混凝土中可无条件使用或完全不能掺用的说法都较为片面。

首先是膨胀剂的应用范围，通过该产品的作用机理分析，在高强度及其他水胶比较低的混凝土中不宜掺用。这是因为混凝土较低的用水量不能保证有足够的水使其有效地产生体积膨胀。即使加强浇水养护，由于低水胶比混凝土较为密实，抗渗性高，只能有少量水渗入到混凝土中，仍无法满足膨胀对水的需求。其次，由于膨胀剂的较高吸水作用，使混凝土内的水泥粒子因缺水不能充分水化，影响了混凝土强度。

我国膨胀剂品种较多，这些产品的吸水膨胀期差别较大，掺入混凝土中如水泥凝结时间较长，而所采用的膨胀剂吸水膨胀时间却过快，使膨胀剂形成无效膨胀，这些膨胀剂对混凝土只起到掺合料的作用。膨胀剂的水化吸水膨胀需要补充大量的水，加强浇水养护是膨胀剂能充分发挥膨胀的首要条件。根据有关规范，掺膨胀剂的混凝土浇水养护期需要14d以上，而实际施工中80%以上的混凝土施工都不能保证这么长时间浇水养护，影响了使用效果。

必须指出的是掺膨胀剂的混凝土与普通混凝土一样，在干燥的条件下都会产生自身体积的收缩。如果恢复到潮湿环境下，膨胀剂仍会重新恢复膨胀。而这些收缩也能使混凝土产生部分裂纹，恢复膨胀裂纹也会重新闭合。这就是该产品的自愈作用。因此，对于掺入膨胀剂后进入干燥期产生少量裂纹完全与产品质量无关，也不会影响混凝土性能。

在商品混凝土中，C40或C40以下普通混凝土、防水混凝土、水工大体积混凝土中完全适用膨胀剂，而C40以上混凝土不宜掺用膨胀剂。在商品混凝土中掺用膨胀剂必须充分了解产品性能，采用适当掺量，更要加强浇水养护，完全可以达到一定的技术效果。

第二节 如何调整外加剂与混凝土的相容性

商品混凝土经过30多年的发展，外加剂在混凝土使用过程中表现出来的优越性能，已得到业界的广泛认可。由于混凝土原材料复杂多变再加上环境等影响因素，外加剂与混凝土原材料的相容性差的问题时常出现。国内大量的专家学者针对这一问题进行大量的试验研究，在外加剂相容性的方面取得了巨大进步，但至今仍没有找到一个从根本上解决问题的办法。混凝土及外加剂生产一线的技术人员主要根据自己的经验解决这一问题，在方法上存在很大的盲目性。本书根据外加剂复配的经验通过大量的试验，尝试以分解论理论为指导，将混凝土相容性问题分离成多个因素，逐个试验分析。总结出分步解决混凝土各原材料与外加剂相容性的问题，此方法仅供读者参考。

在使用外加剂的过程中经常遇到与混凝土原材料不相容的问题，常见的外加剂在混凝土中相容性差的具体表现为：

（1）外加剂用量大，混凝土初始坍落度偏小、扩展度更小，通俗说法就是“打不开”；

（2）混凝土坍落度损失快，出机后混凝土和易性很差，坍落度和扩展度5～10min内完全损失；

（3）混凝土坍落度和扩展度都不小，但混凝土泌水、也有时滞后1～3h泌水并且量大；还有时是砂浆包裹不住石子，发生离析但却并未伴大量泌水；

（4）混凝土对外加剂掺量敏感，掺量低时坍落度偏小，增加掺量可以满足坍落度要求，但混凝土泌水严重，且30min后坍落度损失严重。

一、影响外加剂相容性的因素

在混凝土中影响外加剂相容性的因素很多，大致可以分为：外加剂自身的特点、水泥的矿物组成、矿物掺合料、砂石的质量、环境等因素。这些影响因素有时不是单一的而是多个因素相互影响、共同作用的结果。影响外加剂相容性的因素不同解决的办法也不相同。具体采用哪种解决方案要进行充分的试验和具体的分析对症下药，才能从根本上解决外加剂在混凝土中不相容的问题。

（一）外加剂

减水剂是外加剂的主要品种，减水剂占外加剂总量的80%～90%。目前市场上常见的高效减水剂主要有两类：一类是以萘系及脂肪族类为代表的传统高效减水剂：此类减水剂的减水性能相似；但萘系的含气量稍高于脂肪族高效减水剂，脂肪族高效减水剂的缓凝性及泌水高于萘系产品。另一类是以聚羧酸盐系、氨基磺酸盐系（因价格高未大规模使用）为代表的高性能减水剂。我国的聚羧酸减水剂主要有两种：一种是通常呈微黄色的聚醚类；另一种是通常呈现暗红色的聚酯类。由于酯类的生产工艺相对复杂，市场上常见的是醚类产品，一般聚酯类聚羧酸减水剂的引气性和保坍性较好，聚醚类聚羧酸的减水率较高且性能稳定。聚羧酸系减水剂的合成原料和工艺的差异（如聚羧酸减水剂在合成过程中需要先消泡再引气的工艺所使用消泡剂与引气剂的差别，也影响聚羧酸减水剂产品的性能）造成聚羧酸减水剂产品的性能有很大的差别。聚羧酸减水剂的合成工艺直接影响外加剂的分子结构，原材料的质量与生产管理决定了产品的稳定性。聚羧酸减水剂可以分为保坍型、早强型、引气型、高减水型等。聚羧酸减水剂与水泥存在相容性问题，对矿物掺合料甚至对骨料的品质也存在相容性问题。聚羧酸减水剂也存在与传统的外加剂相容性问题（如在有 Na_2SO_4 存在的情况下聚羧酸减水剂减水率变差），聚羧酸减水剂的复配技术难度大而且复配技术尚不成熟，许多结论还存在很大争议。

在进行外加剂复配工作前应熟悉外加剂的品种、性能及优缺点。外加剂种类不同，性能会有很大的差别，使用效果也会大相径庭。减水剂自身的合成工艺也对相容性有重要影响，例如萘系和脂肪族高效减水剂，合成本身就影响产品的质量，磺化程度影响减水剂的分散性分子量、分子分布及聚合度，聚合性质影响减水率；聚羧酸减水剂的合成工艺不同可以分为：高减水型、保坍型、缓凝型、早强型等。针对这些产品的不同特点进行复配是有效解决外加剂相容性差的方法之一。

（二）水泥

1. C_3A、SO_3和碱含量三者之间的关系

水泥中 C_3A、可溶 SO_3 和碱含量的平衡关系是影响外加剂与水泥中的相容性的关键因素。水泥中的石膏与 C_3A 反应生成 AFt（钙矾石）包裹在 C_3A 的表面阻止 C_3A 的进一步水化，C_3A 水化速度最快，在没有 SO_3 存在的情况下可以瞬间水化。因此水泥中的 SO_3 过少不能阻止 C_3A 的水化；SO_3 过多石膏沉淀会导致假凝；水泥浆体中可溶性的碱可以促进 C_3A 的溶出，增加溶液中 C_3A 的数量，降低 SO_3 与 C_3A 的比值，使水化速度加快；碱又能突破石膏与 C_3A 反应生成 AFt（钙矾石），使被 AFt（钙矾石）包裹的 C_3A 继续水化。可见水泥中的 C_3A、SO_3 及碱三者的平衡对水泥与外加剂的相容性有十分重要的作用。凡是打破三者平衡的因素都会影响到外加剂在混凝土中的相容性。[6]应当注意的是，水泥中的碱与 Na_2SO_4 的碱对减水剂的作用是不一样的，Na_2SO_4 在水泥浆体的溶解速度大于石膏的溶解速度，Na_2SO_4 与 $Ca(OH)_2$ 反应生成的 $CaSO_4$ 的溶解速度，比水泥中石膏快但作用时间较短；水泥中的石膏溶解速度慢主要对水泥的 C_3A 产生作用，且作用时间长。

2. C_3A、SO_3和碱含量匹配的因素

影响 C_3A、SO_3 和碱含量的因素很多，水泥比表面积、C_3A 含量及形态石膏的种类、细度、用量等因素这些因素都可以打破 C_3A 与 SO_3 之间的平衡；水泥中的碱分为可溶性和非可溶性两部分，水泥中的可溶性碱可以促进水泥水化，有利于混凝土早期强度发展，但会影响混凝土的流动性和坍落度经时损失；非可溶性碱大多固溶在 C_3A 中对外加剂相容性影响不大。

在水泥的粉磨过程中，磨机温度的高低可以使部分二水石膏发生转化。如：在 80～140℃时，二水石膏逐步转化成半水石膏；在 130～200℃时半水石膏又逐步转化成无水石膏。不同种类的石膏的溶解度和溶解速度差异很大，半水石膏的溶解速度最快，远大于二水石膏，硬石膏的溶解度和溶解速度最慢。在水泥水化过程中由于不同种类石膏溶解度的不同，使石膏持续不断地对 C_3A 产生作用可以改善外加剂的相容性。因此，适宜的石膏掺量和不同形态石膏比例应综合考虑水泥熟料中 C_3A 含量及结晶形态、碱含量及形态、水泥比表面积和水泥出机温度等因素。当熟料出窑温度高、冷却速率慢时，活性高溶解速率快，石膏中需要一部分溶解速率快的半水石膏与其相匹配。[7]出磨水泥温度低于 110℃时，二水石膏转化成半水石膏的量较少，当出磨水泥温度达到 130℃时大部分二水石膏都转化为半水石膏和硬石膏。因此控制出磨水泥温度，最好在 120～125℃，最高不超过 130℃，可以使二水石膏转化成一定比例的半水石膏。

张大康[8]认为：掺加助磨剂后水泥中最佳流变性能要求的 SO_3 含量为 2.7%～2.9%，但国内多数水泥厂仅根据凝结时间和强度确定水泥中 SO_3 含量。许多水泥厂 P·O42.5R 水泥的 SO_3 含量在 2.2%左右，低于最佳流变性能要求的 SO_3 含量。Shi ping Jiang [9]通过对萘系高效减水剂与六种含碱量不同的水泥相容性的研究表明：存在一个相对于流动性和流动性损失而言的最佳可溶性碱含量，是 0.4%～0.5%Na_2O 当量。在这个最佳碱含量下，浆体的流动性最好流动性损失最小，而且这个最佳碱含量是独立于水泥组成与高效减水剂掺量的。水泥中含有少于最佳可溶性碱含量的碱时，掺加 Na_2SO_4 后浆体的流动性会表现出明显的增加；当水泥中的可溶性碱含量高于最佳值时，掺加 Na_2SO_4 会使浆体流动性略有降低。

3. 助磨剂对 C_3A、SO_3 和碱含量的影响

在水泥粉磨工艺中，添加助磨剂可以有效降低生产能耗，但不同品种的助磨剂的添入，也给外加剂的相容性带来了不可忽视的影响。李宪军[10]、兰自栋[11]试验发现：三聚磷酸钠和六偏磷酸钠作助磨剂，对水泥与外加剂的相容性有明显改善作用，而三乙醇胺、丙三醇、乙二醇作助磨剂对水泥与外加剂相容性产生不利的影响。

4. 水泥的细度

水泥颗粒对减水剂分子具有较强的吸附性，在掺加减水剂的水泥浆体中，水泥颗粒越细，则对减水剂分子的吸附量越大，随着水泥细度的增大，在相同的水灰比和减水剂掺量相同的状况下，外加剂的效果呈线性下降趋势。如水泥比表面积较大，应提高减水剂掺量或增大水灰（胶）比（表 4-4 和表 4-5）。

表 4-4　相同流动度下不同细度水泥的净浆流动度损失情况

水泥细度 (m^2/kg)	高效减水剂 (%)	水灰比	净浆流动度（mm×mm）			
			0min	30min	60min	90min
299	0.7	0.25	260×265	240×240	225×230	140×140
325	0.7	0.26	245×255	220×225	200×200	100×110
359	0.7	0.28	255×260	230×230	210×210	115×110
392	0.7	0.28	250×250	225×225	210×210	120×115
420	0.7	0.29	250×250	215×220	150×150	无流动度

表 4-5 同水胶比下不同细度的水泥净浆流动度

水泥细度（m^2/kg）	高效减水剂（%）	水灰比	净浆流动度（mm×mm）
299	0.7	0.29	320×320
325	0.7	0.29	290×295
359	0.7	0.29	285×290
392	0.7	0.29	260×255
420	0.7	0.29	250×250

5. 水泥的新鲜度和水泥的温度

水泥越新鲜，减水剂对其塑化效果相应越差。水泥温度越高，减水剂对其塑化效果也越差，混凝土坍落度损失也越大。如水泥比较新鲜或水泥温度过高，应适当增加高效减水剂的掺量或用掺合料替代部分水泥。

（三）矿物掺合料

水泥熟料的主要矿物成分 C_3S、C_2S、C_3A、C_4AF。水泥的矿物成分对外加剂的吸附能力大小依次为：$C_3A>C_4AF>C_3S>C_2S$，其中 C_3A 和 C_4AF 对减水剂的吸附量最大，与外加剂相容性的关系最密切。由于矿物掺合料的矿物组成与水泥的矿物成分不同，在水泥或混凝土中添加一定比例的矿物掺合料代替水泥，可以降低 C_3A 等矿物成分的含量，进而降低对外加剂的吸附相当于在浆体中增大外加剂的掺量，改善外加剂的相容性。

如果在水泥及混凝土中掺加煤矸石、炉渣、Ⅲ级粉煤灰等需水量较大、多孔的矿物掺合料在混凝土的拌制过程中这些矿物掺合料不可避免地吸入拌合水，由于外加剂是溶解在水中，所以吸水的同时部分外加剂也随着水被吸收。这样就会造成在混凝土拌合物中的外加剂有效成分减少，混凝土拌合物的初始流动性降低，坍落度损失加快。

（四）骨料

商品混凝土 60%～70%的成分是砂、石，砂、石的质量直接影响混凝土的质量。砂中的含泥量及石子中的石粉含量对外加剂的影响不容忽视，尤其是使用聚羧酸减水剂以后，砂、石的质量问题表现得更加突出。有研究表明[12]：高岭土和伊利土对聚羧酸系减水剂的吸附量相当大，分别是水泥的 5～10 倍和 2～5 倍，而膨润土对聚羧酸系减水剂的吸附量则是水泥的 50 倍左右。砂子的含泥量在 2%以下时，对聚羧酸及各种减水剂的适应性没有太大影响，随着含泥量的增加，混凝土的初始坍落度明显降低，砂子的含泥量越大对坍落度的影响越明显，且坍落度降低的速率呈加速降低趋势。当砂含泥量达到 10%时，在相同材料的情况下混凝土拌合物初始坍落度为 0mm[13]。

人工砂及石子的石粉不同于泥粉，对外加剂的吸附很小，仅表现为物理性的表面吸附。从粒径上讲，砂、石中的石粉粒径接近矿物掺合料，在计算外加剂用量时应给予考虑。也不能忽视石粉含量的变化对外加剂的影响，例如人工砂在混凝土中的用量 800kg/m^3，若人工砂石粉含量变化 5%，相当于变化 40kg/m^3 的细粉料，必然引起外加剂使用效果的变化。

（五）环境条件对混凝土坍落度损失的影响

气温高，水泥水化反应快，外加剂的消耗加快混凝土坍落度损失越大；风越大，混凝土水分蒸发越快，加快了水泥颗粒之间的物理凝聚，混凝土坍落度损失越大。一般而言，温度每升高10℃，坍落度损失率增大10%～40%。根据情况，可采用在混凝土运输车上覆盖隔热材料或采用缓凝性高效减水剂降低水化速度等措施以减少坍落度损失，尽量使混凝土的温度保持在10～30℃范围之内，从而在一定时间范围内，控制混凝土坍落度的损失。夏季气温太高时，温度每升高10～15℃，应增加用水量2%～4%或外加剂掺量增加0.1%～0.2%。运距每增加10～15km，增加用水量5～8kg或外加剂掺量增加0.1%～0.2%，也可采用二次添加外加剂或采取对骨料浇水降温的办法，减小坍落度损失。

二、混凝土与外加剂相容性分步调整

影响外加剂在混凝土相容性的因素很多，调整外加剂与混凝土原材料的相容性也是一项复杂的工作。只有找到影响外加剂在混凝土相容性的原因，才能有效避免调整方案的盲目性，最终找到最佳的解决方案。将各种原材料分解开，一个一个地分析，找到影响外加剂相容性的根本原因。

（一）初步确定外加剂配方

1. *净浆流动度试验*

根据《混凝土外加剂匀质性试验方法》（GB/T 8077—2012）规定的试验方法：水泥300g；水87g；外加剂掺量——萘系、脂肪族类掺量（折固）0.6%左右，聚羧酸类掺量（折固）0.15%左右。萘系、脂肪族类掺量（折固）0.6%左右。在进行水泥净浆试验时，为避免外加剂成分之间相互干扰，只使用水泥和减水剂母液进行试验，不加入其他复配外加剂（俗称“小料”）。观察水泥与减水剂的相容性，若水泥净浆流动度达到220mm左右；聚羧酸类掺量（折固）0.15%左右时水泥净浆流动度250mm左右，浆体有适量的气泡且浆体有光泽，则说明该减水剂与水泥相容性较好，可以直接进行下步复配试验。

对于遇到水泥净浆流动度<140mm的情况，根据上述影响因素分析，可以初步判断可能是由于C_3A、SO_3与碱三者平衡关系遭到破坏，不能有效控制水泥的水化。采用添加新的外加剂的办法调节C_3A、SO_3与碱三者平衡关系的方法进行调整，为了便于观察新添加的外加剂对净浆的影响，先通过提高用水量或改变减水剂掺量的方法将水泥净浆流动度调到220mm以上。再通过调节C_3A、SO_3与碱三者平衡关系来解决水泥与减水剂的相容性。搅拌站所使用的水泥，C_3A的含量是固定的，也很难进行调整，仅能改变SO_3和碱的含量来使C_3A、SO_3与碱三者之间的关系达到平衡。可以参照冯浩[14]的测pH值的办法先测水泥的pH值：用三份水溶解一份水泥充分搅拌后澄清，取一滴清液滴在pH试纸上观察试纸背面变色程度以判断水泥的碱性（一般pH值在12以上）。偏高也就是SO_3少了，要再加少量含SO_3的盐，偏低应当把外加剂pH值略微用碱调高。

在调节C_3A、SO_3与碱三者之间平衡时也要注意减水剂自身的特性。萘系高效减水剂在合成的过程不可避免地含有Na_2SO_4，而脂肪族高效减水剂是在碱性环境下合成的脂肪族，pH值较高。了解这些特性可以根据各自的优点进行复配，使用调节SO_3和碱与C_3A的平衡有时也会取得良好的效果。

在水泥与外加剂净浆试验做到满意的流动度（大于220mm）以后，接着按照生产实际C30混凝土配合比将水泥、粉煤灰、矿粉所占的百分比，再按GB/T 8077—2012进行净浆流动性试验，测试初始的净浆流动度及经时损失与水泥净浆流动度时的差别。一般情况下由于矿物掺合料的矿物组成、颗粒级配、颗粒形态与水泥的差别，掺加矿物掺合料后，初始净浆流动度会增加，经时静浆流动度损失会减少，外加剂的相容性得到一定改善。如果发现加入矿物掺合料后初始净浆流动度及经时损失明显变差，则矿物掺合料对外加剂相容性产生不利的影响。此时将三元胶凝材料改为二元胶凝材料再进一步试验确认是哪种材料有问题。

2. 用缓凝组分控制净浆流动度损失

确认按照C30混凝土配合比的胶凝材料比例的净浆流动度满足复配要求后，紧接着用调整缓凝剂掺量的办法控制1h净浆流动度损失不超过30mm，根据试验结果找出一、两种较好的复配组分，并确定各组分的复配掺量。

由于水泥中的C_3A的水化受到石膏的抑制作用，因此缓凝剂的大部分作用是针对C_3S的水化而发生作用的。不宜使用过多的缓凝组分，以防止各缓凝组分之间相互影响。一般选用对C_3S作用好的葡萄糖酸钠作为缓凝组分进行试验，如果保坍效果不佳可以采用两种组分复合使用。常用的复合组合：对于矿物成分C_3S含量多的水泥可以采用葡萄糖酸钠或其他羟基羧酸盐六偏磷酸钠、三聚磷酸钠、柠檬酸钠；对于C_3A含量多的水泥采用葡萄糖酸钠复合三聚磷酸钠、硼砂、改性淀粉、糊精（DE① 值在20以上）。C_4AF含量偏高的水泥，用三聚磷酸钠比其他磷酸盐有效，对于C_3A、C_4AF含量偏高的水泥聚羧酸减水剂的保坍效果优于萘系等传统高效减水剂。另外单糖对葡萄糖酸钠有增效作用，这也是在高温环境下液体葡萄糖酸钠的效果好于粉剂葡萄糖酸钠的原因。

若外加剂的掺量是胶凝材料的2%，一般葡萄糖酸钠的用量在20～40kg/t左右，用葡萄糖酸钠复合三聚磷酸钠、硝酸锌或硫酸锌、糊精按克分子比3∶1。

在复合使用缓凝保坍组分时，应注意各组分的使用掺量的上限并考虑各组分叠加后的缓凝性能。防止各组分缓凝掺量叠加过高造成缓凝事故，并根据气温变化及时调整掺量。另外在复合使用防冻剂、膨胀剂、早强剂等外加剂时应通过试验重新确定各组分的使用掺量。

（二）确定外加剂最佳复配配方

按照《混凝土外加剂应用技术规范》（GB 50119—2013）中附录A《混凝土外加剂相容性快速试验方法》的相关规定，测试砂浆配比为去除石子的工程实际混凝土施工配合比，砂浆的水胶比与混凝土的水胶比相比低0.02，聚羧酸减水剂应按混凝土配合比掺量降低0.1%，砂浆数量不宜少于1L，砂浆扩展度应达到（350±20）mm。然后分别测试经时30min或60min的砂浆流动度（单位为mm）。用GB 50119—2013中附录A《混凝土外加剂相容性快速试验方法》即可以有效地判定减水剂之间的差异，也可以有效判定外加剂与混凝土用砂之间的相容性。

在外加剂相容性的调整过程中，经常会遇到净浆试验与混凝土试验的相关性差的情况，这是由于GB/T 8077—2012水泥净浆试验方法的水胶比是0.29（或0.35）与GB 50119—2013的砂浆试验方法的水胶比可能会不相同，水胶比的差异会造成水泥中C_3A、SO_3与碱溶解度的不同。因此在试验前应在保持母体用量不变的情况下，对外加剂的复配成分调整。做以下几个配方：① 原配方不变；② 原配方的缓凝成分不变，按照0.29除以砂浆水胶比，再乘以原配方补充的SO_3与碱量进行调整；③ 将原配方的复配成分均乘以0.29与砂浆水胶比

---

① DE值（也称葡萄糖值）表示淀粉的水解程度或糖化程度。糖化液中还原性糖全部当做葡萄糖计算占干物质的百分比称为DE值，DE值越高葡萄糖浆的级别越高。

的比值进行调整。最后观察这三种外加剂配方哪一个配方更优。

（三）混凝土试验检验外加剂配方

在上述相关的试验基础上，可以确定外加剂的复配配方，进行最后一步试验——在混凝土中检验复配配方。

用生产C30配合比做混凝土试验不宜少于10L，试验结果有可能需要调整，大可不必重新推倒重来，增加高效减水剂用量也是有必要的。外加剂净浆流动度试验取得满意效果，但混凝土工作性有可能较差，如果净浆试验都不行用在混凝土中更不行。

遇到混凝土离析、泌水时，可以通过掺用糊精、纤维素、酰胺等保水组分进行调整。加入适量的引气剂也可以有效防止离析泌水，尤其是聚羧酸减水剂加入引气剂后，在减小泌水的同时，又能保持坍落度损失；降低用水量减少外加剂掺量，增加砂率及细粉料用量也能有效控制泌水、离析。因此在很多情况下，仅靠调整外加剂的办法很难得到满意的结果，配合比的调整也是十分必要的。

外加剂在混凝土中每立方米就那么六七千克，作用有限，外加剂不是“万能药”，仅靠外加剂解决不了所有问题。有时根据混凝土试验反映出的结果，灵活调整混凝土配合比的砂率、骨料的级配、胶凝材料种类及用量可以取得良好的效果。在调整外加剂与混凝土适应性的问题上，其实只有40%的问题用外加剂可以解决，约30%的问题可以通过混凝土材料和配合比解决，剩下的约30%通过同时调整混凝土配合比和外加剂或通过水泥厂调整比调整外加剂更有效。

三、如何确定外加剂的掺量

外加剂作为混凝土的重要组分，如何确定混凝土外加剂的掺量对试验和生产至关重要。依据《混凝土外加剂匀质性试验方法》（GB/T 8077—2012）规定的砂浆减水率试验方法，一般来说，随着外加剂掺量的增加，外加剂的减水率也逐渐增加，当达到某一掺量时，再增加外加剂掺量，外加剂减水率变化不明显，就称该掺量为外加剂的饱和掺量，与其对应的减水率为饱和减水率。应用该标准测定饱和减水率时，只使用水泥一种胶凝材料，而现代混凝土中普遍使用了矿物掺合料。在此饱和减水率的基础上应考虑矿物掺合料对减水剂的辅助作用，从前文的试验分析可知，粉煤灰掺量低于40%时，掺量每增加10%，粉煤灰可以增加减水率2%～3%；矿渣粉每增加10%，可以增加减水率1%～2%。在低于饱和掺量时，外加剂的掺量与其对应的减水率近似于线性变化。因此，外加剂掺量可以按照下面公式进行近似计算，再试验确定。

$$\mu=\left(\frac{W_0-W}{W_0}+\Delta\eta\right)\times\frac{\mu_0}{\beta_0}\times100\%$$

式中 μ——外加剂掺量，%；

μ_0——外加剂饱和掺量，%；

β_0——外加剂饱和减水率，%；

W_0——坍落度7～9cm的基准混凝土用水量，与石子最大粒径有关，见表4-6。

表4-6 石子最大粒径与用水量的关系

石子最大粒径（mm）	16.0	19.0	25.0	31.5
用水量（kg/m³）	230	215	210	205

W——配制混凝土的用水量，kg/m^3；

$\Delta\eta$——坍落度从 7～9cm 提到 16～24cm 所需的减水率增量；

$$\Delta\eta=0.005\times T_0-0.04;$$

T_0——配制混凝土的初始坍落度 16～24cm。

如何在混凝土中有效、合理使用外加剂是一个综合性、复杂、多变的问题，涉及水泥、矿物掺合料和砂石质量对外加剂的相容性的影响，解决了外加剂与混凝土原材料的相容性问题，还要考虑工作性、用水量所需要的外加剂掺量。只有综合考虑各方面的因素，才能有效使用外加剂，达到预期的效果。

第三节　建立外加剂复配生产线

随着我国商品混凝土的迅速发展，市场竞争也日趋激烈，如何提高混凝土质量、降低商品混凝土成本，已成为各混凝土搅拌站共同思考的问题。在混凝土搅拌站内建立外加剂复配生产线，自身研制、开发并生产出有针对性、质量可靠、综合经济效益较好的外加剂，既可满足商品混凝土生产的需要，又可提高混凝土的质量，还可为搅拌站创造可观的经济效益。外加剂的复配生产因其投入少、生产工艺简易方便，已逐渐被一些混凝土搅拌站所采纳。据有关资料统计，混凝土企业年产量 40 万立方米以上的搅拌站已有 60%以上拥有自己的外加剂复配厂。

一、外加剂复配生产线可行性分析

（一）外加剂复配生产线的优势

随着商品混凝土行业竞争的加剧，原材料价格和质量的稳定性逐渐受到商品混凝土生产企业的重视。如何获得低价优质的原材料，部分商品混凝土生产企业逐步向商品混凝土的原材料的上游——原材料供应发展，外加剂复配也是实现向原材料供应发展的手段之一。外加剂复配是指直接购买外加剂原材料，由生产企业根据需要，按照不同的比例生产外加剂，满足商品混凝土生产需要。由于商品混凝土企业的场地、试验设备、人员等现有资源，在商品混凝土企业建立外加剂复配生产线具有以下优势：

（1）根据工程需要及时调整外加剂与水泥的相容性，在第一时间内满足混凝土生产需要。在搅拌站进行外加剂复配生产针对性强，外加剂产品具有较强的灵活性。

（2）根据所掌握的材料性能，进行对比试验，广泛选择外加剂的各种原材料，通过对比试验选择与水泥适应性好，价格适宜的原材料，降低混凝土成本，提高企业的经济效益。

（3）机动灵活，根据混凝土工作性、耐久性、水泥品种、混合材品种及掺量等，再结合搅拌、运输、泵送、浇筑、振捣等诸方面的因素，随时根据混凝土生产需要调整外加剂的配方，以提高与混凝土原材料的相容性。

（4）利用商品混凝土公司现有的设备，基本上能满足外加剂复配试验及生产检验所需的条件，不需另行购买试验器材。而外加剂复配生产所需的生产设备较为简单，一般的机械加工厂就能制作、安装，所需费用也不高。此外，混凝土搅拌站拥有一批具备试验技能的人才，可大大降低其在技术力量上的投入。

（5）大幅度降低混凝土成本，提高经济效益，每吨外加剂可降低成本 300～500 元。

（二）混凝土外加剂复配的设计思路、方法和原则

1. 外加剂复配的设计思路

混凝土搅拌站使用的外加剂，大多以高效减水剂为主，复配一定比例的缓凝、早强、抗渗、引气、防冻等成分。选用的复配材料品种的不同，复配材料组成的比例不同，复配出的外加剂产品的性能也不相同。外加剂复配的关键就在于组成材料品种的选择和各组成材料用量比例的确定。复配得当，其效果是各个单一材料作用的叠加，或者是超过单一材料作用的总和；反之，各材料的作用可能互相抵消、相互影响，性能、效果变差，甚至引发混凝土质量事故。

2. 外加剂复配生产的加工方法

外加剂复配工艺方法，分粉体材料混合、固体产品和溶解于水中混合（液体产品）两种，根据搅拌站的使用要求和产品的使用效果（通常，液体产品的使用效果更佳），搅拌站宜采用液体外加剂复配工艺，即将所有复配材料按比例计量，在水中溶解后成为均匀的液体外加剂产品。这种方法简便，工作量不大，投入的资金、设备、人力等有限，产品的装、卸、储存和使用都可采用机械泵，生产效率高，便于混凝土搅拌站的使用和管理。

3. 外加剂复配的原则

外加剂复配应遵循下列原则：

（1）使用的复配材料品种应尽量少。在达到规定效果时，应将材料的品种、数量及比例调整到下限值，以减少材料间的不良反应。

（2）复配材料的选取应从性能、经济、货源、使用难易程度和是否是正规厂家产品等角度，进行综合衡量。

（3）复配外加剂不是简单的混合，还要保证外加剂的匀质性，复配材料应能均匀地融为一体，各组分之间要有较好的相容性，不发生分层、沉淀。

（4）各种材料经复配后，性能应有所改善和提高，具备 $1+1\geqslant 2$ 的效果；或在保持原有性能的基础上，材料成本有所降低。

（5）复配后的液体外加剂，尽量避免有漂浮物体、不溶物体、污染物体、气体的存在及出现分层、沉淀、变质、有毒等现象。

（6）复配后的产品，在最终符合国家外加剂性能指标的前提下，还应从混凝土的生产和施工等多角度考虑，对某些性能指标应有针对性，有所侧重。

（7）通过实际应用，在不同配比、掺量、投料顺序及投料方式等条件下，观察使用效果，从试验比较中优选产品配比及确定产品最佳使用操作方法。

二、外加剂复配生产线建立

（一）建厂选址

商品混凝土企业所在位置比较适合建立外加剂复配厂，水电有保障，生产车间与库房约300平方米，并建少量办公用房。如商品混凝土企业有闲置库房可以利用更好。

（二）公共设施及主要设备

供电：总装机容量约20kW，220V，三相电；

供水：产品生产配料用水，一般生活用水系统即可。

主要设备：① 配料罐：容积 $10m^3$，搅拌桨电机功率5.5kW，转数60r/min；② 储罐：

利用已有外加剂储罐；③ 管道泵：利用已有泵；④ 平台及扶梯：利用已有废旧泵管焊接平台立柱，焊接平台及扶梯、安装配料罐；⑤ 计量器具：利用公司已有的电子磅、台秤，电子磅的最大量程 15t；精确度：1kg（2kg 或 5kg 也可以使用）；⑥ 检验设备及仪器：利用公司试验室已有设备仪器。

建厂周期：设备安装调试 1～2 个月。

（三）劳动定员

劳动人员的来源：本公司的人员调配及向社会招聘，外加剂复配厂劳动定员为 4 人，其中：

（1）平台上操作人员：1 人；

（2）运输及提升机械操作：2 人；

（3）检验及计量：1 人。

（四）投资估算

厂房库房及办公用房，可根据搅拌站内用房状况来调剂，也可租赁闲置空余工业用房，具体价格需调查计价，暂不计入投资。复配站初步投资、运营资金：① 设备投资：水电及配套设施约为 5 万元。② 流动资金：约 30 万/月（产品流动资金，每月以 2 万立方米混凝土计）③ 合计：本项目投资估算约为 35 万元。

（五）原材料

以高效减水剂为主，复配一定比例的缓凝、早强、抗渗、引气、防冻等成分。

（六）环保与三废

生产工艺比较简单，采用封闭生产装置，不存在对大气污染，而且产品就是各种原材料质量的总和，生产过程为物理混合，没有化学反应。因此，没有废渣、废气及废液发生，不存在环境污染问题。水作为生产复配用，不存在废水、废渣、噪声等危害环境的因素等二次污染问题，设备噪声小，低于国家噪声标准。无特殊易燃易爆品，一般消防设备即可。

三、外加剂批量生产

（一）生产工艺流程（图 4-2）

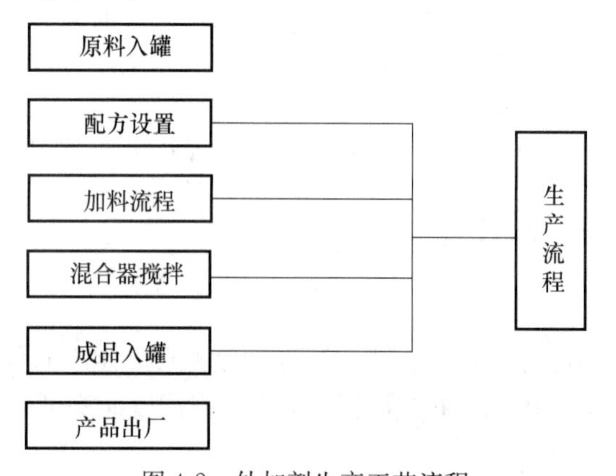

图 4-2　外加剂生产工艺流程

（二）生产量

（1）生产周期：3.0h（其中运输和称量 1.5h，搅拌 1h，放料 0.5h）。

(2) 根据混凝土生产需要灵活安排外加剂日生产次数。

(3) 日产一批(10t),每月生产20天,月产200t,一年生产10个月,年产2000t。

(三) 生产工艺规程

(1) 工作准备

① 将水泵入配料罐中,看电子磅显示屏的计量数量。

② 按配料单将各种原料运上平台,并核对实物与出厂合格证是否符合。

③ 检查管道及搅拌桨处于完好状态。

④ 校正,称量器具并清扫场地。

(2) 称量

① 开始称量前,再次校对电子磅的显示屏数据是否准确。

② 按配料单规定的品种及每种原材料复配的重量进行称量,必须做到二人同时进行,一人称量,另一人核对,无误后做记录。

(3) 搅拌

① 开动搅拌桨运转2min后观察正常,再开始投料。对于液体原材料应停止搅拌,以免搅拌影响称量,按比例泵入搅拌罐后,确认质量准确再进行搅拌。

② 先投入主料溶解后,再投入辅料,将称量好的各种粉剂原材料边搅拌边缓慢投放配料罐中,搅拌时间不少于30min。

(4) 组批

① 停止搅拌,将物料泵入罐中备用。

② 按每种产品,每罐产量编为一批,并做好记录。

(5) 检验

① 按每批产品随机抽取1kg样品备用。

② 按规定的检验项目及控制指标进行检验。

③ 经检验合格做好记录即可投入使用。

(6) 安全注意事项

① 运送原材料过程中平台上下操作人员要配合好,避免发生事故。

② 开动搅拌机时操作人员不得离开,注意观察是否有异常现象。

③ 操作人员下到罐内,在开关处应留人员看守,严禁开动以免发生事故。

(7) 储存

① 液体外加剂可在碳钢金属容器中储存(聚羧酸减水剂放在塑料罐中储存),不属危险品,可按常规运输储存。

② 储存时应注意防日晒、污染进水或蒸发,应存放在室内阴凉处,防止受冻。

③ 储存期为半年,过期经检验合格仍可使用。

四、外加剂的成本核算与经济效益

(一) 成本核算

(1) 原材料费

外加剂原材料费用=高效减水剂价格×用量+复配材料×用量;

水的费用:用水量×0.002元/kg。

合计：原材料费用＝外加剂原材料费用＋水的费用；

（2）电费

① 配料罐电机：5.5kW，一次配料运转1h，生产10t，则每吨电费为5.5×1/10×0.8元/kW＝0.44元；

② 水泵、管道泵、提升机械等1.56元；

合计：2元。

（3）设备折旧及维修费：3元；

（4）管理费及检验费：外加剂复配厂隶属商品混凝土企业，可以并入商品混凝土企业管理系统，则外加剂复配厂其他管理费用可以忽略不计；

（5）不可预见费用：5元；

（6）人工成本分析：

外加剂复配厂员工年劳务费定为2.4万元/年，则按商品混凝土企业年用外加剂量计，每吨外加剂人工成本为3×2.4×10000/1500＝48元/吨，按50元/吨取。也可以调用搅拌站工作人员进行复配，按每吨5元/t进行补助。

总计：总成本＝原材料费用＋电费＋设备折旧及维修费＋不可预见费用＋人工成本。

（二）经济效益

（1）按当地当时市场价格外加剂为2000元/t，则每吨利润＝2000元－总成本。

（2）如按商品混凝土公司年产量20万立方米，胶凝材料用量按400kg/m^3，外加剂掺量2%计算，则全年可节省：200000×400×2%×每吨利润。

综上所述，商品混凝土企业建立混凝土外加剂复配厂投资小、建设周期短、见效快，是众多商品混凝土企业降低成本、提高效益、提高市场竞争力的必经之路，一定能为企业带来很大的经济效益。商品混凝土企业复配外加剂虽然工艺简单，但所用原材料都是外购，水泥与减水剂不相容的问题时常发生。如何确定是水泥质量波动造成的不相容，还是减水剂母体质量波动造成的不相容至关重要。为防止误判，选用原来封存的减水剂母体与水泥（选择原来相容性较好的水泥，否则，对比没有意义），进行对比试验：① 原来的减水剂母体封样与现用的水泥进行试验，如果试验结果不佳，则水泥质量发生波动；② 用新进的减水剂母体与原封存的水泥试验，如果效果不佳，则减水剂母体发生变化。

参考文献

[1] 黄世谋．脂肪族高效减水剂的合成及工艺优化研究［D］．西安：西安建筑科技大学，2009.

[2] 冯浩、朱清江．混凝土外加剂工程应用手册［M］．北京：中国建筑工业出版社，2005，11：227.

[3] 施惠生、孙振平、邓凯、郭晓潞．混凝土外加剂技术大全［M］．北京：化学工业出版社，2013，07：84，66.

[4] 覃维祖．掺加引气剂就降低混凝土强度吗［J］．混凝土及加筋混凝土，1983：49～50.

[5] 赵恒树，孙伯海，徐楗涌．防冻混凝土在浇筑初期也不能受冻［J］．商品混凝土，2014：72.

[6] 杨华，耿加会．调整外加剂在混凝土中相容性方法探究［J］．商品混凝土，2012：25～27.

[7] 廉慧珍．没有好的和不好的只有合适的和不合适的［J］．混凝土世界，2011：46～52.

[8] 张大康．SO_3含量对水泥和混凝土流变性能的影响［J］．商品混凝土，2011，7：33～37.

[9] Shiping Jiang，Byung-Gikim，Pierre-Claude Aitein. Importance of adequate soluble alkalicontent to ensure cement/superplasticizer compatibility［J］. Cement and Concrete Researsh，1999，29：71～78.

[10] 李宪军．提高水泥与外加剂相容性的保坍助磨剂的研究 [D]．西安：西安建筑科技大学硕士学位论文，2008.
[11] 兰自栋、方云辉、郭毅伟、林添兴．水泥助磨剂与混凝土外加剂的相容性试验研究 [J]．新型建筑材料，2013.06：9～10.
[12] 王子明、程勋、李明东．不同黏土对聚羧酸减水剂应用性能的影响 [J]．商品混凝土，2010.03：24～26.
[13] 孙向阳．针片状、含泥量对混凝土性能的影响 [J]．商品混凝土，2014.05：65～66.
[14] 冯浩．甄别及调整外加剂与水泥相容性的试验方法 [J]．混凝土世界，2011.11：34～36.

附表一

外加剂在水中的溶解度 (g/100g 水)

名称	0℃	10℃	20℃	30℃
葡萄糖酸钠	—	52.91/15℃	57.98	65.24
硼砂	1.3	—	2.7	3.9
六水氯化钙	59.5	65.0	74.5	102.0
氯化钠	35.7	35.8	36.0	36.3
氯化钾	27.6	31.0	34.0	37.0
氯化锂	45.5	—	78.5	—
六水氯化铝	44.9	—	69.8	—
氯化铁	74.4	81.9	91.8	—
硫酸钾	7.33	—	11.1	—
焦磷酸钠	3.16	3.95	6.33	9.95
三聚磷酸钠	—	14.5	14.6	15.0
六偏磷酸钠	—	—	97.3	—
磷酸钠	1.5	4.1	11.0	20.0
无水硫酸钠	4.5	8.43	24.0	29.0
十水硫酸钠	5.0	9.0	19.4	40.8
亚硫酸钠	12.59	15.6	16.5	27.9/33℃
七水亚硫酸钠	12.0	—	24.0	—
焦亚硫酸钠	0.2	—	38.0	—
硫代硫酸钠	—	50.0	60.0	82.0
硫酸氢钠	—	23.08/16℃	—	22.2/25℃
硫酸铝钾	2.59	5.04/15℃	—	8.04
硫酸铝钠	27.24	28.23	28.43	29.45
硝酸钠	73	80	88	96
硝酸钾	278.8	—	298.4	—
硝酸钙	102.0	115.3	129.3	152.6
亚硝酸钠	72.10	78.0	84.5	91.6
碳酸钙	7.0	12.5	21.5	38.8
碳酸钾	105.5	108.0	110.5	113.7
硅酸钠	42.0	41.5	41.0	46.6
氟硅酸钠	4.35	6.37	7.37	9.4/35℃
氟硅酸钾	0.77	1.32/16℃	1.77/25℃	2.46/35℃
亚硝酸钙	62.07	—	76.68	—
硫酸锌	41.9	—	54.2	—
尿素	—	—	100/17℃	—

注：表中的“某数值/×℃”是指该温度下的溶解度。

附表二

各种常用外加剂的掺量

<table>
<tr><th>类别</th><th>品种</th><th colspan="2">折固掺量范围</th></tr>
<tr><td>普通减水剂</td><td>木质素普通减水剂</td><td colspan="2">≤0.3%</td></tr>
<tr><td rowspan="2">高效减水剂</td><td>萘系高效减水剂</td><td colspan="2">0.5%～1.0%</td></tr>
<tr><td>脂肪族高效减水剂</td><td colspan="2">0.5%～0.8%</td></tr>
<tr><td>高性能减水剂</td><td>聚羧酸高性能减水剂</td><td colspan="2">0.15%～0.25%</td></tr>
<tr><td rowspan="6">缓凝剂（缓凝组分）</td><td>葡萄糖酸钠</td><td colspan="2">≤0.1%</td></tr>
<tr><td>柠檬酸（钠）</td><td colspan="2">≤0.05%</td></tr>
<tr><td>三聚磷酸钠</td><td colspan="2">≤0.2%</td></tr>
<tr><td>六偏磷酸钠</td><td colspan="2">≤0.2%</td></tr>
<tr><td>酒石酸（钠）</td><td colspan="2">≤0.06%</td></tr>
<tr><td>丙三醇（甘油）</td><td colspan="2">≤0.1%</td></tr>
<tr><td rowspan="6">引气剂
（引气组分）</td><td rowspan="2">十二烷基硫酸钠（K12）</td><td>≤0.0004%</td><td>聚羧酸</td></tr>
<tr><td>≤0.002%</td><td>萘系</td></tr>
<tr><td>三萜皂甙</td><td colspan="2">≤0.002%</td></tr>
<tr><td>十二烷基苯磺酸钠</td><td colspan="2">≤0.005%</td></tr>
<tr><td>松香酸钠</td><td colspan="2">≤0.005%</td></tr>
<tr><td>木质素磺酸钙</td><td colspan="2">≤0.02%</td></tr>
<tr><td rowspan="4">早强剂（组分）</td><td>氯化钠（工业盐）</td><td colspan="2">≤1.8%</td></tr>
<tr><td>硫酸钠（元明粉）</td><td colspan="2">0.8%～2.0%</td></tr>
<tr><td>硫代硫酸钠</td><td colspan="2">0.5%～1.5%</td></tr>
<tr><td>三乙醇胺</td><td colspan="2">≤0.05%</td></tr>
<tr><td rowspan="5">防冻剂（防冻组分）</td><td>氯化钠（工业盐）</td><td colspan="2">≤1.8%</td></tr>
<tr><td>硫酸钠（元明粉）</td><td colspan="2">0.8%～2.0%</td></tr>
<tr><td>亚硝酸钠</td><td colspan="2">≤0.5%</td></tr>
<tr><td>硝酸钠</td><td colspan="2">≤0.3%</td></tr>
<tr><td>乙二醇</td><td colspan="2">≤0.3%</td></tr>
</table>

注：由掺量转换为每吨用量的计算：

$$\text{母体（或小料）}=\frac{\text{母体（或小料）的掺量}}{\text{外加剂产品掺量}}$$

附表三

影响混凝土坍落度的主要因素和对策

坍落度变化	主要原因	具体原因	对策
坍落度偏大或变大	用水量高	砂石含水率增大	及时检测砂石含水率，尤其是新进砂和降雨后生产用砂石；增加含水率检测频率，按照实际含水率调整生产用水量。对于堆放一段时间的砂，砂子底部含水率较高，上料时不可托底铲取
		砂石含泥量降低（生产时使用的砂石含泥量较试配试验时的样品低）	降低生产用水量或外加剂掺量
		计量超差	若由于冲量设置值不合适，可进行修改；若由于传感器故障，需要更换传感器；若认为误操作，则改正
	外加剂掺量高	设定掺量偏高	降低外加剂掺量
		减水率提高	降低外加剂掺量，调整外加剂配方
		砂变粗（细度模数变大）	提高砂率，降低外加剂掺量
		石子粒径大	降低外加剂掺量或补充较小粒径石子
		砂石含泥量降低	降低外加剂掺量
	与外加剂适应性不良	保坍组分偏高，引起坍落度经时损失减小，出厂时仍按照一定的坍损值考虑预留	首先降低外加剂掺量，减小坍落度控制值，并尽快调整外加剂配方，降低保坍组分用量或更换保坍剂品种
		水泥组分变化（水泥熟料更换批次或厂家、混合材品种和比例调整、放置时间长、温度减低、吸潮）	降低外加剂掺量，减少保坍组分或缓凝组分的用量
		矿渣粉用量偏高或磨细过程中掺加石膏	降低矿渣粉用量，提高粉煤灰用量
	气温	气温降低，水泥水化速度慢，外加剂中的缓凝组分发挥作用效果增强	减低外加剂掺量，调整外加剂配方
	搅拌时间不足	搅拌时间短，在搅拌机内没有搅拌均匀，外加剂的作用效果未发挥完全，从电流表及电压表观测、判断混凝土坍落度合适，而经过罐车一路搅拌，到达交货现场时增大	延长搅拌时间，尤其在应用聚羧酸外加剂和高强度等级混凝土及冬季生产时

续表

坍落度变化	主要原因	具体原因	对策
坍落度变小或偏小	用水量降低	砂石含水率降低	及时检测砂石含水率，尤其是新进和露天堆放一段时间后的生产用砂石，表面较内部含水率低或夏季高温暴晒及风干；增加含水率检测频率，按照实际含水率调整生产用水量
		砂石含泥量升高（生产所用砂石含泥量较试验试配时高）	提高外加剂掺量或保持水胶比不变的情况下，增加用水量
		计量超差	若由于冲量设置不合适，可进行修改；若由于传感器故障，需更换传感器；若人为误操作，则改正
		矿物掺合料需水量高	降低需水量较大的矿物掺合料掺量
	外加剂掺量低	设定掺量偏低	提高外加剂掺量
		降水率降低	提高外加剂掺量或调整外加剂配方
		砂变细（细度模数减小）	减低砂率，提高外加剂掺量
		石子粒径变小	提高外加剂掺量或补充大粒径石子
		砂石含泥量升高	提高外加剂掺量或更换外加剂品种
	与外加剂适应性不良	保坍组分用量偏低，引起坍落度经时损失增大，出厂时仍按照一定的坍落度值考虑预留	首先提高外加剂掺量，增大出厂坍落度控制值，并尽快调整外加剂配方，提高保坍组分的用量或更换缓凝剂品种
		水泥组分变化（水泥熟料更换批次或厂家、混合材品种和比例调整、放置时间短、温度高）	提高外加剂掺量，增加保坍组分或缓凝组分用量
		矿物掺合料用量低	增加矿物掺合料用量
		掺膨胀剂或粉类外加剂	提高外加剂掺量
	气温	气温升高（包括所能接触的如材料存储仓、搅拌车罐体、泵管、模板）导致水分挥发量大，水泥水化速度加剧，尤其是夏季的高温时段，外加剂中的缓凝组分发挥作用效果不显著	提高外加掺量或调整外加剂配方
	水泥与外加剂适应性差	C_3A 含量较高，或石膏与 C_3A 的比例小，碱含量高	提高外加剂掺量，适当补充 SO_4^{2-}，增加缓凝剂用量
		含有硬石膏	避免使用木钙或糖钙，适当补充 SO_4^{2-}
		水泥中石膏偏高或石膏与 C_3A 的比例大	适当提高水泥或外加剂的碱含量

第五章　混凝土用水

水是混凝土的主要成分，它能直接影响混凝土拌合物的工作性和硬化混凝土的力学性能和耐久性。水在混凝土中一般以两种形式存在，一种是参与水泥水化而产生的化合水，这一部分大约占水泥用量的25%；另一种是为了满足混凝土的工作性而提供润滑作用的自由水。

一般认为能够饮用的水就能拌制混凝土，而且绝大部分混凝土使用当地饮用水直接拌制混凝土。某些情况下也允许使用海水拌制混凝土。水的品质可能影响混凝土的和易性、凝结时间、强度发展、耐久性及表面装饰性，因此，《混凝土用水标准》（JGJ 63—2006）对拌合用水和养护用水提出了相应的技术要求。

第一节　混凝土用水性能指标及用水量的选定

混凝土用水是混凝土拌合用水和混凝土养护水的总称，包括：饮用水、地表水、地下水、再生水、混凝土企业设备洗刷水和海水等。

一、混凝土拌合水技术要求

混凝土拌合用水水质要求应符合表5-1的规定。对于设计使用年限为100年的结构混凝土，氯离子含量不得超过500mg/L；对使用钢丝或经热处理钢筋的预应力混凝土，氯离子含量不得超过350mg/L。

表5-1　混凝土拌合用水水质要求

项目	预应力钢筋混凝土	钢筋混凝土	素混凝凝土
pH值	≥5.0	≥4.5	≥4.5
不溶物（mg/L）	≤2000	≤2000	≤5000
可溶物（mg/L）	≤2000	≤5000	≤10000
Cl^-（mg/L）	≤500	≤1000	≤3500
SO_4^{2-}（mg/L）	≤600	≤2000	≤2700
碱含量（mg/L）	≤1500	≤1500	≤1500

注：碱含量按$Na_2O+0.658K_2O$计算值来表示，采用非碱性骨料时，可不检验碱含量。

地表水、地下水、再生水的放射性应符合现行国家标准《生活饮用水卫生标准》（GB 5749—2006）的规定。

被检验水样应与饮用水样进行水泥凝结时间对比试验，对比试验的水泥初凝时间差及终凝时间差均不应大于30min；同时初凝和终凝时间应符合现行国家标准《通用硅酸盐水泥》（GB 175—2007）的规定。

被检验水样应与饮用水样进行水泥胶砂强度对比试验，被检验水样配制的水泥胶砂3d

和 28d 强度不应低于饮用水的水泥胶砂 3d 和 28d 强度的 90%。

混凝土拌合用水不应有漂浮明显的油脂和泡沫，不应有明显的颜色和异味。

混凝土企业设备洗刷水不宜用于预应力混凝土、装饰混凝土、加气混凝土和暴露于腐蚀环境的混凝土；不得用于碱活性或潜在碱活性骨料的混凝土。

海水中含有大量的硫酸盐以及钠和镁的氧化物（表 5-2），能加速混凝土凝结，提高混凝土早期强度。然而，由于硫酸盐会降低混凝土后期强度，特别是氯离子能引发钢筋锈蚀，所以，海水只允许拌制素混凝土，不得用于钢筋混凝土和预应力混凝土。另外，海水能引起盐霜，有饰面要求的混凝土不得用海水拌制。

表 5-2　海水中溶解盐的组分

物质名称	含量
氯化钠（%）	2.70
氯化镁（%）	0.32
硫酸镁（%）	0.22
硫酸钙（%）	0.11
氯化钙（%）	0.05
溶解盐总量（%）	3.40

近年来一些研究证明，用海水拌制的素混凝土除抗冻性有所下降外，长期强度是令人满意的，它和淡水拌制的掺氯化钠与硫酸钠早强剂的混凝土类似，具有提高混凝土早期强度的作用。

二、混凝土养护用水

混凝土养护用水可不检验不溶物和可溶物，其他检验项目应符合标准相关条款的规定；混凝土养护用水可不检验水泥凝结时间和水泥胶砂强度。

三、检验规则

（一）取样

水质检验水样不应少于 5L；用于测定水泥凝结时间和胶砂强度的水样不应少于 3L。采集水样的容器应无污染；容器使用后采集水样冲洗三次再灌装，并应密封待用。

地表水宜在水域中心部位、距水面 100mm 以下采集，并应记载季节、气候、雨量和周边环境的情况。地下水应在放水冲洗管道后接取，或直接用容器采集；不得将地下水积存于地表后再从中采集。再生水应在取水管道终端接取；混凝土企业设备洗刷水应沉淀后，在池中距水面 100mm 以下采集。

（二）检验期限和频率

水样检验期限应符合下列要求：

（1）水质全部项目检验宜在取样后 7d 内完成。

（2）放射性检验、水泥凝结时间检验和水泥胶砂强度成型宜在取样后 10d 内完成。

（3）地表水、地下水和再生水的放射性应在使用前检验；当有可靠资料证明无放射性污染时，可不检验。

地表水、地下水、再生水和混凝土企业设备洗刷水在使用前应进行检验；在使用期间，检验频率宜符合下列要求：

（1）地表水每6个月检验一次。

（2）地下水每年检验一次。

（3）再生水每3个月检验一次；在质量稳定一年后，可每6个月检验一次。

（4）混凝土企业设备洗刷水每3个月检验一次；在质量稳定一年后，可一年检验一次。

（5）当发现水受到污染和对混凝土性能有影响时应立即检验。

（三）结果评定

符合现行国家标准《生活饮用水卫生标准》（GB 5749—2006）要求的饮用水，可不经检验作为混凝土用水；符合本标准混凝土用水要求的水，可作为混凝土用水；符合混凝土养护要求的水，可作为混凝土养护用水；当水泥凝结时间和水泥胶砂强度的检验不满足要求时，应重新加倍抽样复检一次。

四、混凝土用水量的选定

对于没有添加减水剂的传统混凝土来说，混凝土的用水量主要取决于混凝土的坍落度和石子的最大粒径，而今高效减水剂的广泛使用，可以大幅度降低用水量，控制混凝土的坍落度。

混凝土的浆体量与坍落度有良好的相关性（表5-3），浆体量包裹在骨料表面主要起到填充骨料的空隙和润滑骨料表面，降低骨料颗粒之间的摩擦力。混凝土坍落度越大混凝土所需的浆体量越多。骨料的粒径、级配和拌合物的坍落度不同需要的浆体量也不相同。

表5-3 不同流变类型混凝土浆体量

种类	干硬性	低塑性	塑性	流动性	大流动性	自密实
坍落度（mm）	＜10	10～50	50～100	100～180	180～220	＞220
浆体量（L/m^3）	180～250	210～280	250～300	280～350	300～360	330～410

在选定用水量时，应满足混凝土工作性对浆体的要求，用水量不能过低也不能过高。高效减水剂的使用可以得到较高的减水率，如聚羧酸的饱和减水率可以达到40%以上。如果使用过高的减水率，必然造成混凝土用水量太低，再加上强度等级较低的混凝土水胶比较大，在水胶比确定的情况下，必然造成混凝土浆体过少，不能满足工作性的要求。用水量也不宜过大，过大的用水量会造成混凝土浆体过多，不利于混凝土的体积稳定性，增加混凝土内部产生收缩裂缝的概率，不利于混凝土的耐久性，况且也不经济。因此，用水量的选择应综合考虑工作性和耐久性，合理选定在一定的范围内（表5-4）。

表5-4 用水量和胶凝材料用量推荐表

强度等级	C10	C15	C20	C25	C30	C35
用水量（kg/m^3）	195～185		190～180	185～175	180～170	175～170
浆体量（m^3）	0.27～0.28		0.28～0.30		0.30～0.31	

续表

强度等级	C40	C45	C50	C55	C60	
用水量（kg/m^3）	170～165	165～160	160～155	155～150	150	供参考
胶凝材料用量（kg/m^3）	400～420	420～440	450～480	490～520	520～540	
浆体量（m^3）	0.31～0.33		0.33～0.36			

注：对于路面、地坪等坍落度要求较低时，用水量可以降低 $10kg/m^3$。

第二节 商品混凝土搅拌站废水的回收利用

随着我国经济建设和城市化进程的加快，基础设施建设逐年增加，商品混凝土的需求量也逐年增长，商品混凝土行业得到迅猛发展。同时，混凝土搅拌站生产过程中产生的固体废弃物和废水也随之增加，废水的随意排放，对环境造成严重的污染。

搅拌站废水是搅拌站清洗地面及设备（搅拌车、泵车及其他施工车辆）而产生的固体废弃浆体，这些浆体经沉淀分离后，形成搅拌站废水，如图 5-1 所示。

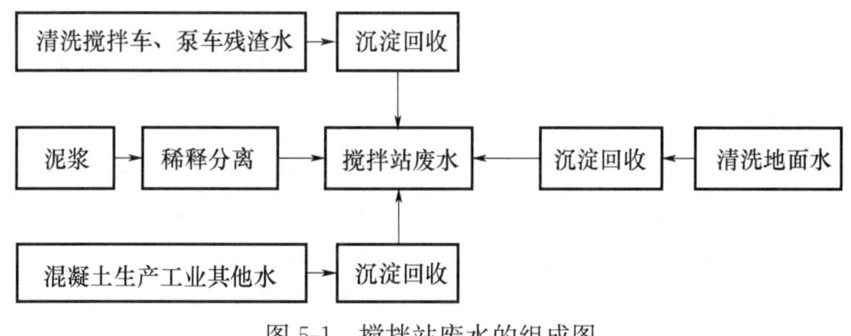

图 5-1 搅拌站废水的组成图

清洗搅拌、运输设备的废水中含有水泥、外加剂等强碱性物质，其 pH 值可达到 10～12，不溶物含量为 3000～5000mg/L。由于缺乏科学的管理和配套的处理技术措施，大量的废水直接排入下水道，废水中的微粉颗粒淤积硬化后堵塞下水道，需要花费大量的人力、物力来清理。

一、废水的特点与应用现状

（一）废水的特点

水泥是由 CaO、Fe_2O_3、Al_2O_3、SiO_2 四种主要的氧化物化合而成，水泥与水接触后，水泥熟料中的离子开始溶解，迅速变成含有 Ca^{2+}、Na^+、K^+、OH^- 和 SO^{2-}，液相中还有极少量的 Al_2O_3、SiO_2 等多种离子的溶液。天然砂、石中含有泥、泥块、硫化物、硫酸盐等。运输车中残留的混凝土冲洗后，粒径大于 0.15mm 的颗粒经过砂石分离机分离出去，废水中含有的细小固体颗粒主要为水泥、矿物掺合料以及砂、石多带入的黏土或淤泥颗粒及可溶性的无机盐和残留的外加剂。因此，废水是含有 Ca^{2+}、Na^+、K^+、OH^- 和 SO^{2-} 等离子和没有水化的水泥、矿物掺合料、细砂、泥土的混合水溶液。

废水中因含有 Na^+、K^+ 等离子，含碱量较高，在有水存在的条件下，废水中的碱与砂、石骨料中的活性成分 SiO_2 发生化学反应，引起混凝土的不均匀膨胀，导致裂缝的产生，影响混凝土结构物的耐久性。这种化学反应造成的破坏叫做“碱-骨料反应”，“碱-骨料反应”已经引起业界的普遍关注，我国对“碱-骨料反应”也做出相应的规定，我国依据工程环境进行分类，将水泥的总碱量（以当量 Na_2O 计，即 $R_2O=Na_2O\%+0.658K_2O\%$）控制在 0.6%以下，外加剂带入的碱含量不宜超过 $1kg/m^3$，混凝土总碱量不超过 $3kg/m^3$。

搅拌站废水中的 Na^+、K^+ 来自于水泥、外加剂、矿物掺合料，混凝土运输车残留运输量 0.5%的混凝土，混凝土中的浆体约占 30%，混凝土的总碱量不超过 $3kg/m^3$，假如刷一次车用 0.5 吨水，可以计算出每吨搅拌站废水中的碱含量为 0.009%，含量较低。因此，可以认为，使用废水不会造成“碱-骨料反应”。

（二）搅拌站废水回用的研究应用现状

20 世纪 80 年代，在德国，混凝土搅拌站废水已经被利用到混凝土生产中，德国的利用率为 95%，日本的利用率为 92%，而我国搅拌站废水的利用率仅为 5%左右，远低于发达国家的利用水平。国外对废水中的固体含量，也有标准规定，1991 年 9 月，Dafst 制定的第一版《利用废水、混凝土残余物、砂浆残余物生产混凝土准则》，依照该准则，搅拌站废水固体物质含量不超过 $18kg/m^3$；对于短期使用的建筑，固体物的含量可以放宽到不超过 $35kg/m^3$，可作为混凝土拌合用水使用，禁止在加气混凝土和高强混凝土中使用搅拌站废水。

英国标准 BSEN 1008 中规定，搅拌站废水可单独或混合后应用于混凝土生产，其中固体材料总量不超过混凝土骨料总量的 1%。如果混凝土中骨料的用量为 $1800kg/m^3$，按照此规定，废水中的固体物含量可以有 18kg/t，假如混凝土用水量为 $180kg/m^3$，则废水中的固含量浓度允许达到 10%。

美国的 ASTMC 1602/C 与 1603 M-04 标准中规定，废水中固体含量不应大于 5%。某公司技术人员分别对早晨 6 时、上午 11 时、下午 16 时的废水取样，一天测试三次。经过一个月的取样检测发现，洗车高峰期上午 11 时废水固含量达 10%～12%，早晨仅为 1%～3%。废水的密度为 $1.04g/cm^3$，平均固含量为 5.4%，由此看来美国标准的规定更符合实际。

搅拌站废水在混凝土中作为拌合水使用，国内外学者均进行了大量的研究，主要集中在搅拌站废水对混凝土的工作性能、力学性能和耐久性几个方面。从工作性能上看，使用搅拌站废水拌制的混凝土流动性、和易性均小于饮用水拌制的混凝土；从力学性能来看，对于低强度等级混凝土，搅拌站废水掺量的增加对混凝土抗压强度影响不大，而对中高强度等级的混凝土，混凝土抗压强度随搅拌站废水掺量的增加而降低，掺量越大，降低幅度也越大；从混凝土耐久性上来看，掺加搅拌站废水对混凝土的抗冻融性、抗渗透性和抗碳化性方面基本无不良影响。姚志玉研究表明，掺加搅拌站废水抗冻融能力优于饮用水配制的混凝土。

二、废水对水泥性能的影响

混凝土拌合用水需满足：① 符合国家标准的饮用水，pH 值为 7.1。② 搅拌站废水的固含量为 5.3%，pH 值为 11.5。主要成分：水、水泥、粉煤灰、矿物掺合料、小于 0.15mm

的细砂粉及少许的含泥量（亚甲蓝试验合格），对废水固体成分分析见表 5-5。

表 5-5 废水固体成分分析

矿物成分	氧化硅	氧化钙	氧化铁	氧化铝	氧化镁	烧失量	总和
含量（%）	35.1	9.8	3.1	32.5	2.9	15.4	98.8

（一）废水对水泥标准稠度用水量、凝结时间的影响

搅拌站废水中含有少量水泥水化产物 $Ca(OH)_2$ 及残留的外加剂，pH 值为 11.5，将其按一定比例与饮用水混合作为混凝土拌合用水使用时，可能会影响到水泥的标准稠度用水量、凝结时间、安定性及水泥胶砂强度等。按照《水泥标准稠度用水量、凝结时间、安定性检测方法》（GB/T 1346—2011），对废水掺量分别为 0%、20%、40%、60%、80%、100%时，测试水泥的标准稠度用水量、凝结时间及安定性，其试验结果见表 5-6。

表 5-6 搅拌站废水掺量对水泥性能的影响

水泥用量（g）	废水掺量（%）	标准稠度用水量（%）	凝结时间（min）		安定性
			初凝	终凝	
500	0	26.3	188	245	合格
	20	26.9	195	249	合格
	40	27.5	192	252	合格
	60	28.0	195	258	合格
	80	28.4	198	256	合格
	100	28.6	205	265	合格

由表 5-6 试验结果可知：搅拌站废水在不同的掺量下，水泥的安定性均合格，说明搅拌站废水没有对水泥的安定性产生不良影响。

搅拌站废水对水泥的标准稠度用水量产生一定的影响，随着掺量的增加，水泥标准稠度用水量逐渐增大，搅拌站废水掺量为 100%时，水泥标准稠度用水量较掺量（0%）增加了 2.3%，基本接近掺量每增加 20%，标准稠度用水量增加 0.5%左右。这是因为搅拌站废水中含有一些悬浮颗粒，不易沉淀，增加了水泥的总表面积，增加水泥的标准稠度需水量；此外，这些颗粒本身会有一定的吸水性，同样会增加用水量。

搅拌站废水对凝结时间产生一定的影响，随着掺量的增加初、终凝时间逐渐延长，掺量为 100%时，初凝时间延长 17min，终凝时间延长 20min。初凝与终凝时间对水泥凝结时间的影响小于《混凝土用水》（JGJ 63—2006）标准规定的差值，在 30min 以内，可以用作混凝土拌合水。水泥凝结时间的测定是在水灰比为 0.25 左右情况下测得的，而 C30 混凝土的水胶比为 0.5 左右，其凝结时间约是水胶比 0.25 时的 2 倍，如果考虑矿物掺合料替代的水泥减少的量，再加上外加剂对混凝土凝结时间的影响，水泥凝结时间波动 30min，混凝土凝结时间将波动到 90～120min。

（二）废水对水泥胶砂强度的影响

依据《水泥胶砂强度检验方法 ISO 法》（GB/T 17671—1999），当搅拌站废水掺量为 0%、20%、40%、60%、80%、100%时，对 3d 和 28d 水泥胶砂抗折和抗压强度进行试验，

水泥胶砂配合比见表5-7。

表5-7 不同掺量废水的水泥胶砂配合比

序号	废水掺量（%）	拌合水（g）		水泥（g）	砂（g）
		自来水	废水		
1	0	225	0	450	1350
2	20	180	45	450	1350
3	40	135	90	450	1350
4	60	90	135	450	1350
5	80	45	180	450	1350
6	100	0	225	450	1350

搅拌站废水不同掺量的情况下，对3d和28d的水泥胶砂抗折强度和抗强的影响，其试验见表5-8。

表5-8 搅拌站废水对水泥胶砂强度的影响

序号	废水掺量（%）	抗折强度（MPa）		抗压强度（MPa）	
		3d	28d	3d	28d
1	0	5.4	7.5	28.3	48.1
2	20	5.5	7.5	28.5	48.3
3	40	5.3	7.6	27.3	47.9
4	60	5.7	7.4	27.2	47.7
5	80	5.6	7.3	27.5	47.6
6	100	5.4	7.2	26.8	47.1

由表5-8试验结果可知：不同掺量搅拌站废水对水泥胶砂3d、28d抗压强度和抗折强度影响不大，各掺量下的强度值与饮用水水泥胶砂强度的比值均大于90%，符合《混凝土用水》（JGJ 63—2006）的要求指标，可以作为混凝土用水使用。

根据《普通混凝土配合比设计规程》（JGJ 55—2011）的计算公式，碎石混凝土强度$f_{cu,0}$与胶凝材料28d胶砂强度f_b（可以按照水泥28d胶砂强度值乘以矿物掺合料的影响系数求得）存在如下关系：

$$f_{cu,0}=\frac{0.53f_b}{W/B}-0.53\times0.20f_b$$

从上式可知，当水胶比一定时，混凝土抗压强度随胶凝材料28d强度变化而变化，而胶凝材料28d胶砂强度与水泥的28d强度有很大的关系。若胶凝材料中粉煤灰掺量为20%，粉煤灰的影响系数取0.8，水泥28d胶砂强度变化1MPa，则胶凝材料28d强度变化0.8MPa。假设C30混凝土水胶比为0.47，代入上式，混凝土强度将变化约0.8MPa。假如水胶比为0.3，则水泥强度波动1MPa，混凝土强度波动约1.3MPa。从以上分析来看搅拌站废水对水泥胶砂强度影响较小，不会引起混凝土抗压强度的巨大波动。

三、废水对减水剂减水率的影响

搅拌站废水的pH值较高，并含有砂、石留下的泥粉等有害杂质，这些物质将会对减水剂带来一定的影响。根据《混凝土外加剂匀质性试验方法》（GB/T 8077—2012）及《混凝土外加剂》（GB 8076—2008），废水与饮用水对不同种类减水剂的减水率、水泥净浆流动度和1h经时损失、凝结时间的差别。将所使用减水剂的减水率调整到20%左右，进行试验，其结果见表5-9。

表5-9　废水对外加剂性能的影响

减水剂	水的种类	减水率（%）	净浆流动度（mm）		凝结时间（min）	
			初始	1h后	初凝	终凝
萘系	饮用水	20.3	230	205	390	615
	废水	18.0	195	170	395	625
脂肪族	饮用水	20.5	235	215	380	625
	废水	18.5	210	185	385	635
氨基磺酸盐	饮用水	20.2	245	235	370	615
	废水	18.8	220	205	380	625
聚羧酸	饮用水	20.6	265	260	360	560
	废水	16.6	190	155	335	525

从表5-9试验数据可以看出，搅拌站废水对不同种类的减水剂的净浆流动度和1h经时损失的性能指标差别很大。从减水率来看：萘系减水剂、脂肪族减水剂的减水率饮用水与废水差别相差在2%左右；氨基磺酸盐减水剂的减水率差别在1.5%左右；聚羧酸减水剂的减水率降低最多，减低了4%。从净浆流动度来看：萘系、脂肪族、氨基磺酸盐高效减水剂的初始流动度，饮用水与废水相差20～30mm，1h经时损失小于30mm；聚羧酸减水剂两者的初始净浆流动度差值在70mm左右，1h经时损失两者差值更大，达100mm，经时损失也达45mm/h，超过30mm/h。从凝结时间来看，搅拌站废水对萘系、脂肪族、氨基磺酸盐减水剂的凝结时间影响不大，对聚羧酸减水剂的凝结时间缩短30min左右。

有研究表明，水泥中的硫酸根含量对于萘系减水剂和脂肪族减水剂存在最佳掺量，水泥净浆流动度及经时损失取决于最佳硫酸根含量，搅拌站废水中含有的硫酸根离子对萘系和脂肪族的影响较小。搅拌站废水中的硫酸根离子影响聚羧酸减水剂在水泥上的吸附量，再加上搅拌站废水中的砂石骨料剩余的泥粉吸附一定量的聚羧酸，降低聚羧酸的浓度，使净浆流动性变差。

搅拌站废水可以使减水剂减水率降低，使用搅拌站废水拌制混凝土时，应尽量避免使用聚羧酸减水剂，使用传统高效减水剂可以通过提高减水剂掺量来获得满意的混凝土工作性。

四、废水对混凝土性能的影响

（一）废水对混凝土的工作性、抗压强度的影响

搅拌站废水含有水泥水化产物$Ca(OH)_2$、矿物掺合料和残留的外加剂，pH值较高。国内外已经有许多专家学者对搅拌站废水对混凝土性能的影响做大量的研究，并得出很多有价值的结论，搅拌站废水的掺入对混凝土性能并没有明显不良影响。结合自身搅拌站废水的具

体特点，用搅拌站废水与饮用水混合使用配制 C20、C30、C40 三种强度等级的混凝土，搅拌站废水分别掺入 0%、20%、40%、60%、80%、100%进行试验，其配合比如见表 5-10、表 5-11 和表 5-12。

表 5-10　C20 混凝土配合比

废水掺量（%）	混凝土各原材料用量（kg/m³）						
	自来水	废水	水泥	粉煤灰	砂	石	外加剂
0	180	0	210	90	825	1050	5.4
20	144	36	210	90	825	1050	5.4
40	108	72	210	90	825	1050	5.4
60	72	108	210	90	825	1050	5.4
80	36	144	210	90	825	1050	5.4
100	0	180	210	90	825	1050	5.4

表 5-11　C30 混凝土配合比

废水掺量（%）	混凝土各原材料用量（kg/m³）						
	自来水	废水	水泥	粉煤灰	砂	石	外加剂
0	175	0	280	80	772	1066	7.2
20	140	35	280	80	772	1066	7.2
40	105	70	280	80	772	1066	7.2
60	70	105	280	80	772	1066	7.2
80	35	140	280	80	772	1066	7.2
100	0	175	280	80	772	1066	7.2

表 5-12　C40 混凝土配合比

废水掺量（%）	混凝土各原材料用量（kg/m³）						
	自来水	废水	水泥	粉煤灰	砂	石	外加剂
0	165	0	340	72	725	1090	9.5
20	132	33	340	72	725	1090	9.5
40	101	66	340	72	725	1090	9.5
60	66	101	340	72	725	1090	9.5
80	33	132	340	72	725	1090	9.5
100	0	167	340	72	725	1090	9.5

依据《普通混凝土拌合物性能试验方法标准》（GB/T 50080—2002），测定 C20、C30、C40 混凝土坍落度和扩展度，比较不同掺量的搅拌站废水对混凝土拌合物的影响。

C20 混凝土的初始坍落度、扩展度和 1h 后坍落度、扩展度及抗压强度见表 5-13；C30 混凝土的初始坍落度、扩展度和 1h 后坍落度、扩展度及抗压强度见表 5-14；C40 混凝土的初始坍落度、扩展度和 1h 后坍落度、扩展度及抗压强度见表 5-15。

表 5-13 C20 混凝土抗压强度

废水掺量（%）	初始（mm）		1h（mm）		抗压强度（MPa）	
	坍落度	扩展度	坍落度	扩展度	7d	28d
0	185	495×500	175	480×490	16.7	25.8
20	185	480×480	180	470×470	16.9	26.2
40	180	465×470	170	430×430	16.4	25.3
60	175	465×480	170	445×450	16.0	24.8
80	160	410×395	120	300×305	16.5	24.9
100	150	330×340	105	无流动性	15.8	24.1

从表 5-13 可以看出，搅拌站废水掺量不超过 60%时，混凝土的初始坍落度在 180mm 左右变化，对混凝土的工作性影响不大。超过 60%以后，随着搅拌站废水掺量的增加，坍落度逐渐减低，混凝土流动性降低更快，坍落度 1h 经时损失更大。

从 C20 混凝土的力学性能来看，随着搅拌站废水掺量的增加，混凝土强度值变化不大。但是，强度等级 C20 的混凝土，废水掺量不宜超过 60%，即混凝土拌合用水的固体废物含量不超过 3%，混凝土强度等级低于 C20 的混凝土可以适当增加搅拌站废水的掺量。

表 5-14 C30 混凝土抗压强度

废水掺量（%）	初始（mm）		1h（mm）		抗压强度（MPa）	
	坍落度	扩展度	坍落度	扩展度	7d	28d
0	200	520×525	200	500×500	29.4	38.1
20	205	500×500	185	460×460	29.1	38.5
40	195	485×480	175	430×435	27.8	37.1
60	185	445×445	165	395×400	27.6	37.6
80	175	380×365	140	330×230	27.1	36.7
100	160	350×350	125	无流动性	28.8	36.3

从表 5-14 可以看出，搅拌站废水掺量不超过 40%，混凝土的坍落度在 200mm 左右，混凝土的坍落度、扩展度及 1h 的坍落度和扩展度经时损失均能满足《预拌混凝土》（GB/T 14902—2012）要求。搅拌站废水的掺量对混凝土的抗压强度影响不大，均满足 C30 强度等级的要求。

当搅拌站废水掺量超过 40%以后，坍落度与扩展度损失较快，不能满足混凝土工作性的要求。因此，C30 混凝土的搅拌站废水最大掺量为 40%，即混凝土拌合用水的固体废物含量不超过 2%，强度等级降低可以适当增加搅拌站废水的掺量。

表 5-15 C40 混凝土抗压强度

废水掺量（%）	初始（mm）		1h（mm）		抗压强度（MPa）	
	坍落度	扩展度	坍落度	扩展度	7d	28d
0	220	520×525	200	500×500	41.4	50.1
20	215	500×500	190	480×470	39.1	50.5

续表

废水掺量（%）	初始（mm）		1h（mm）		抗压强度（MPa）	
	坍落度	扩展度	坍落度	扩展度	7d	28d
40	200	465×470	180	430×430	37.7	50.1
60	185	415×410	155	345×350	37.4	48.6
80	170	380×365	120	300×290	37.1	46.8
100	160	330×340	105	无流动性	38.8	47.2

从表 5-15 可以看出，搅拌站废水在各掺量下，抗压强度均能满足 C40 混凝土的强度要求，说明搅拌站废水配制的混凝土在力学性能上差别不大。对于 C40 的混凝土，搅拌站废水掺量不超过 20%时，对混凝土的工作性影响不大。搅拌站废水的掺量在 20%时，初始坍落度为 215mm，扩展度为 500mm×500mm，经时损失小于 30mm/h，工作性能较好。随着搅拌站废水掺量的增加，混凝土工作性逐渐下降，掺量越多，减低的幅度越大。因此，对于 C40 混凝土的搅拌站废水掺量不宜超过 20%，即混凝土拌合用水的固体废物含量不超过 1%，强度等级降低时，搅拌站废水的掺量可以适当增加。

（二）废水对混凝土抗裂性的影响

混凝土塑性开裂是指混凝土处于塑性阶段时产生的塑性变形产生裂缝，这种裂缝伴随混凝土的凝结的整个过程。混凝土的水胶比及原材料等参数对混凝土的塑性开裂有重要的影响，这些参数主要影响新拌混凝土的塑性状态和水泥水化进程。搅拌站废水的 pH 值较高，且含有一定的固体颗粒，必然造成混凝土的收缩变大，造成混凝土塑性开裂。只有了解搅拌站废水使用过程中塑性开裂的特点，才能采取有效的措施控制裂缝。

本试验参考《普通混凝土长期性和耐久性能试验方法标准》（GB/T 50082—2009）的试验方法，采用混凝土平板法抗裂试验，选用 C20、C30、C40 三个强度等级，分别对搅拌站废水不同掺量的混凝土拌合物塑性裂缝出现的时间、发展速度和 5h 裂缝宽度测量，混凝土配合比和试验结果见表 5-16。

表 5-16　不同废水掺量对混凝土裂缝的影响

废水掺量（%）	C20		C30		C40	
	裂缝出现时间（min）	5h 裂缝宽度（mm）	裂缝出现时间（min）	5h 裂缝宽度（mm）	裂缝出现时间（min）	5h 裂缝宽度（mm）
0	170	0.20	155	0.30	145	0.75
20	155	0.25	140	0.45	120	0.90
40	145	0.60	120	0.60	105	1.10
60	130	0.85	105	1.15	95	1.40
80	120	1.00	95	1.45	85	1.50
100	115	1.10	75	1.55	55	1.40

从表 5-16 可以看出：各强度等级的混凝土均有裂缝产生，随着搅拌站废水掺量的增加，塑性裂缝出现的时间越来越短，5h 裂缝的宽度越来越大。混凝土强度等级越高，塑性裂缝出现的时间越来越短，5h 裂缝的宽度随着强度等级的增高而变宽。混凝土强度越高随着搅

拌站废水掺量的增加，5h裂缝宽度的增幅越来越大。

搅拌站废水的加入在一定程度上加剧了混凝土的塑性开裂，在混凝土的施工过程中，我们要更加重视混凝土的保水养护，及时进行二次抹面。在高温、大风等水分蒸发量较大的天气下施工时，在混凝土二次抹面之前，必要时要进行喷雾增湿，增加空气湿度。

五、废水利用的生产应用技术

（一）施工操作要点

1. *砂、石回收*

砂、石的回收使用砂石分离机。砂石分离机主要由内壁附有螺旋叶片的筛网滚筒和螺旋铰龙构成，通过倾斜筛网滚筒和铰龙的分离输送将残余料中的砂石分别分离出来，送回各自的料场用于混凝土的生产，分离后的废水进入回收池。

2. *废水回收*

回收池的废水通过池中搅拌器的间歇性周期运动，保持废水的均匀并不使池中废水产生沉淀。废水通过搅拌站主机控制系统被合理的用于混凝土的生产。

通过搅拌站内混凝土拌合物分离系统将整个搅拌站生产的固体废弃物进行分离后，废水通过排水沟聚集于一个沉淀池进行稀释沉淀、澄清后，重新利用；而又可抽取澄清池内的水以供冲洗搅拌站车和泵车的外表或冲洗搅拌站地面等各种用途，所产生的废水通过排水沟回到沉淀池，得到重新利用，真正实现搅拌站废水的零排放。具体废水利用工艺流程如图5-2所示。

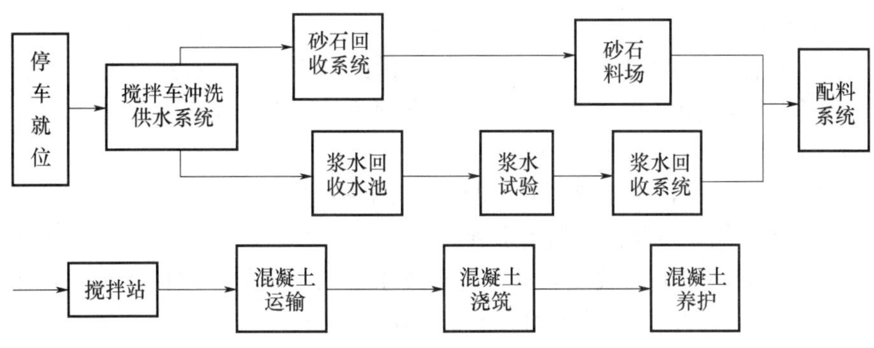

图5-2 混凝土废水回收再利用工艺流程图

（二）劳动力组织

废水利用自动化程度高，需要劳动力较少，不需额外增加劳动力，均可由搅拌站操作人员兼任，能极大的提高生产效率，劳动力组织见表5-17。

表5-17 劳动力组织一览表

序号	工种	所需人数	工作内容	备注
1	电工	1	维护保养	由搅拌站电工兼任
2	回收站操作人员	4	废水回收利用	由搅拌站操作人员兼任
3	回收站装载机驾驶员	2	砂石回收利用	由搅拌站装载机驾驶员兼任

（三）材料与设备

现场施工材料设备根据施工进度随时调整，详见表 5-18。

表 5-18 材料设备一览表

序号	名称	规格	单位	数量
1	螺旋分离机	—	台	1
2	可编程控制器	西门子 S7-200	台	1
3	混合砾石箱	—	个	1
4	污水回流管路	ϕ75	m	按场地配置
5	回收水池	4×4×3	m^3	1
6	搅拌器	功率 5.5kW，叶片直径 1200mm	台	1
7	至水秤管路	ϕ75	m	按场地配置
8	至清洗架冲洗管路	ϕ75	m	按场地配置
9	振动筛	—	台	1
10	水箱补水管路	ϕ75	m	按场地配置
11	水位控制开关	—	个	2
12	污水泵	流量 25m^3/h，功率 2.2kW	台	2
13	污水泵	流量 36m^3/h，功率 5.5kW	台	1

（四）质量控制

1. 质量控制标准

依据《建设用砂》（GB/T 14684—2011）、《建设用碎石、卵石》（GB/T 14685—2011）和《混凝土拌合用水》（JGJ 63—2006）对废水及回收砂石进行检测。

2. 质量控制措施

在废水的使用过程中，应注意以下几点质量控制措施：

（1）废水回收管线应与原搅拌站用水管线并行，使之与搅拌站协调一致。在所有的废水水平水管上均设有 1%～2%的坡度，且在靠近废水池的一端低，以便于废水不用时管内的废水顺利排出，以防长时间不用废水时废水沉淀堵塞管道。

（2）在污水泵进水口和进水管道末端均设置过滤网，以防污水中粒径过大的杂物进入混凝土中，并应对滤网定期清理，以防污物堵塞管道。

（3）废水浓度控制，浓度过高生产的混凝土坍落度较小，和易性差，不便于施工，应保证废水浓度在经试验证明的允许范围之内，废水浓度在 2%～4%时可顺利生产；废水浓度超出 2%～4%时可调整施工配合比中废水和饮用水的比例来实现。

（4）每盘混凝土的坍落度严格控制，使其误差控制在±30mm 以内。

（5）严格控制混凝土的搅拌时间，搅拌时间不低于规范规定，并保证搅拌好的混凝土均匀、和易性良好。混凝土配料采用质量比，并严格计量，其允许偏差不得超过下列规定：水泥、掺合料±1%，砂石±2%，水、外加剂±1%。

（五）安全措施

在生产中应加强安全措施：

（1）经搅拌后仍会有部分浆料沉淀，随时间增长会严重影响设备寿命，应定期安排人员清理水池底部沉淀浆料。

（2）搅拌池中的水位低于搅拌器叶片时，严禁启动搅拌器，否则将造成搅拌器轴弯曲、搅拌器减速机损坏，同时应及时向搅拌池中补水。

（3）在回收水池周围的池壁上安装护栏，防止人员和异物进入回收池中。

（4）严禁人员在水管上面行走，防止管道损坏。

（5）定期进行用电线路和废水管线进行检修，预防雨天生产出现漏电现象。

（六）环保措施

（1）沉淀池壁必须进行抗渗处理，废水属碱性，如不进行抗渗处理碱水外渗会污染周围环境。

（2）搅拌车停靠进行清洗时放料口必须对准回收料斗，不得随便排放。

（3）回收的砂石及时运至料场，有序堆放。

（4）分离设备的外面要封闭，降低分离时的噪声。

第六章 混凝土配合比设计

第一节 配合比设计原则

混凝土配合比设计是将水泥、矿物掺合料、骨料、水和外加剂按照一定的比例配制出强度、耐久性、工作性满足工程需要的混凝土拌合物。在混凝土配合比设计过程中首先满足工程施工要求、强度和工程环境所需的耐久性，其次考虑混凝土的经济性。通过合理选择原材料生产出满足工程要求、经济合理、耐久性良好的混凝土。混凝土配合比设计就是根据原材料的技术性能及施工条件，合理选择原材料，并确定出能满足工程所需求的技术经济性能指标的各项组成材料的用量，在混凝土的工作性、强度、耐久性和经济性方面达到最佳。

一、配合比设计原则

（一）工作性

在土木工程施工过程中，为获得均匀、密实的混凝土材料，方便混凝土运输、泵送、浇筑、振捣等施工工序，要求混凝土必须具有良好的工作性能，混凝土不发生分层、离析、泌水的现象。混凝土的工作性是结构成型、硬化、产生强度之前的关键环节，也是混凝土结构后期强度与耐久性的保证。混凝土工作性是一个综合指标，具体包括流动性、黏聚性和保水性。

（1）流动性：指混凝土拌合物浇筑后，在重力或机械振捣的作用下，能够流动并均匀充满模板的能力。流动性的好坏直接影响混凝土硬化后的质量，流动性过小，难以振捣成型，容易造成内部或表面空洞等缺陷，但流动性过大易造成混凝土泌水、离析，经过振捣后容易出现离析分层，影响混凝土匀质性和密实性，造成混凝土凝结收缩不一致而增大开裂的风险。混凝土的流动性较差，表现为其坍落扩展度小，流速慢，混凝土表面缺少浆体（图 6-1）；混凝土流动性优异，表现为流速快，混凝土表面浆体充盈且有光泽（图 6-2）。

（2）黏聚性：指混凝土拌合物各组成材料之间具有一定的黏聚力，在施工工程中，不发生分层、离析现象。黏聚性是保证混凝土整体匀质性的重要因素，如果黏聚性过差，则混凝土中骨料与浆体容易分离，将会导致混凝土在施工振捣下产生蜂窝、麻面等质量问题。混凝土做坍落度试验时，试体向周围坍落为黏聚性好（图 6-2），试体向一边垮塌或部分石子外漏，表面不粘砂浆为黏聚性差（图 6-3）。

（3）保水性：指混凝土拌合物能够保持其内部水分不会流失的性能，良好的保水性使混凝土不会发生离析、分层，内部水析出到表面留下许多毛细管孔道，成为混凝土渗水通道。混凝土拌合物装入坍落度筒捣实后，筒底稍有稀浆或无稀浆为保水性好（图 6-2）；若混凝土拌合物倒在铁盘上，表面有水或水泥稀浆析出说明保水性差，即为离析现象（图 6-4）。

图 6-1 流动性较差的混凝土

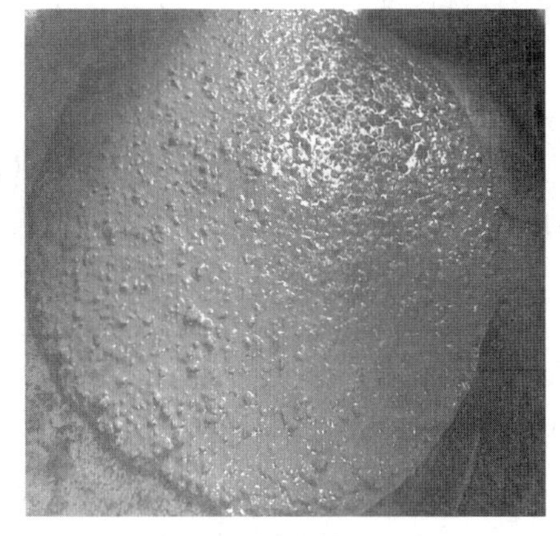

图 6-2 流动性良好的混凝土

图 6-3 混凝土黏聚性差

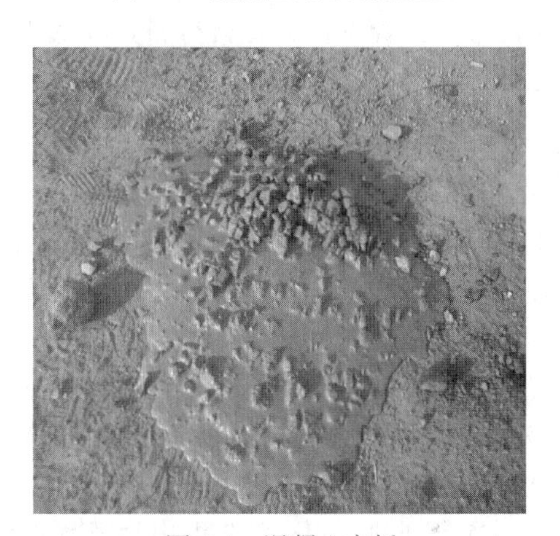

图 6-4 混凝土离析

工作性的三个指标相辅相成、相互影响。一般来讲，混凝土流动性大，黏聚性和保水性就会降低；混凝土黏聚性好，流动性就会降低。所以，计算混凝土配合比时，必须同时考虑三个因素，使混凝土新拌合物同时满足工作性的三个指标，在它们之间找到一个平衡点，提高混凝土拌合物的匀质性。

（二）强度

水胶比是决定混凝土强度的关键因素。目前，尽管强度不再是衡量混凝土质量好坏的唯一指标，但是强度仍然是混凝土结构的一个重要因素。因为强度是保证混凝土结构工作的重要保证，所以混凝土强度的保证是混凝土配合比设计的原则之一。

（三）耐久性

目前，满足混凝土强度要求已不再困难，人们更加注重的是混凝土的耐久性，耐久性是针对混凝土结构使用环境而言，脱离混凝土结构的使用环境，就很难保证混凝土耐久性。一般使用环境下，混凝土耐久性差主要是由混凝土碳化引起；其他特殊条件如硫酸盐环境、碱-骨料反应、氯离子环境等都对混凝土耐久性有严重的影响。在混凝土配合比设计工作中，耐久性是非常重要的指标，故应有一个最大水胶比和最小胶凝材料总量的限制。

水胶比： $(W/B) \leqslant (W/B_0)_{max} = 0.75 - 0.05H$[1] (6-1)

胶凝材料总量：
$$C_0 \geqslant C_{min} = 275 + 25(H + I) \tag{6-2}$$
式中 H——耐久性环境作用等级；

I——配筋情况。

根据《混凝土结构耐久性设计规范》（GB/T 50746—2008）标准，把耐久性所要求的环境类别分为：一般环境、冻融环境、海洋氯化物环境、除冰盐等其他氯化物环境、化学腐蚀环境，并把这些环境类别等级分为 A（轻微）、B（轻度）、C（中度）、D（严重）、E（非常严重）、F（极端严重）六个等级，其 H 分别取 1、2、3、4、5、6；对于 I 的取值，有配筋要求取 $I=1$，无配筋取 $I=0$。

（四）经济性

经济性是在保证混凝土工作性、强度和耐久性的前提下降低混凝土成本的重要目标。降低成本主要途径有：使用质量优良的混凝土原材料，提高混凝土生产质量稳定性；选用粒形好、级配好、空隙率低的骨料材料，降低用水量以减少胶凝材料用量。

二、配合比设计方法

（一）国外混凝土配合比设计方法

不同的混凝土配合比设计方法均有其优缺点，其设计方法与适用范围各有不同。目前，国内外存在的混凝土配合比设计方法均是半经验半计算的方法，对工程经验要求较高，不利于初学者灵活掌握。

目前，国外混凝土配合比设计方法包括意大利的 Collepardi 提出的混凝土配合比设计方法，美国的 P. K. Mehta 和加拿大的 P. C. Aitcin 共同提出的以浆骨比为基础的高性能混凝土配合比设计方法。此外，日本、法国对混凝土配合比技术同样有成熟的研究。

（1）意大利的 Collepardi 提出的混凝土配合比设计方法

意大利的 Collepardi 提出的混凝土配合比设计分为简易配合比设计与复杂配合比设计。在此，主要介绍简易配合比设计方法。该方法是以混凝土的性能与混凝土用原材料之间关系为基础，此处的性能为混凝土的工作性与强度，原材料主要包括粉体材料与骨料的质量品质。具体设计方法如下：

① 配制强度

配合比设计中根据以下公式将特征强度（f_{ck}）转化为 28d 平均抗压强度（f_{mc28}），并以此检验混凝土的特征强度，见公式（6-3）：
$$f_{mc28} \geqslant f_{ck} + 4 \tag{6-3}$$

② 水胶比

水胶比取决于水泥强度等级和骨料最大粒径，主要根据水泥强度与混凝土抗压强度之间的关系，得出混凝土的水胶比。

③ 用水量及水泥用量

根据设计坍落度、骨料的最大粒径和种类、对新拌混凝土工作性的影响推算出用水量。使用天然骨料时，拌合用水量减少 $10kg/m^3$；使用人工骨料时，拌合用水量需增加 $10kg/m^3$。水泥用量按式（6-4）计算：
$$C = \frac{W}{W/C} \tag{6-4}$$

④ 骨料体积

在每立方米混凝土中，通过绝对体积法，利用材料的表观密度、质量求得各组分材料用量的体积，最后用 $1m^3$ 减去浆体体积与含气量，求得骨料的体积用量 V_a。

⑤ 砂率

求得骨料之间的最小空隙体积；或者为了提高工作性，空隙体积可以稍高一些。由此得出砂子体积和石子体积 V_g，进而得出砂子质量 S 和石子质量 G。

至此，混凝土配合比设计计算过程结束，得到每立方米混凝土中各组分的用量。

意大利的 Collepardi 提出的简易配合比设计方法，根据骨料调整用水量以控制混凝土坍落度，对混凝土强度、耐久性影响较大；另外，现在混凝土主要以高效减水剂调整工作性，该方法已经不再适用。

（2）美国的 P. K. Mehta 和加拿大的 P. C. Aitcin 提出的混凝土配合比设计方法

美国的 P. K. Mehta 和加拿大的 P. C. Aitcin 提出了高性能混凝土浆骨比为 35∶65 的定义，并给出高强混凝土配合比设计方法。Mehta 认为，当高强混凝土采用品质优良（粒形圆滑、空隙率小）的骨料时，将浆体与骨料的体积比定为 35∶65，可以配制出性能优良的混凝土。该方法在长期对现有高强、高性能混凝土试验的基础上，对高强混凝土配合比设计参数提出假设，从而得出初步配合比，然后在试验的基础上进行调整。具体步骤如下：

① 确定混凝土的配制强度，见公式（6-5）：

$$f_{cu,0} \geqslant f_{cu,k} + 1.645\sigma \tag{6-5}$$

式中 $f_{cu,0}$——混凝土配制强度（MPa）；

$f_{cu,k}$——混凝土立方体抗压强度标准值，这里取设计混凝土强度等级值（MPa）；

σ——混凝土强度标准差（MPa）。

② 根据配制强度等级选择水胶比；

③ 计算浆体组成：从浆体体积中减去水的体积与 $0.02m^3$ 的含气量，剩下的是胶凝材料体积，根据矿物掺合料掺量确定浆体各组分用量；

④ 确定砂、石用量。骨料的总体积为 $0.65m^3$，根据强度等级查表得出砂石比（砂率），最后计算 $1m^3$ 混凝土中各组分用量。

美国的 P. K. Mehta 和加拿大的 P. CAitcin 提出的 35∶65 的浆骨比主要针对高强混凝土。对于低强度等级混凝土来说，浆体体积过大，胶凝材料用量过多，对于混凝土耐久性与经济性不利。

（3）美国混凝土协会（ACI）的方法

美国混凝土协会 211 委员会制定《使用粉煤灰和硅酸盐水泥的高强混凝土设计指南》，提出一种掺粉煤灰的高强度混凝土配合比设计和优化的方法。此法适用于抗压强度在 41～83MPa 之间的普通密度引气混凝土，主要采用一系列不同胶凝材料和用量进行试拌，从而得到最佳配合比。

其实施的具体步骤为：坍落度和强度选择；骨料最大粒径选择；骨料最佳用量选择；估算拌合水和含气量；水胶比选择；计算胶凝材料用量；计算基准拌合物配合比；计算掺粉煤灰拌合物配合比；试拌、调整及选择最佳配合比。

按以上步骤工作，可得一套试验室配合比，以此作为提供现场试拌混凝土配合比的基础，进而可以从中选择最佳配合比。

（4）法国国家路桥试验室（LCPC）的方法

该方法针对硅灰高性能混凝土的配合比设计，其主要思路是：用胶结料浆体进行流变试验，用砂浆进行力学试验，建立胶结料浆体的流动性与混凝土流动性的关系，以及砂浆力学性能与混凝土的力学性能的关系，对胶结料及砂浆进行试验来确定最佳高性能混凝土的配合比。因此避免了用直接方法优化高性能混凝土的众多参数所需进行的大量试验。该方法开发了相应的计算机软件进行理论计算，较好地给出不同性能要求下的高性能混凝土配合比。

（二）国内配合比设计方法

（1）简易配合比设计方法

该方法的设计基础为绝对体积法，根据试拌混凝土工作性好坏进行调整，在考虑混凝土新拌合物工作性的基础上，选择适当的水泥浆富余系数，最终配制符合性能要求、经济合理的混凝土。该混凝土配合比设计方法具体步骤如下：

① 确定混凝土配合比设计参数

以混凝土常用性能指标为主，主要包括工作性指标、耐久性指标、水胶比。

② 求骨料最小混合空隙率

将砂石按不同的比例混合，测其砂石混合空隙率，空隙率值最小的一组对应的砂石堆积比例所计算的砂率为混凝土的砂率。

③ 确定浆量

胶凝材料浆量体积等于骨料空隙率（根据砂空隙率和石子空隙率的乘积求得）数值与水泥浆富余量相加，坍落度为180～200mm时，浆量的富余量可取1m^{3}的8%～12%，坍落度每变化10～20mm，富余浆体量变化混凝土体积的1%，但最终结果通过试拌确定。

④ 计算各组分用量

根据水胶比、砂率、胶凝材料用量及矿物掺合料掺量和密度，按绝对体积法计算各组分用量。

简易配合比设计方法使用简便，充分考虑混凝土的工作性与骨料之间的关系，即在利用最小砂石空隙率的同时，根据工作性调整浆体体积；但是对于大体积及对耐久性有特殊要求的混凝土工程，在确定浆体时具有局限性。

（2）据以饱和面干骨料的配合比设计方法

随着减水剂与矿物掺合料的广泛使用，混凝土的配合比设计工作比以往更加复杂。在充分考虑混凝土现状的情况下，清华大学廉慧珍教授在传统混凝土配合比设计的基础上，提出了现代六组分混凝土配合比设计的四要素：水胶比、浆骨比、砂石比和矿物掺合料用量。并给出了四要素之间的关系以及对混凝土性能指标的影响，如图6-5所示。

① 水胶比

在标准规定范围内选择最大水胶比作为初始水胶比，再依次减小0.01～0.02，取3～5个水胶比为一组进行混凝土试配，根据强度结果选取28d抗压强度最合适的一个水胶比为最终水胶比。

② 浆骨比

廉慧珍教授认为，混凝土新拌合物在满足工作性的基础上，选择最小的浆骨比。浆骨比的选择参考《混凝土结构耐久性规范》（GB/T 50746—2008）。

③ 砂石比

此处砂石比为在确定骨料体积之后的砂率。一般情况下，对于机制砂与含石量超标的天然砂来说，砂率应比同等级配合比增加3%左右。因此，砂的粒形、粒径、颗粒级配应首先考虑。此外，石子的级配应充分重视。砂石比可随着石子松堆空隙率降低而降低。

④ 矿物掺合料掺量

矿物掺合料的掺量以实际工程使用环境为基准，具体掺量应以混凝土结构要求最大强度与养护条件为原则。在没有立即冻融的环境下，矿物掺合料可以用规定的最大掺量，并且可以酌情增加掺量。

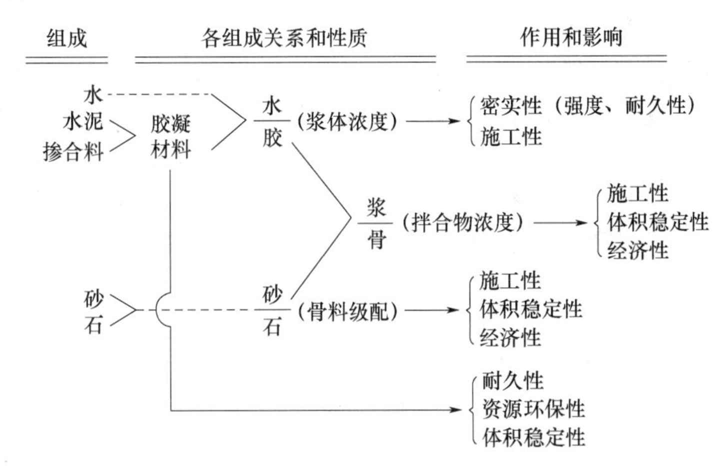

图 6-5　混凝土各组成材料的关系和性质及其作用和影响

具体混凝土配合比设计步骤如下：

a. 确定混凝土设计目标、条件、各项指标、参数，根据以上要求选择原材料；

b. 确定混凝土配制强度，$f_{cu,0} \geqslant f_{cu,k} + 1.645\sigma$；

c. 选择混凝土配合比四要素具体参数值；

d. 初步混凝土配合比计算；

e. 试配、调整。

据以饱和面干骨料的配合比设计方法整体充分考虑现代混凝土六组分特点，重新定义混凝土配合比中四要素，整体思路清晰全面；但是饱和面干骨料概念现在还不能够被接受，且饱和面干骨料的含水状态难以控制。

(3) 全计算配合比设计方法

中国矿业大学王栋民教授与武汉理工大学陈建奎教授在长期研究现代高性能混凝土的基础上提出高性能混凝土全计算配合比设计方法。该方法的主要内容为：在研究混凝土材料内在组分基础上，计算得到混凝土单方用水量公式和砂率公式，选择浆骨比为35∶65。该方法的基本特点有以下两点：

① 混凝土各组成具有体积相加性。

② 各组分之间，粒径大的材料空隙由小于其粒径的材料填充，依此类推。

全计算配合比设计方法计算步骤如下：

a. 根据规范计算混凝土配制强度：$f_{cu,0} \geqslant f_{cu,k} + 1.645\sigma$；

b. 计算水胶比：由保罗米公式计算；

c. 计算用水量：将浆体体积与水胶比联合组成方程式，最后计算用水量；

d. 胶凝材料组成与用量；

e. 骨料及砂率用量：该方法中提出“干砂架体积”的概念。在浆体体积与骨料体积之间建立关系，最后联立方程式，从而确定砂率的计算方法。

全计算混凝土配合比设计方法建立了较为普遍的混凝土体积各组分模型，经过科学计算得出用水量与砂率，简化了计算量；但是此方法与实际结果偏差较大，并且35∶65的浆骨比对中低等级混凝土并不适用。

(4) 高密实混凝土配合比设计方法

台湾科技大学黄兆龙教授提出的高密实混凝土的配合比设计，主要采用颗粒堆积及材料科学原理。他认为，现代普通混凝土中骨料体积占混凝土体积的60%～70%，通过确定混凝土中固体材料间最小空隙的方法，能够得到骨料间最密实堆积比例，利用此方法设计的混凝土配合比可以得到优良的工作性、强度、耐久性。另外，他们认为在水胶比相等的条件下，骨料最密实堆积可以降低水泥浆体的体积，从而有效地控制混凝土单方体积用量，提高混凝土耐久性。

配合比设计步骤如下：

① 根据工程结构使用环境、当地条件选择材料；

② 确定混凝土配合比设计指标：坍落度、强度；

③ 确定骨料最大单位质量；此处将粉煤灰视为骨料，具体确定方法如式(6-6)和式(6-7)：

$$\alpha=\frac{W_f}{W_f+W_s} \tag{6-6}$$

$$\beta=\frac{W_f+W_s}{W_f+W_s+W_g} \tag{6-7}$$

式中 W_f——粉煤灰质量；

W_s——砂质量；

W_g——石子质量；

α——粉煤灰填充系数；

β——砂、粉煤灰混合填充系数。

然后根据α、β计算骨料最小空隙率。

④ 计算浆体量和骨料的体积；

⑤ 确定水胶比；

⑥ 试拌与调整。

高密实配合比实际理念为将砂填充石子，然后用粉煤灰填充骨料，将粉煤灰当做骨料；利用紧密堆积骨料得到最小空隙率求得浆体，但是此方法对于有耐久性要求的工程使用却受到限制；另外，减水剂的使用公式计算复杂，与实际不符，因为实际工程中减水剂的使用是根据混凝土工作性进行调整，而不是根据计算而得。

(5)《普通混凝土配合比设计规程》方法

《普通混凝土配合比设计规程》中设计方法如下：

① 混凝土配制强度的确定，见式(6-5)。

② 水胶比见式（6-8）：

$$\frac{W}{B}=\frac{\alpha_a \cdot f_b}{f_{cu,0}+\alpha_a \cdot \alpha_b \cdot f_b} \tag{6-8}$$

式中 f_b——胶凝材料 28d 胶砂抗压强度（MPa）。

③ 用水量

通过骨料最大粒径与坍落度要求进行选择，或根据试验确定。

④ 胶凝材料用量

根据水胶比与用水量计算。

⑤ 粗、细骨料用量

采用质量法计算砂石用量时，假定每立方米混凝土拌合物的质量为 2350～2450kg，根据假定容重减去胶凝材料、水的用量之后，再用选定的砂率计算砂石用量。采用体积法计算砂石用量时，按材料的体积与表观密度计算。

⑥ 混凝土配合比的试配、调整与确定

根据混凝土新拌合物工作性、强度进行调整。

《普通混凝土配合比设计规程》规定的方法是先根据材料的性质和混凝土的工作性查表确定用水量，根据减水剂减水率和设计目标用水量计算减水剂掺量。这样的方法存在的问题是：减水剂减水率的测定使用的是基准水泥和固定配合比，对不同水灰比的混凝土配合比，按减水率计算的减水剂掺量没有指导意义。规范未考虑原材料质量不同对混凝土配合比带来的影响，尤其是对混凝土流动性的影响。另外，规范中规定矿物掺合料的最大掺量，这样很不合理，目前已经有许多工程使用的大掺量矿物掺合料满足其耐久性，且工程强度、耐久性也符合国家要求。

三、配合比参数对混凝土性能的影响

混凝土工程，尤其是在以外加剂使用为特征的商品混凝土及其工程中，充满着对立和统一的因素，需要技术人员用辩证的思维去处理，分析和掌握主要矛盾以及矛盾的主要方面，创造条件达到统一而满足工程要求。表 6-1 所列为混凝土配合比主要参数的变化对混凝土性能的影响。由表可见，任何因素的变化对混凝土都有利有弊，而没有绝对有利或绝对不利。只要抓住主要矛盾，并分析矛盾的主要方面和矛盾转化的条件，创造转化的条件，就能保证达到主要目标。该表表示的只是在原材料和工艺不变的条件下，混凝土材料配合比的各参数（骨料粒径除外），调整其中一项都会影响其他，必须结合原材料和工艺条件综合考虑调整的措施，取利避害，化害为利。

表 6-1 配合比参数变化对混凝土性质的影响

配合比参数	水胶比		浆骨比		砂率		骨料粒径	
增减	↑	↓	↑	↓	↑	↓	↑	↓
拌合物流动性	↑	↓	↑	↓	↑	↓	↓	↑
抗压强度	↓	↑	↑	↓	↑	↓	↓	↑
弹性模量	↓	↑	↓	↑	↓	↑	↑	↓
抗渗性	↓	↑	↑	↓	↑	↓	↓	↑

续表

配合比参数	水胶比		浆骨比		砂率		骨料粒径	
干燥收缩	↑	↓	↑	↓	↑	↓	↓	↑
自收缩	↓	↑	↑	↓	↑	↓	↓	↑
开裂敏感性	↓	↑	↑	↓	↑	↓	↓	↑

（一）单位胶凝材料用量对混凝土性能的影响

在控制水胶比和砂率不变的情况下，调整外加剂用量使出料坍落度保持在（200±10）mm的范围内，选取360kg/m^3、380kg/m^3、400kg/m^3、420kg/m^3、440kg/m^{3}和460kg/m^{3}六个胶凝材料用量进行试验。试验混凝土配合比和单位胶凝材料用量对混凝土的力学性能、干缩、抗氯离子渗透性、抗渗性和碳化性能的影响见表6-2和表6-3。

表6-2 胶凝材料对混凝土性能影响的试验配合比

胶凝材料用量（kg/m^3）	配合比（kg/m^3）						砂率（%）	水胶比
	水泥	粉煤灰	水	砂	石	外加剂		
360	288	72	159	779	1075	7.2	42	0.44
380	304	76	168	766	1058	7.6	42	0.44
400	320	80	176	754	1042	8.0	42	0.44
420	336	84	185	742	1025	8.4	42	0.44
440	352	88	194	730	1007	8.8	42	0.44
460	368	92	203	717	991	9.2	42	0.44

表6-3 胶凝材料用量对混凝土性能的影响

胶凝材料用量（kg/m^3）	抗压强度（MPa）		干缩（$\times10^{-6}$）			抗渗性能		Cl^-渗透 $D\times10^{-12}$（m^2/s）	碳化深度（mm）	
	7d	28d	7d	28d	60d	水压（MPa）	大渗透高度（mm）		3d	28d
360	29.5	41.0	88	241	315	1.4	38	2.23	5.5	25.5
380	32.5	43.3	90	243	325	1.4	45	2.26	5.1	24.9
400	30.5	37.8	92	247	339	1.4	48	2.32	4.4	23.3
420	29.7	39.5	98	253	346	1.4	50	2.34	3.5	22.6
440	29.0	39.8	125	268	359	1.4	51	2.32	3.4	22.9
460	27.9	37.3	127	270	377	1.4	51	2.38	3.3	20.3

由表6-3可知，在水胶比不变的情况下，当胶凝材料用量大于380kg/m^{3}时，随着胶凝材料用量的增加，混凝土的强度有所降低。这可能是因为在相同水胶比和坍落度下，对于单位体积混凝土拌合物来说，随着胶凝材料用量的增加，骨料含量减少，致使混凝土内总空隙体积增加，从而造成混凝土强度降低。但总体来说，胶凝材料用量的变化对混凝土强度的影响并不是很大。

在保持W/B不变的情况下，随着单位胶凝材料用量的增加，混凝土的干缩率逐渐增大。这是因为混凝土的干缩主要产生于水泥浆的干缩，而且由于单位胶凝材料和用水量的增加（因要保持 W/B 不变），骨料的体积含量也随之降低，对水泥浆收缩的抑制作用也就随之减少，因而混凝土的干缩率随胶凝材料用量的增加而逐渐增大，但增大的幅度较小。

在水胶比不变的情况下，随着单位胶凝材料用量的增加，在试验压力达到 1.4MPa 时，混凝土试件均没有渗水，破型后的最大渗水高度逐渐增大。说明随着单位胶凝材料总用量增加，混凝土的抗渗性能变差。单位胶凝材料用量的变化，对混凝土的氯离子扩散系数 D 没有明显的规律性影响，从而说明在保持水胶比一致的情况下，胶凝材料用量对混凝土的抗 Cl^- 渗透性能影响不大。

在水胶比不变的情况下，随着胶凝材料用量的增加，同龄期的碳化深度逐渐降低。这是因为，在相同水胶比下，随着胶凝材料总用量的增加，混凝土单位体积内的 $Ca(OH)_2$ 含量也就越大，增加了混凝土的碱性储备，混凝土抗碳化能力增强，混凝土的碳化深度减小。

（二）水胶比对混凝土性能的影响

当胶凝材料用量选择为 380kg/m³，粉煤灰掺量为 20%，砂率 42%，选取 0.40、0.42、0.44、0.46、0.48、0.50 和 0.55 七个水胶比，通过调整外加剂的用量来保证坍落度为(200±10) mm，对混凝土硬化后的性能进行试验，观察水胶比对混凝土的力学性能、干缩、抗氯离子渗透性、抗渗性和碳化性能的影响，见表 6-4 和表 6-5。

表 6-4　水胶比变化对混凝土性能影响试验配合比

编号	配合比（kg/m³）						砂率（%）	水胶比
	水泥	粉煤灰	水	砂	石	外加剂		
1	304	76	152	772	1067	9.1	42	0.40
2	304	76	160	769	1063	8.4	42	0.42
3	304	76	167	767	1059	7.6	42	0.44
4	304	76	175	764	1054	7.2	42	0.46
5	304	76	182	761	1050	6.8	42	0.48
6	304	76	190	758	1046	6.5	42	0.50
7	304	76	209	750	1035	6.1	42	0.55

表 6-5　水胶比变化对混凝土性能的影响

编号	抗压强度（MPa）		干缩（×10⁻⁶）			抗渗性能		Cl⁻渗透 $D\times10^{-12}$ (m²/s)	碳化深度（mm）	
	7d	28d	7d	28d	60d	水压（MPa）	最大渗透高度(mm)		3d	28d
1	37.1	47.8	69	231	333	1.4	33.1	1.85	1.9	8.8
2	36.2	45.3	77	243	335	1.4	60	2.13	3.4	12.5
3	33.6	40.4	86	248	349	1.4	140	2.64	4.4	20.2
4	30.5	37.0	98	256	356	1.3	全渗	2.96	6.9	23.6
5	27.4	35.8	113	267	358	1.3	全渗	3.15	10.5	28.6
6	25.2	33.7	134	279	367	1.1	全渗	3.34	12.4	31.7
7	21.1	30.9	156	299	430	1.2	全渗	3.96	15.9	34.3

在保持胶凝材料总用量和砂率不变的情况下，随着水胶比的增加，混凝土的强度逐渐

降低。

在保持胶凝材料总用量和砂率不变的情况下，随着水胶比的增加，同一龄期混凝土的干缩率逐渐增加，因为混凝土的干缩是由于水分的蒸发而引起的；而且早期的干缩率随水胶比的增大而增加的幅度不大，后期（28d）干缩率随着水胶比的增大而增加的幅度较大，这可能是因为早期时可供蒸发的自由水的含量都比较充分。

水胶比对混凝土的渗透性影响较大。在保持单位胶凝材料总用量和砂率不变的情况下，随着水胶比的增加，其抗渗性越差。因为水胶比越大，水泥水化时就要留下较多的毛细孔，使水泥浆产生较多的空隙。而混凝土的抗渗性首先取决于水泥浆的孔隙率，包括孔隙的尺寸、分布和连通性。所以水胶比越大，孔隙率越大，渗透性越好，抗渗性越差。当水胶比大于0.46时，混凝土的抗渗等级已经不能满足P12的要求。随着水胶比的增加，相对氯离子扩散系数 D 不断增大，表明混凝土抵抗 Cl^- 渗透的能力是不断降低的。

随着水胶比的增大，混凝土的碳化深度不断增大，即其抗碳化性能降低。这种现象也可以认为在胶凝材料总用量及砂率保持不变的情况下，随着水胶比的增大，混凝土内部的孔隙率也随之增大，CO_2 的扩散速度加快，这也是使混凝土碳化速度加快的一个主要原因。

（三）砂率对混凝土性能的影响

试验中胶凝材料用量选择为380kg/m³，其中粉煤灰掺量20%，保持水胶比不变，通过调整外加剂用量来保证坍落度为（200±10）mm，砂率选取36%、38%、40%、42%和44%进行试验。主要研究砂率对混凝土的力学性能、干缩、抗氯离子渗透性、抗渗性和碳化性能的影响，见表6-6和表6-7。

表6-6 砂率对混凝土性能影响试验配合比

编号	配合比（kg/m³）						砂率（%）	水胶比
	水泥	粉煤灰	水	砂	石	外加剂		
1	304	76	167	694	1132	7.2	36	0.44
2	304	76	167	731	1095	7.6	38	0.44
3	304	76	167	766	1060	8.0	40	0.44
4	304	76	167	803	1023	8.4	42	0.44
5	304	76	167	840	985	8.8	44	0.44

表6-7 砂率对混凝土性能的影响

编号	抗压强度（MPa）		干缩（×10⁻⁶）			抗渗性能		Cl^- 渗透 $D\times10^{-12}$ （m²/s）	碳化深度（mm）	
	7d	28d	7d	28d	60d	水压（MPa）	最大渗透高度(mm)		3d	28d
1	33.9	42.8	63	165	335	1.4	68	2.08	2.8	15.5
2	33.5	43.2	68	177	342	1.4	75	2.16	3.2	11.9
3	34.8	44.8	80	186	356	1.4	97	2.32	2.6	13.3
4	29.8	41.7	92	202	377	1.4	90	2.29	3.5	12.6
5	28.9	40.4	98	218	389	1.4	92	2.18	3.4	11.9

随着砂率的增大和骨料比表面积的增加，为达到要求的坍落度（200±10）mm，混凝土拌合物所需的外加剂用量呈增大的趋势，且随着砂率的增大，混凝土的抗压强度呈先增大后减小的变化趋势，表明其存在一个最佳砂率值。研究表明，在砂率较小时砂浆量不足以完全包裹粗骨料的表面和填充骨料间的空隙，导致混凝土的密实性降低，从而降低混凝土的抗压强度；砂率过大时，在相同水泥用量的条件下，骨料表面的水泥浆量就相对变得少了，使骨料之间的胶结力下降，造成混凝土的强度降低。

随着砂率的增大，混凝土中对收缩起主要约束作用的粗骨料的含量减少。不同砂率混凝土的抗渗等级均能达到P12，随着砂率的增大，渗水高度有不断增大的趋势，表明混凝土的抗渗性能降低。随着砂率的增大，混凝土的相对氯离子扩散系数 D 不断增大，抗 Cl^- 渗透性能变差。

砂率对混凝土的抗碳化性能影响不大，混凝土的碳化深度的改变依然是由于砂率的改变而引起的水胶比（水灰比）的变化而造成的。

第二节　普通混凝土配合比设计

一、配合比设计的基本要求

混凝土配合比是生产、施工的关键环节之一，对于保证混凝土质量和节约资源具有重要意义。混凝土配合比设计不仅满足强度要求，还应满足施工性能、其他力学性能、长期性能和耐久性能的要求。在配合比设计方面，长期存在一种误解：仅仅通过计算而不经过试验即可完成设计。实际上，配合比设计是一门试验技术，试验才是混凝土配合比设计的关键，计算是为试验服务的，具有近似性，目的是将试验工作压缩到一个较小的合理范围，使试验工作更为简捷、准确和减少试验量。

（1）混凝土配合比设计应满足混凝土配制强度、拌合物性能、力学性能和耐久性能的设计要求。混凝土拌合物性能、力学性能和耐久性能的试验方法应分别符合现行国家标准《普通混凝土拌合物性能试验方法标准》（GB/T 50080—2002）、《普通混凝土力学性能试验方法标准》（GB/T 50081—2002）和《普通混凝土长期性能和耐久性能试验方法标准》（GB/T 50082—2009）的规定。

（2）混凝土配合比设计应采用工程实际使用的原材料，并应满足国家现行标准的有关要求；配合比设计应以干燥状态骨料为基准，细骨料含水率应小于0.5%，粗骨料含水率应小于0.2%。

（3）混凝土的最大水胶比应符合《混凝土结构设计规范》（GB 50010—2010）的规定。

（4）混凝土的最小胶凝材料用量应符合表6-8的规定，配制C15及其以下强度等级的混凝土，可不受此表的限制。

（5）矿物掺合料在混凝土中的掺量应通过试验确定。钢筋混凝土中矿物掺合料最大掺量宜符合表6-9的规定；预应力钢筋混凝土中矿物掺合料最大掺量宜符合表6-10的规定。

（6）混凝土拌合物中水溶性氯离子最大含量应符合表6-11的要求。混凝土拌合物中水溶性氯离子含量应按照现行行业标准《水运工程混凝土试验规程》（JTJ 270—1998）混凝土拌合物中氯离子含量的快速测定方法进行测定。

表 6-8　混凝土的最小胶凝材料用量

最大水胶比	最小胶凝材料用量（kg/m³）		
	素混凝土	钢筋混凝土	预应力混凝土
0.60	250	280	300
0.55	280	300	300
0.50	320		
≤0.45	330		

表 6-9　钢筋混凝土中矿物掺合料最大掺量

矿物掺合料种类	水胶比	最大掺量（%）	
		硅酸盐水泥	普通硅酸盐水泥
粉煤灰	≤0.40	≤45	≤35
	>0.40	≤40	≤30
粒化高炉矿渣粉	≤0.40	≤65	≤55
	>0.40	≤55	≤45
钢渣粉	—	≤30	≤20
磷渣粉	—	≤30	≤20
硅灰	—	≤10	≤10
复合掺合料	≤0.40	≤60	≤50
	>0.40	≤50	≤40

注：① 采用硅酸盐水泥和普通硅酸盐水泥之外的通用硅酸盐水泥时，混凝土中水泥混合材和矿物掺合料用量之和应不大于按普通硅酸盐水泥用量 20%计算混合材和矿物掺合料用量之和；

② 对基础大体积混凝土，粉煤灰、粒化高炉矿渣粉和复合掺合料的最大掺量可增加 5%；

③ 复合掺合料中各组分的掺量不宜超过任一组分单掺时的最大掺量。

表 6-10　预应力钢筋混凝土中矿物掺合料最大掺量

矿物掺合料种类	水胶比	最大掺量（%）	
		硅酸盐水泥	普通硅酸盐水泥
粉煤灰	≤0.40	≤35	≤30
	>0.40	≤25	≤20
粒化高炉矿渣粉	≤0.40	≤55	≤45
	>0.40	≤45	≤35
钢渣粉	—	≤20	≤10
磷渣粉	—	≤20	≤10
硅灰	—	≤10	≤10
复合掺合料	≤0.40	≤50	≤40
	>0.40	≤40	≤30

注：① 粉煤灰应为Ⅰ级或Ⅱ级 F 类粉煤灰；

② 在复合掺合料中，各组分的掺量不宜超过单掺时的最大掺量。

表 6-11　混凝土拌合物中水溶性氯离子最大含量

环境条件	水溶性氯离子最大含量（%，水泥用量的质量百分比）		
	钢筋混凝土	预应力混凝土	素混凝土
干燥环境	0.3	0.06	1.0
潮湿但不含氯离子的环境	0.2		
潮湿而含有氯离子的环境、盐渍土环境	0.1		
除冰盐等侵蚀性物质环境	0.06		

（7）长期处于潮湿或水位变化的寒冷和严寒环境以及盐冻环境的混凝土应掺用引气剂。引气剂掺量应根据混凝土含气量要求经试验确定；掺用引气剂的混凝土最小含气量应符合表 6-12的规定，最大不宜超过 7.0%。

表 6-12　掺用引气剂的混凝土最小含气量

粗骨料最大粒径（mm）	混凝土最小含气量（%）	
	潮湿或水位变动的寒冷和严寒环境	受除冰盐作用、盐冻环境、海水冻融环境
40.0	4.5	5.0
25.0	5.0	5.5
20.0	5.5	6.0

注：含气量为气体占混凝土体积的百分比。

（8）对于有预防混凝土碱骨料反应设计要求的工程，混凝土中最大碱含量不应大于 3.0kg/m³，并宜掺用适量粉煤灰等矿物掺合料；对于矿物掺合料碱含量，粉煤灰碱含量可取实测值的 1/6，粒化高炉矿渣粉碱含量可取实测值的 1/2。

二、配制强度的确定

（1）混凝土配制强度应按下列规定确定：

① 当混凝土的设计强度等级小于 C60 时，配制强度应按式（6-5）计算。

② 当设计强度等级大于或等于 C60 时，配制强度应按式（6-9）计算：

$$f_{cu,0} \geqslant 1.15 f_{cu,k} \tag{6-9}$$

（2）混凝土强度标准差应按照下列规定确定：

① 当具有近 1～3 个月的同一品种、同一强度等级混凝土的强度资料，且试件组数不少于 30 时，其混凝土强度标准差 σ 应按式（6-10）计算：

$$\sigma = \sqrt{\frac{\sum_{i=1}^{n} f_{cu,i}^{2} - n m_{f_{cu}}^{2}}{n-1}} \tag{6-10}$$

式中　$f_{cu,i}$——第 i 组的试件强度（MPa）；

$m_{f_{cu}}$——n 组试件的强度平均值（MPa）；

n——试件组数，n 值应大于或者等于 30。

对于强度等级不大于 C30 的混凝土：当 σ 计算值不小于 3.0MPa 时，应按照计算结果取值；当 σ 计算值小于 3.0MPa 时，σ 应取 3.0MPa。对于强度等级大于 C30 且不大于 C60 的混凝土：当

σ计算值不小于4.0MPa时，应按照计算结果取值；当σ计算值小于4.0MPa时，σ应取4.0MPa。

② 当没有近期的同一品种、同一强度等级混凝土强度资料时，其强度标准差σ可按表6-13取值。

表6-13 标准差σ值 （MPa）

混凝土强度标准值	≤C20	C25～C45	C50～C55
σ	4.0	5.0	6.0

三、水胶比的计算及要求

（一）水胶比

混凝土强度等级小于C60时，混凝土水胶比宜按式（6-11）计算：

$$W/B=\frac{\alpha_a \cdot f_b}{f_{cu,0}+\alpha_a \cdot \alpha_b \cdot f_b} \tag{6-11}$$

式中 α_a、α_b——回归系数，取值应符合JGJ 55—2011中第5.1.2条的规定；

f_b——胶凝材料（水泥与矿物掺合料按使用比例混合）28d胶砂强度（MPa）；

$f_{cu,0}$——混凝土配制强度（MPa）。

试验方法应按现行国家标准《水泥胶砂强度检验方法（ISO法）》（GB/T 17671—1999）执行；当无实测值时，可按下列规定确定：

（1）根据3d胶砂强度或快测强度推定28d胶砂强度关系式推定f_b值；

（2）当矿物掺合料为粉煤灰和粒化高炉矿渣粉时，可按式（6-12）推算f_b值：

$$f_b=\gamma_f \cdot \gamma_s \cdot \gamma_l \cdot f_c \tag{6-12}$$

式中 γ_f、γ_s、γ_l——粉煤灰影响系数、粒化高炉矿渣粉影响系数和石灰石粉的影响系数，可按表6-14选用；

f_c——水泥28d抗压强度值（MPa）。

表6-14 矿物掺合料影响系数γ_f、γ_s、γ_l

掺量（%）	粉煤灰影响系数γ_f	粒化高炉矿渣粉影响系数γ_s	石灰石粉影响系数γ_l	
0	1.00	1.00	0	1.00
10	0.85～0.95	1.00	10%	0.90
20	0.75～0.85	0.95～1.00	15%	0.85
30	0.65～0.75	0.90～1.00	20%	0.80
40	0.55～0.65	0.80～0.90	25%	0.75
50	—	0.70～0.85	—	

注：① 本表应以P·O42.5水泥为准；如采用普通硅酸盐水泥以外的通用硅酸盐水泥，可将水泥混合材掺量20%以上部分计入矿物掺合料；

② 宜采用Ⅰ级或Ⅱ级粉煤灰；采用Ⅰ级灰宜取上限值，采用Ⅱ级灰宜取下限值；

③ 采用S75级粒化高炉矿渣粉宜取下限值，采用S95级粒化高炉矿渣粉宜取上限值，采用S105级粒化高炉矿渣粉可取上限值加0.05；

④ 当超出表中的掺量时，粉煤灰和粒化高炉矿渣粉影响系数应经试验确定。

（二）回归系数 α_a 和 α_b

回归系数 α_a 和 α_b 宜按下列规定确定：

（1）根据工程所使用的原材料，通过试验建立的水胶比与混凝土强度关系式来确定。

（2）当不具备上述试验统计资料时，可按表 6-15 采用。

表 6-15　回归系数 α_a、α_b 选用表

系数＼粗骨料品种	碎石	卵石
α_a	0.53	0.49
α_b	0.20	0.13

混凝土配合比设计分为计算和试配两个阶段，计算的目的是将试配工作压缩到一个较小的范围，使试配工作更为简便、准确和减少试验量，因此具有近似性，允许存在误差。水胶比计算同样遵循这一思想，因此，有试验数据，可以据此进行计算；没有试验数据，也可以依据长期大量总结的经验公式和数据进行计算，差异在于误差大小以及后续试验工作范围的大小。总之具有可算性。

（三）用水量和外加剂用量

（1）每立方米干硬性或塑性混凝土的用水量（m_{w0}）应符合下列规定：

① 混凝土水胶比在 0.40～0.80 范围时，可通过表 6-16 选取；

② 混凝土水胶比小于 0.40 时，可通过试验确定。

表 6-16　塑性混凝土每平方米用水量　　(kg)

项目	指标	卵石最大粒径（mm）				碎石最大粒径（mm）			
		10.0	20.0	31.5	40.0	16.0	20.0	31.5	40.0
坍落度（mm）	10～30	190	170	160	150	200	185	175	165
	35～50	200	180	170	160	210	195	185	175
	55～70	210	190	180	170	220	105	195	185
	75～90	215	195	185	175	230	215	205	195

注：本表用水量系采用中砂时的取值。采用细砂时，每立方米混凝土用水量可增加 5～10kg；采用粗砂时，可减少 5～10kg。

（2）掺加减水剂的流动性或大流动性混凝土的用水量（m_{w0}）可按式（6-13）计算：

$$m_{w0}=m_{w0'}(1-\beta) \tag{6-13}$$

式中　m_{w0}——计算配合比每立方米混凝土用水量（kg）；

$m_{w0'}$——未掺减水剂时推定的满足实际坍落度要求的每立方米混凝土用水量（kg），以表 6-16 中 90mm 坍落度的用水量为基础，按每增大 20mm 坍落度相应增加 5kg 用水量来计算；

β——外加剂的减水率（%），应经混凝土试验确定。

用水量应满足浆体量的需求，而浆体量应能充分填充骨料间的空隙并起到“润滑”骨料的作用。骨料的粒径、混凝土拌合物的坍落度不同，则需要浆体量也不同，因而用水量也不同。

在实际工作中，一些有经验的专业技术人员将满足混凝土拌合物性能和节约胶凝材料作为目标，结合经验选择比较经济的胶凝材料用量并经对比试验来确定混凝土的外加剂用量和用水量，这种做法也是可行的。

（四）胶凝材料、矿物掺合料和水泥用量

（1）每立方米混凝土的胶凝材料用量（m_{b0}）应按式（6-14）计算：

$$m_{b0}=\frac{m_{w0}}{W/B} \tag{6-14}$$

（2）每立方米混凝土的矿物掺合料用量（m_{f0}）计算应符合下列规定：

① 确定符合强度要求的矿物掺合料掺量β_f；

② 矿物掺合料用量（m_{f0}）应按式（6-15）计算：

$$m_{f0}=m_{b0}\beta_f \tag{6-15}$$

式中 m_{f0}——每立方米混凝土中矿物掺合料用量（kg）；

β_f——计算水胶比过程中确定的矿物掺合料掺量（%）。

（3）每立方米混凝土的水泥用量（m_{c0}）应按式（6-16）计算：

$$m_{c0}=m_{b0}-m_{f0} \tag{6-16}$$

式中 m_{c0}——每立方米混凝土中水泥用量（kg）。

（4）每立方米混凝土中外加剂用量应按式（6-17）计算：

$$m_{a0}=m_{b0}\beta_a \tag{6-17}$$

式中 m_{a0}——每立方米混凝土中外加剂用量（kg）；

m_{b0}——每立方米混凝土中胶凝材料用量（kg）；

β_a——外加剂掺量（%），应经混凝土试验确定。

应注意，计算胶凝材料、矿物掺合料和水泥用量时，不要变动水胶比。对于同一强度等级混凝土，矿物掺合料的增加会使水胶比相应减小，才能满足强度要求。如果用水量不变，计算的胶凝材料就会增加，并可能不是最节约的胶凝材料用量，因此，公式计算结果仅仅为计算的胶凝材料用量，实际采用的胶凝材料用量还需在试配阶段进行调整，经过试拌选取一个满足拌合物性能要求的、较节约的胶凝材料用量。

（五）砂率

砂率是混凝土中砂的质量与砂、石质量之和的比值，是混凝土配合比中的重要参数。砂率不仅影响混凝土拌合物的工作性，也影响混凝土的强度和耐久性。砂率应根据骨料的技术指标、混凝土拌合物性能和施工要求，参考既有历史资料确定。当无历史资料可参考时，混凝土砂率的确定应满足下列规定：

（1）坍落度小于10mm的混凝土的砂率应经试验确定。

（2）坍落度为10～60mm的混凝土砂率，可根据粗骨料品种、最大公称粒径及水胶比按表6-17选取。

（3）坍落度大于60mm的混凝土砂率，可经试验确定，也可在表6-17的基础上，按坍落度每增大20mm砂率增大1%的幅度予以调整。

表 6-17　混凝土的砂率　（%）

水胶比（W/B）	卵石最大公称粒径（mm）			碎石最大粒径（mm）		
	10.0	20.0	40.0	16.0	20.0	40.0
0.40	26～32	25～31	24～30	30～35	29～34	27～32
0.50	30～35	29～34	28～33	33～38	32～37	30～35
0.60	33～38	32～37	31～36	36～41	35～40	33～38
0.70	36～41	35～40	34～39	39～44	38～43	36～41

注：① 本表数值系中砂的选用砂率，对细砂或粗砂，可相应地减少或增大砂率；

② 采用人工砂配制混凝土时，砂率可适当增大；

③ 只用一个单粒级粗骨料配制混凝土时，砂率应适当增大；

④ 对薄壁构件，砂率宜取偏大值。

我国规范用砂率（砂质量与砂、石质量之和的比值）这一概念来表现砂、石之间的用量关系。在配合比设计中确定单位体积混凝土中砂、石的质量，根据砂率就可以求出各自的用量。我国规范在确定砂率的方法上主要考虑以下因素：水胶比、粗骨料的最大粒径、种类（卵石和碎石）、砂的粗细（粗砂、中砂、细砂）。从表 6-17 可看出，将水胶比作为确定砂率的一个参量，随着水胶比增大，砂率随之增大，水胶比增大 0.1，砂率增大 3%。

（六）粗、细骨料用量

（1）采用质量法计算粗、细骨料用量时，应按式（6-18）和式（6-19）计算：

$$m_{f0}+m_{c0}+m_{g0}+m_{s0}+m_{w0}=m_{cp} \tag{6-18}$$

$$\beta_s=\frac{m_{s0}}{m_{g0}+m_{s0}}\times 100\% \tag{6-19}$$

式中　m_{g0}——每立方米混凝土的粗骨料用量（kg）；

m_{s0}——每立方米混凝土的细骨料用量（kg）；

m_{w0}——每立方米混凝土的用水量（kg）；

β_s——砂率（%）；

m_{cp}——每立方米混凝土拌合物的假定质量（kg），可取 2350～2450kg。

（2）采用体积法计算粗、细骨料用量时，应按式（6-20）计算：

$$\frac{m_{c0}}{\rho_c}+\frac{m_{f0}}{\rho_f}+\frac{m_{g0}}{\rho_g}+\frac{m_{s0}}{\rho_s}+\frac{m_{w0}}{\rho_w}+0.01\alpha=1 \tag{6-20}$$

式中　ρ_c——水泥密度（kg/m^3），应按《水泥密度测定方法》（GB/T 208—2014）测定，也可取 2900～3100kg/m^3；

ρ_f——矿物掺合料密度（kg/m^3），可按《水泥密度测定方法》（GB/T208—2014）测定；

ρ_g——粗骨料的表观密度（kg/m^3），应按现行行业标准《普通混凝土用砂、石质量及检验方法标准》（JGJ 52—2006）测定；

ρ_s——细骨料的表观密度（kg/m^3），应按现行行业标准《普通混凝土用砂、石质量及检验方法标准》（JGJ 52—2006）测定；

ρ_w——水的密度（kg/m^3），可取 1000kg/m^3；

α——混凝土的含气量百分数，在不使用引气型外加剂时，α 可取为 1。

在骨料用量已定的情况下，砂率的大小决定了用砂量的多少，而用砂量应能有效填充粗骨料间的空隙并起“润滑”粗骨料的作用。骨料的粒径、水胶比不同，则需要的砂率是不同的。砂率对混凝土拌合物性能影响较大，可调整的范围略宽，因此，表 6-17 选择的砂率仅是初步的，需要在试配过程中调整并确定合适的砂率。

四、配合比的试配与优化

（一）试配要求

（1）混凝土试配应采用强制式搅拌机，搅拌机应符合《混凝土试验用搅拌机》（JG 244—2009）的规定，并宜与施工采用的搅拌方法相同。

（2）试验室成型条件应符合现行国家标准《普通混凝土拌合物性能试验方法标准》（GB/T 50080—2002）的规定。

（3）每盘混凝土试配的最小搅拌量应符合表 6-18 的规定，并不应小于搅拌机额定搅拌量的 1/4，且不应大于搅拌机公称容量。

表 6-18　混凝土试配的最小搅拌量

粗骨料最大公称粒径（mm）	最小搅拌的拌合物量（L）
31.5	20
40.0	25

（4）混凝土配合比设计应采用工程实际使用的原材料；配合比设计所采用的细骨料含水率应小于 0.5%，粗骨料的含水率应小于 0.2%。

（二）试拌调整拌合物性能，确定试拌配合比

试拌按以下步骤进行：

（1）按计算配合比进行称量，留出部分外加剂，将全部原材料倒入搅拌机进行搅拌。

（2）逐步加入留出的外加剂，若需要还可以适当补充，将外加剂量调整到适度。

（3）将混凝土拌合物卸出搅拌机，看混凝土拌合物流动性与工作性是否好。如果不好，可适当增加浆体，即维持水胶比不变，同时增加水和胶凝材料，使混凝土拌合物达到流动性与工作性要求；如果非常好，则可在满足拌合物流动性与工作性要求的前提下适当减少浆体。即维持水胶比不变，同时减少水和胶凝材料。

（4）在计算砂率的基础上，分别增加和减少砂率，可以选 3～5 个砂率进行试拌，取拌合物流动性与工作性最好的砂率为后续试验砂率。

（5）修正计算配合比，提出试拌配合比。

试拌是试配的第一步，试拌的目的有两个：一是使拌合物性能满足施工要求，另一个是优化外加剂、砂率和胶凝材料用量，主要是优化胶凝材料用量。在试拌调整的过程中，保持计算水胶比不变，即如果增加或减少浆体量，则按比例同时增加或减少用水量或胶凝材料用量。尽量采用较少的胶凝材料，以节约胶凝材料为原则，并通过调整外加剂用量和砂率，使混凝土拌合物的坍落度和和易性满足施工要求，提出试拌配合比。

（三）试验选定配制强度，优化调整配合比

（1）采取三个不同的配合比，其中一个应为上述确定的试拌配合比，另外两个配合比的

水胶比宜较试拌配合比分别增加或减少 0.05，用水量与试拌配合比相同，砂率可分别增加或减少 1%。

无论是计算配合比还是试拌配合比，都不能保证混凝土配制强度是否满足要求，混凝土强度试验的目的是通过三个不同水胶比的配合比比较，取得能够满足配制强度要求的、胶凝材料用量经济合理的配合比。由于混凝土强度试验是在混凝土拌合物调整适宜后进行，所以强度试验采用三个不同水胶比的配合比的混凝土拌合物性能应维持不变，即保持用水量不变，增加和减少胶凝材料用量，并相应减少和增加砂率，外加剂掺量也做减少或增加的微调。

（2）进行混凝土强度试验，每个配合比应至少制作一组试件，并标准养护到 28d 或设定龄期时试压。

在没有特别规定的情况下，混凝土强度试件在 28d 龄期进行抗压试验；当工程设计方同意采用 60d 或 90d 等其他龄期的设计强度时，混凝土强度试件在相应的龄期进行抗压试验。

（3）根据强度试验结果，绘制强度和胶水比的线性关系图，或采用插值法，选定略大于配制强度对应的胶水比，并在此基础上，维持用水量（m_w）不变，重新算出相应的胶凝材料（m_b）、矿物掺合料（m_f）和水泥用量（m_c），以及粗骨料（m_g）和细骨料（m_s）用量。

（4）在试拌配合比的基础上，用水量（m_w）和外加剂用量（m_a）应根据确定的水胶比做调整。

（四）配合比校正

配合比应按照以下规定进行校正：

（1）调整后的配合比按式（6-21）计算混凝土拌合物的表观密度计算值 $\rho_{c,c}$：

$$\rho_{c,c}=m_c+m_f+m_g+m_s+m_w \tag{6-21}$$

（2）应按式（6-22）计算混凝土配合比校正系数 δ：

$$\delta=\frac{\rho_{c,t}}{\rho_{c,c}} \tag{6-22}$$

式中　$\rho_{c,t}$——混凝土拌合物表观密度实测值（kg/m^3）；

$\rho_{c,c}$——混凝土拌合物表观密度计算值（kg/m^3）。

（3）当混凝土拌合物表观密度实测值与计算值之差的绝对值不超过计算值的 2%时，调整的配合比可维持不变；当二者之差超过 2%时，应将配合比中每项材料用量均乘以校正系数 δ。

（五）试验验证耐久性能

（1）测定拌合物水溶液氯离子含量，试验结果应符合标准要求。

（2）对设计要求的混凝土耐久性能进行试验，试验结果应满足设计要求。

（六）重新进行配合比设计

生产单位可根据常用材料设计出常用的混凝土配合比备用，并应在使用过程中予以验证或调整。遇有下列情况之一时，应重新进行配合比设计：

（1）对混凝土性能有特殊要求时。

（2）水泥、外加剂或矿物掺合料品种质量有显著变化时。

（3）该配合比的混凝土生产间断半年以上时。

五、配合比设计实例

某住宅小区主体为钢筋混凝土结构，设计混凝土强度等级为C30，泵送施工要求到施工现场混凝土拌合物坍落度为（160±30）mm，设计坍落度为180mm。

原材料：水泥：P·O42.5，28d胶砂抗压强度47.0MPa，密度3000kg/m^3；粉煤灰：Ⅱ级，细度15%，需水量比99%，密度2200kg/m^3；矿粉：S95级，流动度比100%，密度2800kg/m^3；砂子：河砂，Ⅱ区中砂，细度模数2.70，含泥量2.0%，泥块含量0.6%，密度2600kg/m^3；碎石：连续级配5～25mm，含泥量2.0%，泥块含量0.3%，针片状8.1%，密度2700kg/m^3；外加剂：减水率25%，固含量32%，掺量2.0%；水：饮用水。

配合比计算：

根据《普通混凝土配合比设计规程》（JGJ 55—2011），设计计算过程如下：

（1）配制强度的确定

已知设计强度等级为C30，标准差由于无历史统计数据，查表取σ=5MPa，可以求得C30配制强度：C30≥30+1.645×5=38.2MPa。

（2）水胶比计算

已知水泥28d胶砂抗压强度47.0MPa，方案一，粉煤灰掺量为30%，影响系数取0.75，胶凝材料强度为：47.0×0.75=35.3MPa；方案二，矿粉、粉煤灰双掺，各掺20%，影响系数：粉煤灰取0.8，矿粉取0.98，胶凝材料强度为：47.0×0.8×0.98=36.8MPa；由式（6-11）求得：

方案一：W/B=0.53×35.3/（38.2+0.53×0.20×35.3）=0.45。

方案二：W/B=0.53×36.8/（38.2+0.53×0.20×36.8）=0.46。

（3）确定用水量

碎石最大粒径为25mm，坍落度75～90mm时，查表用水量取210kg，未掺外加剂、坍落度180mm时单位用水量为：（180－90）/20×5+210=232.5kg/m^3。

每立方米掺外加剂用水量：232.5×（1－25%）=174kg。

每立方米胶凝材料用量为：方案一：B=174/0.45=387kg，粉煤灰用量为387×30%=116kg，水泥用量为387－116=271kg，外加剂用量为387×2.0%=7.7kg。

方案二：B=174/0.45=387kg/m^3，粉煤灰用量为387×20%=77kg，矿粉用量为387×20%=77kg/m^3，水泥用量为387－77－77=233kg，外加剂用量为387×2.0%=7.7kg/m^3。

（4）砂率的确定

按砂率表初步选取砂率为31%，在坍落度60mm的基础上，坍落度每增加20mm，砂率增加1%。坍落度180mm的砂率为1%×（180－60）/20+31%=37%。

假定C30密度为2380kg/m^3，计算砂、石用量为：

方案一：每立方米砂子用量670kg，每立方米石子用量1141kg。

方案二：每立方米砂子用量673kg，每立方米石子用量1147kg。

综上所述，质量法计算所得C30配合比见表6-19。

表 6-19　质量法计算所得 C30 配合比　（kg/m^3）

名称	水	水泥	粉煤灰	矿粉	外加剂	砂子	石子
方案一	174	271	116	—	7.7	670	1141
方案二	174	226	76	76	7.6	673	1147

第三节　商品混凝土配合比设计——类比法

混凝土的配合比设计是混凝土学科的技术核心，如何进行混凝土配合比设计、提高配合比设计的效率、降低成本提高企业的市场竞争力成为混凝土技术人员经常讨论的问题。多年来，在混凝土配合比设计方法的问题上，提出了很多见解和不同的设计方法，设想能更全面、更切合工程实际地解决混凝土配合比设计问题。针对这一问题的“难度”和“复杂性”，应该看到一个既满足工程设计及施工要求又经济合理的混凝土配合比，不是仅靠配合比设计和计算就能够达到的。

混凝土的配合比设计问题宜粗不宜细，重在试验与工程实践中的经验积累。本书根据从事混凝土技术工作的经验积累，依据混凝土的基本原理，采用类比法对商品混凝土进行配合比设计。类比法配合比设计是在混凝土配合比设计的四原则、三要素的指导下得出混凝土配合比的三个要素——水胶比、用水量、砂率，然后根据这个混凝土配合比要素类推到其他强度等级混凝土配合比的水胶比、用水量、砂率。类比法配合比设计具有设计方法简单、计算简便、取得结果快捷、准确、可靠，只需 2～3 步即可求出配合比。类比法配合比设计是以过去无数次试验和施工实践所积累的经验为基础，不必每一个混凝土配合比都使用《普通配合比设计规程》（JGJ 55—2011）给定的方法，由塑性到大流动性的步步转换。本法通过试验，应用的理论和数据都有正确根据，所以结果更切合实际。

一、具体步骤

（一）混凝土原材料性能

在混凝土配合比设计前，了解原材料的性能指标对原材料进行充分试验。重点检验混凝土原材料以下指标：① 水泥：品种、凝结时间、标准稠度用水量、安定性、3d 及 28d 水泥抗压强度、密度；② 石子：规格、颗粒级配、针片状、表观密度、堆积密度、最大粒径、空隙率、含泥量、压碎指标；③ 砂子：细度模数、含泥量、泥块含量、表观密度、堆积密度、空隙率、颗粒级配；④ 粉煤灰：品种、等级、密度、烧失量、需水量比、细度。⑤ 矿渣粉：等级、流动度比、活性指数、密度；⑥ 外加剂：品种、固含量、饱和掺量、饱和减水率、凝结时间、坍落度经时损失。

（二）确定混凝土坍落度

针对混凝土的工作环境、设计强度、耐久性、工程部位、混凝土浇筑的工艺、施工速度、运输距离、气温条件等因素，良好的流动性、匀质性是混凝土硬化后获得耐久性的前提和重要保障，因此，工作性指标是混凝土配合比设计首先要考虑的因素。混凝土不同的施工部位、施工工艺及输送距离、气候条件、运输的距离要求的坍落度有很大的差异。

在配合比设计过程中首先了解工程部位及施工的相关影响因素，根据不同的工程部位要求，选择需要满足工作性的坍落度，见表 6-20。

表 6-20 不同的施工部位对混凝土坍落度的要求

工程部位	梁、板、柱、墙	桩基	筏板基础	路面/地坪	斜屋面、楼梯
坍落度（mm）	200±30	220±30	150±30	120±30	120～150

不同的施工工艺对混凝土的工作性的要求也不相同，对于非泵送施工工艺，混凝土坍落度只要满足工程部位所要求的坍落度即可。对于泵送施工工艺，混凝土坍落度除满足上述工程部位所要求的坍落度，还应满足表 6-21 的要求，同时，还要结合配筋特点，确定石子的粒径大小。

表 6-21 混凝土入泵坍落度与泵送高度关系

最大泵送高度（m）	<50	100	200	400	400 以上
入泵坍落度（mm）	100～140	150～180	190～220	230～260	—
入泵扩展度（mm）	—	—	—	450～590	600～740
碎石粒径/泵管直径	≤1∶3.0	≤1∶4.0	≤1∶5.0		
卵石粒径/泵管直径	≤1∶2.5	≤1∶3.0	≤1∶4.0		

在实际工程中，混凝土的坍落度保持性的控制是根据商品混凝土运输和等候时间决定的，浇筑时的坍落度应满足施工部位及施工工艺的需要。商品混凝土坍落度经时变化量可按《混凝土外加剂应用技术规范》（GB 50119—2013）的规定，见表 6-22。

表 6-22 运输时间与坍落度损失经时变化量

序号	运输和等候时间（min）	坍落度 1h 经时变化量（mm）
1	<60	≤80
2	60～120	≤40
3	>120	≤20

（三）混凝土配制强度

混凝土主要作为建筑承重材料使用，抗压强度是混凝土的主要性能指标之一，混凝土抗压强度受到施工条件、结构、养护、环境等因素影响。在混凝土配合比设计时要综合考虑各种可能出现的因素所引起的强度变化。混凝土抗压强度必须达到设计要求，混凝土强度等级保证率不低于 95%。

表 6-23 强度等级 C10～C60 的设计强度

强度等级	C10	C15	C20	C25	C30	C35
设计强度（MPa）	≥16.6	≥21.6	≥26.6	≥33.2	≥38.2	≥43.2
强度等级	C40	C45	C50	C55	C60	供参考
设计强度（MPa）	≥48.2	≥53.2	≥59.9	≥64.9	≥69.9	

（四）水胶比

1. 水灰（胶）比的演变

混凝土强度主要决定于水灰（胶）比的原理，最早是 1918 年 D. A. Abrams 提出混凝土强度的水灰比定则，认为混凝土强度随水灰比的增大而降低，随灰水比的增大而提高，其数学式如（6-23）：

$$f_c=\frac{K_1}{K_2^{\frac{W}{C}}} \tag{6-23}$$

式中　f_c——抗压强度；

W/C——体积水灰比；

K_1、K_2——常数。

1932年瑞士的J. Belomey（鲍罗米）提出混凝土的水灰比定则：对于一定的材料，强度取决于一个因素——水灰比，即混凝土强度与水胶比成反比，与胶水比成正比。

$$S=K\left[\frac{C}{(V+A)}\right]-K' \tag{6-24}$$

式中　S——混凝土强度；

C——水泥体积；

V——水体积；

A——空气体积；

K、K'——回归系数。

保罗米公式中是没有水泥强度因素的，水泥强度和砂石及其他因素都含在回归系数中。前苏联将鲍罗米公式进行改造，将混凝土配制强度和水泥材料考虑进去以后就变成：

$$R_{28}=AR_C\left(\frac{C}{W}-B\right) \tag{6-25}$$

式中　R_C——水泥实际强度；

C——水泥用量；

W——用水量；

A、B——与石子类型有关的两个系数。

20世纪80年代后，矿物掺合料和高效减水剂的大量使用，在多年工程实践经验积累的基础上，《普通配合比设计规程》（JGJ 55—2011）又将此定则改为水胶比，见式（6-11）：

$$\frac{W}{B}=\frac{\alpha_a\cdot f_b}{f_{cu,0}+\alpha_a\cdot\alpha_b\cdot f_b}$$

混凝土工程技术经过一百多年的发展，由普通配合比设计发展到当前的高强、高性能、各种特殊领域内应用的混凝土，对混凝土各项性能指标的要求都有了很大的变化，然而强度与用水量的关系仍以水灰（胶）比定则为基础。正确地理解和灵活掌握水灰（胶）比定则是混凝土配合比设计的基础。

常用混凝土配合比设计中，美国（ACI 211.1）、英国（BRE1988）、法国（Dreux1970）以及日本等国也都是以水灰（胶）比定则或鲍罗米定律为基础的。

2. 水灰（胶）比的一元回归计算

鲍罗米公式中没有水泥强度（f_{ce}）、矿物掺合料影响系数（r_f），更没有使用减水剂，与JGJ 55—2011规范不同，只有混凝土强度（R）与C/W建立一元一次的正比关系。从生产和试验中随机选取27组C10～C60的W/B与R_{28}关系对应数据，直接建立强度-胶水比关系回归方程。从已知用最小二乘法建立的一元一次的回归方程中为：

$$\hat{R}=K_1+K_2\left(\frac{B}{W}\right) \tag{6-26}$$

令：$\hat{R}=\hat{Y}$；$\frac{B}{W}=X$；$K_1=b_0$；$K_2=b_1$

则上式变为 $Y=b_0+b_1X$，略去其求解 b_0，b_1 的公式推导，直接利用最小二乘法得到公式（6-27）：

$$b_1=\frac{L_{XY}}{L_{XX}} \tag{6-27}$$

$$b_0=\overline{Y}-b_1\overline{X} \tag{6-28}$$

$$L_{xy}=\sum xy-\frac{1}{n}(\sum X)(\sum Y) \tag{6-29}$$

$$L_{xx}=\sum X^2-\frac{1}{n}\ (\sum X)^2 \tag{6-30}$$

$$L_{yy}=\sum y^2-\frac{1}{n}\ (\sum y)^2 \tag{6-31}$$

列表计算见表 6-24：

表 6-24 一元回归计算表

序号	X_0 (W/B)	$X=1/X_0$ (B/W)	Y (R_{28})	X^2	Y^2	xy
1	0.69	1.449275	13.5	2.100399	182.25	19.56522
2	0.68	1.470588	14.9	2.16263	222.01	21.91176
3	0.65	1.538462	19.8	2.366864	392.04	30.46154
4	0.62	1.612903	21.2	2.601457	449.44	34.19355
5	0.6	1.666667	25.6	2.777778	665.36	42.66667
6	0.57	1.75438	27.4	3.077849	750.76	48.07018
7	0.54	1.851852	33.4	3.429355	1115.56	61.85185
8	0.5	2	31.6	4	998.56	63.2
9	0.5	2	35.7	4	1274.49	71.4
10	0.47	2.12766	36.5	4.526935	1332.25	77.65960
11	0.47	2.12766	39.7	4.526935	1576.59	84.46809
12	0.47	2.12766	42.1	4.526935	1772.41	89.5745
13	0.43	2.325581	43.5	5.408329	1892.25	101.1628
14	0.4	2.5	45.7	6.25	2088.49	114.25
15	0.4	2.5	46.7	6.25	1346.89	116.75
16	0.37	2.702703	49.2	7.304602	2420.64	132.9730
17	0.37	2.702703	52.1	7.304602	2714.41	140.8108
18	0.37	2.702703	58.4	7.304602	3410.56	157.8378
19	0.35	2.857143	59.7	8.163265	3564.59	170.5714
20	0.35	2.857143	62.1	8.163265	3856.41	177.4286
21	0.33	3.030303	63.4	9.182736	4019.56	192.1212

续表

序号	X_0 (W/B)	$X=1/X_0$ (B/W)	Y (R_{28})	X^2	Y^2	xy
22	0.33	3.030303	66.4	9.182736	4408.96	201.2121
23	0.3	3.333333	69.8	11.11111	4872.04	232.6667
24	0.3	3.333333	65.9	11.11111	4342.81	219.6667
25	0.29	3.448276	65.8	11.89061	4329.64	226.8966
26	0.29	3.448276	68.2	11.89061	4651.24	235.1724
27	0.27	3.703704	72.6	13.71742	5270.76	268.8889
Σ		66.20261	1232.4	174.3321	61979.8	3336.432
均值		$\overline{X}=2.451$	$\overline{Y}=45.644$	$\overline{X^2}=6.45674$	$\overline{Y^2}=2295.55$	$\overline{xy}=123.5716$

$\Sigma X=66.20261$
$\overline{x}=2.4519$
$\Sigma X^2=174.3321$
$1/n\ (\Sigma x)^1=162.3254$
$Lxx=\Sigma X^2-1/n\ (\Sigma X)^2=$
$174.3321-162.325=12.0067$

$\Sigma Y=1232.4$
$\overline{Y}=45.644$
$\Sigma Y^2=61979.8$
$1/n\ (\Sigma Y)^2=56252.21$
$Lyy=\Sigma y^2-1/n\ (\Sigma y)^2=$
$61979.8-56252.21=5727.59$

$n=27$
$\Sigma XY=3336.432$
$\frac{1}{n}\ (\Sigma X)\ (\Sigma Y)\ =3021.78$
$Lxy=\Sigma xy-1/n(\Sigma X)\ (\Sigma Y)=$
$3336.432-3021.78=314.65$

$b_1=\frac{L_{XY}}{L_{XX}}\frac{314.652}{12.0067}=26.2064$;　$b_0=\overline{Y}-b_1\overline{X}=45.644-26.2064\times 2.4519$
$=45.644-64.255=-18.611$

$$\hat{R}=b_0+b_1x=26.2064x-18.611$$

$$\hat{Y}_{28}=K_1+K_2X=26.2064\left(\frac{B}{W}\right)-18.611$$

$$\because\frac{B}{W}=\frac{R_{28}+K_2}{K_1}=\frac{R_{28}+18.611}{26.2064}$$

$$\therefore\frac{\Omega}{\mathrm{B}}=\frac{K_1}{R_{28}+K_2}=\frac{26.2064}{R_{28}+18.611}$$

上述列表计算仅用 $N=27$ 的小样本进行水胶比公式拟合，以下对表 6-24，$N=27$ 的一个小样本的列表计算水胶比公式一元回归分析与电脑计算对比，电脑计算如图 6-6 所示：

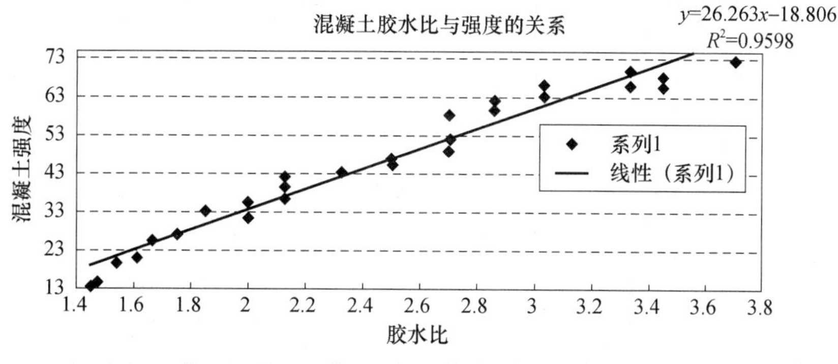

图 6-6　电脑计算拟合胶水比公式

$$\hat{Y}_{28}=26.263\cdot X-18.806\quad R^2=0.9598$$

图 6-6 电脑计算结果与列表计算十分接近，K_2、K_1 少许误差系列表计算中取位所致，

图 6-6 中的 R^2 系相关系数。

生产中产品的质量波动是不可避免的，只能使波动减至最小，控制在许可范围。所谓控制，实际上是在生产过程中对混凝土强度的质量控制，即按要求 R_{28} 的预期平均值在要求的置信度范围内（Y_1，Y_2）内取值时，相应的 X 值应控制的范围，才能满足在预定的置信度范围内合格，尽早发现问题，做到预防在先。因此，在选定混凝土的水胶比时，不是选定某一个确定的数值，而是选定一个水胶比区间。矿物掺合料掺量的选择应根据工程部位的强度、耐久性以及工作性确定矿物掺合料的掺量范围，见表 6-25。

表 6-25　各强度等级矿物掺合料掺量与水胶比推荐选用表

强度等级	粉煤灰单掺		粉煤灰、矿粉双掺	
	水胶比	掺量	水胶比	掺量
C10	0.70～0.66	30%～40%	0.68～0.64	40%～50%
C15	0.66～0.63		0.63～0.60	
C10	0.68～0.64	40%～50%	0.66～0.62	50%～60%
C15	0.63～0.60		0.61～0.58	
C20	0.62～0.57	20%～30%	0.60～0.58	30%～40%
C25	0.56～0.52		0.55～0.52	
C20	0.59～0.54	30%～40%	0.57～0.53	40%～50%
C25	0.53～0.50		0.51～0.49	
C20	0.57～0.53	35%～45%	0.55～0.52	45%～55%
C25	0.51～0.48		0.49～0.47	
C30	0.49～0.46	20%～30%	0.48～0.45	30%～40%
C35	0.44～0.41		0.43～0.40	
C30	0.47～0.44	30%～40%	0.47～0.43	35%～45%
C35	0.42～0.39		0.42～0.38	
C40	0.41～0.38	15%～25%	0.40～0.37	20%～30%
C45	0.38～0.36		0.38～0.35	
C40	0.40～0.37	20%～30%	0.39～0.36	30%～40%
C45	0.36～0.34		0.35～0.33	
C50	0.34～0.32	≤15%	0.34～0.32	≤20%
C55	0.32～0.30		0.32～0.30	
C60	0.31～0.29		0.31～0.29	
C50	0.33～0.31	15%～25%	0.33～0.31	20%～30%
C55	0.32～0.29		0.32～0.29	
C60	0.31～0.28		0.31～0.28	

注：① 所用水泥为 P·O42.5，长期统计 28d 抗压强度平均值为 47.0MPa，矿物掺合料为：Ⅱ级粉煤，S95 级矿渣粉；

② 矿物掺合料的掺量根据气温变化，可以调整幅度±5%左右，即夏季比春秋季、比冬期掺量逐步增多；

③ 单掺要比复掺的掺量低 10%左右。

上表所用的P·O42.5水泥，经长期统计28d抗压强度平均值为47.0MPa。从上文分析可以看出，影响混凝土强度的因素除了水胶比，还有胶凝材料强度，而水泥又是影响胶凝材料强度的重要因素。在矿物掺合料品种、掺量、品质均相同的情况下，胶凝材料强度随着水泥强度变化而变化，水泥强度高的胶凝材料强度就高，水泥强度低，相应的胶凝材料强度也低。对于实际生产所用P·O42.5水泥强度与得出上表水胶比的P·O42.5水泥存在的差异定义为变异系数（变异系数β=所用P·O42.5强度/47.0MPa）。根据这种变异系数，对表6-25的水胶比进行调整。同样要达到配制强度可以采用两种调整方法，即调整水胶比（用表6-25水胶比乘以变异系数β得出需要的水胶比）或者调整胶凝材料强度（用矿物掺合料掺量乘以变异系数β得出所需的矿物掺合料掺量）。这两种调整方法在实际应用中可以比较使用，选择符合要求、经济性又好的水胶比。

（五）用水量及胶凝材料用量

混凝土胶凝材料浆体包裹在混凝土骨料的表面，减小骨料颗粒之间摩擦力，增大混凝土的工作性。混凝土的浆体量与坍落度有良好的相关性，混凝土坍落度越大，混凝土所需的浆体量越多。要提高混凝土的坍落度必然要提高混凝土的浆体量。混凝土浆体量增大，混凝土体积稳定性变差，混凝土收缩、变形裂缝的概率增大。因此，要保持混凝土良好的体积稳定性，提高耐久性，在满足混凝土施工的前提下，尽量选择较小的坍落度以降低混凝土浆体量。从本书第三章第三节可知，混凝土坍落度x与混凝土浆体量y有线性关系：

$$y=0.5651x+203.83 \tag{6-32}$$

混凝土的坍落度确定以后，混凝土要达到相应坍落度的浆体量也随之确定。混凝土中胶凝材料浆体总量由胶凝材料用量和用水量组成，在浆体总量确定的前提下，两者是此消彼长的关系。但是，在混凝土配制强度确定的条件下，水胶比（即水与胶凝材料用量的比值）也就确定了。根据水胶比、矿物掺合料掺量（决定胶凝材料密度）、浆体量可以计算出用水量和胶凝材料用量。

混凝土胶凝材料浆体体积（$V_{浆}$）由胶凝材料体积（$V_{胶}$）和水的体积（$V_{水}$）两部分构成，即：

$$V_{浆}=V_{胶}+V_{水} \tag{6-33}$$

因为体积$V=\frac{m}{\rho}$，则上式可以变形为：

$$V_{浆}=\frac{m_{胶}}{\rho_{胶}}+\frac{m_{水}}{\rho_{水}} \tag{6-34}$$

又因为水胶比为水的质量与胶凝材料质量的比值，即：

$$\frac{W}{B}=\frac{m_{水}}{m_{胶}} \tag{6-35}$$

在已知混凝土胶凝材料浆体用量和水胶比的情况下，联立上述两个方程即可解出胶凝材料用量和用水量。例如，假定已知某混凝土的胶凝材料用量为310L，胶凝材料密度为2.75g/cm^3，水胶比为0.47，即：

$$V_{胶}=\frac{m_{胶}}{\rho_{胶}}+\frac{m_{水}}{\rho_{水}}=\frac{m_{胶}}{2.75}+m_{水}=310$$

因为水胶比为0.47，则$m_{水}=0.47m_{胶}$，代入上述方程可得：

$$\frac{m_{胶}}{2.75}+0.47m_{胶}=310$$

解得，混凝土胶凝材料用量：$m_{胶}=371.9\text{kg/m}^3$，约 372kg/m^3。用水量为：$m_{水}=0.47m_{胶}=372\times0.47=174.8\approx175\text{kg/m}^3$。

胶凝材料用量随着混凝土强度等级的增加也相应增加，且具有规律性递增趋势。以大量实际工程混凝土配合比为基础，对多家商品混凝土生产企业配合比进行收集、整理、总结、分析其胶凝材料用量与混凝土强度等级的关系（表 6-26）。

表 6-26 用水量和胶凝材料用量推荐表

强度等级	C10	C15	C20	C25	C30	C35
用水量（kg/m³）	195～185		190～180	185～175	180～170	175～170
胶凝材料用量（kg/m³）	260～280	270～290	280～310	320～340	350～380	380～400
浆体量（m³）	0.27	0.28	0.29		0.30	0.31
强度等级	C40	C45	C50	C55	C60	供参考
用水量（kg/m³）	170～165	165～160	160～155	155～150	≤150	
胶凝材料用量（kg/m³）	400～420	420～440	450～480	490～520	520～540	
浆体量（m³）	0.32	0.33	0.34	0.35	0.36	

注：对于路面、地坪等坍落度要求较低时，用水量可以降低 10kg/m³。

（六）砂、石用量

《普通混凝土配合比设计规程》以下简称《规程》（JGJ 55—2011）给定的砂率选定表，是建立在水胶比 0.40～0.80，坍落度为 10～60mm 的基础上，对砂率根据粗骨料的品种、最大公称粒径进行选取。对于坍落度大于 60mm 的混凝土，其砂率可以试验确定也可以在砂率表的基础上，按坍落度每增大 20mm，砂率增大 1%的幅度予以调整。规范对其他影响砂率的因素（如粗骨料的空隙率、砂的细度模数）则以一个取值范围进行概括。

现今，普通商品混凝土强度等级涵盖 C10～C60，水胶比的范围为 0.30～0.70，坍落度为 150～200mm，现将《规程》给定的混凝土砂率表进行修正。从混凝土砂率表可以看出水胶比每降低 0.10，砂率降低 3%；混凝土坍落度 150～200mm 较坍落度 10～60mm，增加了 140mm，如果按照坍落度每增大 20mm，砂率增加 1%，则《规程》中砂率表的各取值范围应增加 7%，可以得到表 6-27。

表 6-27 混凝土的砂率 （%）

水胶比（W/B）	细度模数（μ_f）	卵石最大公称粒径（mm）			碎石最大粒径（mm）		
		10.0	20.0	40.0	16.0	20.0	40.0
0.30	2.9～3.1	30～36	29～35	28～34	34～39	33～38	31～36
0.40	2.6～2.8	33～39	32～38	31～37	37～42	36～41	34～39
0.50	2.3～2.6	37～42	36～41	35～40	40～45	39～44	37～42
0.60		40～45	39～44	38～43	43～48	42～47	41～45

注：① 本表数值系中砂的选用砂率，对细砂或粗砂可相应地减少或增大砂率；

② 采用人工砂配制混凝土时，砂率可适当增大；

③ 只用一个单粒级粗骨料配制混凝土时，砂率应适当增大；

④ 对薄壁构件，砂率宜取偏大值。

按照表 6-27 可以快速、准确地找到所用配制混凝土的砂率，如 C30 混凝土水胶比为 0.48，粗骨料品质为碎石，最大粒径为 20mm，砂子的细度模数为 2.7。根据表 6-27，砂率的范围就可以确定为 36%～41%，利用插入法可得砂率 x：

$$\frac{0.48-0.40}{0.50-0.40}=\frac{x-36}{41-36}$$

解方程可得砂率为 40%，再根据假定密度法，计算混凝土出砂、石用量。

（七）试配确定配合比

根据以上步骤确定的水胶比、用水量、砂率等参数，确定基本配合比，在根据基本配合比的水胶比±0.03，砂率±1%，保持用水量相同，确定另外两个配合比进行试配。

分别测试三个配合比的坍落度、黏聚性、保水性及表观密度等，调整混凝土拌合物满足设计的坍落度要求。然后分别成型，分别测试 3d、7d、28d 或设计要求的其他龄期进行龄期试压，根据需要测定混凝土收缩变形性能、抗渗、抗冻、抗碳化和抗钢筋锈蚀性能。

根据混凝土强度试验结果，绘制强度和胶水比的线性关系图，用图解法或插值法求出与略大于配制强度的强度对应的胶水比。为了方便商品混凝土生产质量控制建议找出满足设计要求的水胶比范围。

当混凝土拌合物表观密度实测值与计算值之差的绝对值不超过计算值的 2%时，配合比可维持不变；当二者之差超过 2%时，应将配合比中每项材料用量均乘以校正系数 δ。

混凝土配合比校正系数 δ：

$$\delta=\frac{\rho_{c,t}}{\rho_{c,c}} \tag{6-36}$$

式中 $\rho_{c,t}$——混凝土拌合物密度实测值（kg/m^3）；

$\rho_{c,c}$——混凝土拌合物密度计算值（kg/m^3）。

二、配合比设计实例

某住宅楼五层梁、板、柱，混凝土设计强度等级为 C30，输送方式为泵送，最高泵送高度 50m，施工季节为初夏，温度 20～25℃，距离为 25km，耐久性满足干燥环境中的要求。

原材料：水泥：宝丰大地 P·O42.5，28d 强度 f_{ce}=47.1MPa，密度为 3000kg/m^3；粉煤灰：Ⅱ级，需水量比为 99%，细度为 18%，密度为 2200kg/m^3；矿粉：S95，流动性比为 105%，密度为 2800kg/m^3；石子：5mm～20mm 连续级配碎石，空隙率为 42%；砂子：细度模数为 2.7 的中砂，含泥量≤3%，≥5mm 的石子＜5%；脂肪族高效减水剂（A）：固含量 30%，饱和掺量 λ=2.2%时，减水率为 30%。

① 根据工程部位及泵送要求，选择坍落度 200mm。

② 配制强度取 38.2MPa。

③ 水泥 28d 强度 f_{ce}=47.1MPa，与表中所用水泥强度基本一样，水胶比可以选择为：0.46～0.5，取 0.48；矿物掺合料掺量取 35%，其中为矿粉 15%，粉煤灰为 20%。

④ 用水量可以在表中选取，170～180kg/m^3，取 175kg/m^3，水胶比为 0.48，算出胶凝材料为 365kg/m^3。进而算出水泥用量为 237kg/m^3，粉煤灰为 73kg/m^3，矿粉为 55kg/m^3。

用水量为 175kg/m^3，设计坍落度为 200mm，石子的最大粒径为 20mm，不掺加减水剂混凝土坍落度 7～9cm 的用水量为 215kg/m^3，外加剂饱和掺量 λ=2.2%时，减水率为 30%，

$\Delta\eta=0.005\times20-0.04=0.06$，外加剂掺量为：

$$\mu=\left(\frac{215-175}{215}+0.06\right)\times\frac{2.2}{30}\times100\%=1.8\%$$

根据公式可以计算出外加剂掺量为 1.8%，外加剂用量为 365kg/m³ × 1.8% = 6.8kg/m³。

⑤ 砂石率根据表 6-27 取 40%。

⑥ 根据以上步骤选择的参数可知，用水量为 175kg/m³、水泥用量为 237kg/m³、粉煤灰为 73kg/m³、矿粉为 55kg/m³。假定 C30 的表观密度为 2380kg/m³，砂率为 40%。即砂子＋石子＝2380－175－365－6.8＝1833.2kg/m³，砂子用量＝1833.2×40%＝733.3kg/m³，石子用量＝1833.2×（1－40%）＝1099.9kg/m³。

⑦ 根据基本配合比，用水量保持不变，水胶比调整±0.03，砂率分别增减±1%。为了试验称量方便，所有原材料质量均取整数，三个配合比见表 6-28。

表 6-28　C30 试配配合比用量表　（kg/m³）

原材料 序号	W	C	K	F	A	S	G
1	175	237	55	73	6.8	733	1100
2	175	253	58	78	7.0	709	1110
3	175	223	51	69	6.2	761	1095

分别测试三个配合比的坍落度（T/mm）、扩展度（K/mm）、表观密度［ρ/(kg/m³)］及 3d、7d、28d 抗压强度，测试结果见表 6-29。

表 6-29　C30 试配测试结果表

项目 序号	T（mm）	K（mm）	3d（MPa）	7d（MPa）	28d（MPa）	P（kg/m³）
1	210	525×520	17.9	28.3	37.6	2383
2	205	500×500	19.8	31.1	41.7	2389
3	210	530×530	16.6	25.8	34.9	2375

从表 6-29 的结果来看，C30 配制强度为 38.2MPa 对应的配制强度范围为 37.6～41.7MPa，对应的水胶比在 0.48～0.45 之间，采用差值法计算 38.2MPa 对应的水胶比。即先确定要配制的强度（$f_{cu,0}$）所在的范围（B，A），进而确定配制强度所在的水胶比范围（a，b），然后根据式（6-37）进行计算水胶比：

$$\frac{W}{C}=a+\frac{a-b}{A-B}\times(A-f_{cu,0}) \tag{6-37}$$

将 $B=37.6$、$A=41.7$、$a=0.48$、$b=0.45$ 代入公式中，则 38.2MPa 对应的水胶比为 0.475。算出的水胶比与基准配合比的水胶比 0.48 相差不大，可以不做调整，设计的基准配合比为符合工程部位实际要求的配合比。

参考文献

[1] 吉林，缪昌文，孙伟．结构混凝土耐久性及其提升技术［M］．北京：人民交通出版社，2011，170.

第七章　商品混凝土质量控制和施工

商品混凝土具有自身的特性：时效性、半成品性、影响因素多样性、检验的滞后性、处理结果困难性。

时效性：商品混凝土具有明显的时间特征，必须在规定的时间内完成运输、浇筑、养护等工序。

半成品性：商品混凝土实际上是半成品，其浇筑和养护往往是由施工企业完成，而成品质量受时间、施工工序、养护和气候等因素的影响，因此，经常出现混凝土标养试块合格但实体结构不合格的现象。

影响因素的多样性：就商品混凝土企业而言，原材料、配合比、计量、搅拌、运输及泵送过程中（图 7-1），任何一个环节出现问题，都会对质量产生不同程度的影响。除企业自身因素外，还与施工企业的施工工艺过程密切相关，很难做到混凝土质量始终处于有效的受控状态。

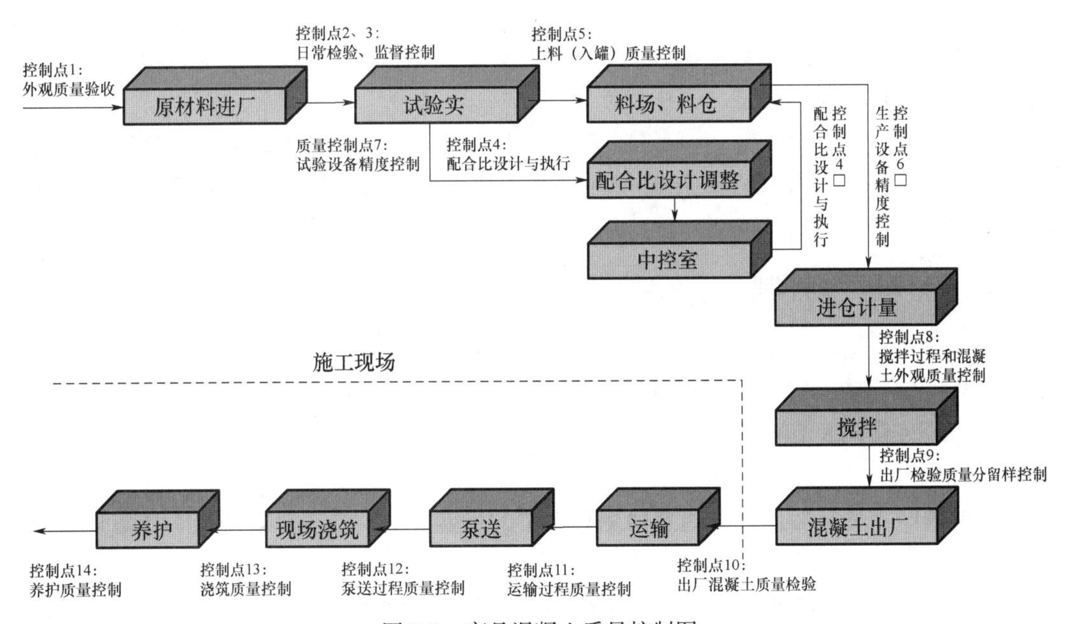

图 7-1　商品混凝土质量控制图

检验的滞后性：混凝土强度和耐久性验收一般在 28d 以后进行，基本上是“死后验尸”，质量检查和验收的滞后，导致当产生质量问题时往往很难补救。

处理结果的困难性：当混凝土质量出现问题时，一般不会降级使用，往往作修复处理，甚至报废，给企业造成巨大的经济损失。

第一节　商品混凝土生产质量控制

影响商品混凝土质量的因素多，技术复杂，致使生产质量始终存在着不可预见性的风险和隐患，这种风险和隐患超过一定限值就会造成质量事故。影响混凝土质量波动主要有六个因素：人（Man）、机器（Machine）、材料（Material）、方法（Method）、测量（Measurement）、环境（Environment）。

① 人（Man）：操作者对质量的认识、技术熟练程度、身体状况等，主要体现在试验员技术水平、操作员对坍落度控制、驾驶员运输时间、搅拌车残料留水、施工人员技术素质等因素。

② 机器（Machine）：机器设备计量的精度和维护保养状况等，主要体现在配料秤计量精度、搅拌机搅拌性能和搅拌车性能等因素。

③ 材料（Material）：材料的成分、物理性能和化学性能等，主要体现在水泥（品种、强度、细度、新鲜度）、粉煤灰（细度、需水比）、矿粉（细度、活性指数）、石子（品种、压碎值、级配、粒形、含泥量）、砂（品种、细度模数、级配、有机物含量）、外加剂（品种、掺量）等。

④ 方法（Method）：这里包括加工工艺、操作规程，主要表现在配合比使用、材料投料顺序、搅拌时间、混凝土含气量、混凝土温度、施工浇筑工序、开始养护时间及方法等。

⑤ 测量（Measurement）：测量时采取的方法是否标准、准确，具体体现在取样方法、成型试验方法、试验仪器设备、试压机性能等。

⑥ 环境（Environment）：生产和施工现场的温度、湿度、照明和清洁条件等，具体表现为环境温度、湿度、入模后的养护条件（高温、冻害）、脱模后的养护条件、试验条件（湿度、温度）等。

一、原材料质量控制

1. 进货验收

原材料进厂（场）后，应做好原材料的验收工作。原材料进货验收的主要内容：① 原材料的品种、规格和数量；② 产品质量合格证；③ 建立“原材料进厂（场）台账”。

2. 原材料检测

原材料进厂（场）后应及时通过目测等简单的检验方法，检查外观质量，重点做好下列项目的检查。

（1）水泥：重点检查水泥的生产单位、水泥品种、强度等级、出厂日期、随车“产品质量合格证”。按同一厂家、同一等级、同一品种的水泥，不超过500t为一批，每批抽检一次，或按出厂编号对必要试验的项目进行复检，随到随检，发现异常，立即报告试验室主任及相关人员。通过胶砂稠度初步对比水泥的需水量，定期进行配合比试验，跟踪生产、运输、浇筑过程中混凝土的用水量及状态的变化。注意观察不同时期的水泥颜色，如果水泥颜色突变，则要慎重使用，避免工程事故，及时发现水泥中的掺合料或熟料变化、调包、误用粉煤灰等。3d和28d强度发展情况，总结水泥胶砂强度发展规律，发现3d强度偏低应及时调整混凝土配合比。水泥应选择强度稳定，与外加剂相容性好，便于操作控制的大厂水泥。

（2）砂：重点检查砂的细度模数、颗粒级配、含泥量、泥块含量、含水率、杂物等。砂子应先进行目测含泥量、泥块含量等指标，同规格的砂以 $400m^3$（或 600t）为一批次，不足 $400m^3$（或 600t）时，检验一次，对于砂质量稳定、进量较大时，可以 1000t 检验一次。初步判断砂质量的好坏，主要靠“看、捏、搓、抛”的方法。“看”，抓一把砂摊在手心，细看粗细砂粒分布的均匀程度，各级颗粒级配分布越均匀，质量越好；“捏”，砂含水率的高低通过手捏，捏后观看砂团的松紧程度，砂团越紧证明含水率越高，反之越低；“搓”，抓一把砂在手心，用两手掌搓后，轻轻拍手，看手心上黏附的泥层，泥层越多且黄则证明砂含泥高，反之含泥低；“抛”，砂经捏后在手心抛一抛，若砂团不松散，可以判定出砂细、含泥或含水较高。

（3）石：重点检查石的规格、颗料级配、含泥量、泥块含量、针片状颗料含量、杂物等。石子应先目测含泥量、泥块含量等指标，对同规格的石子以 $400m^3$（或 600t）检验一次，不足 $400m^3$（600t）时，检验一次。对于石子质量稳定、进量较大时，可以 1000t 检验一次。目测碎石质量好坏，主要靠“看、磨”的直观方法。“看”，是看碎石的最大粒径以及不同粒径的碎石颗粒分布的均匀程度，可以初步判断出碎石级配的好坏，看针片状颗粒分布多少，可以估计出碎石对混凝土和易性和强度的影响程度大小；看碎石表面附着尘粒厚薄程度，可以分析出含泥量的大小；看干净的碎石表面晶粒分布程度，结合“磨”（两粒碎石对磨）可以分析出碎石的坚硬程度。

查看石子中是否有页岩和黄皮颗粒，如果有较多的页岩颗粒就不可用。黄皮颗粒分两种情况，表面有水锈而没有泥，这种颗粒可用，不会影响石子与砂浆间的粘结。当颗粒表面粘有黄泥时，这种颗粒为最差的颗粒，它会较大地影响石子与砂浆的粘结，这种颗粒较多时就会降低混凝土的抗压强度。

（4）外加剂：重点检查外加剂的生产单位、外加剂品种、随车“产品质量合格证”。做到车车进行水泥净浆或者混凝土试验对经时损失检测，合格方可入罐。混凝土外加剂，通过目测观察颜色，可以大致判断出是萘系（褐色）、脂肪族（血红）还是聚羧酸（无色或淡黄色），当然，还有萘系和脂肪族复配后的产品（红褐色），从气味上也能判断减水剂的品种。

至于混凝土膨胀剂，如聚丙烯纤维，钢纤维等特殊材料，一般都随货物附有产品说明书和质检报告，做好产品验收就可。

（5）掺合料：重点检查掺合料的生产单位、掺合料的品种、随车“产品质量合格证”。对进厂粉煤灰均应车车检测细度、需水量比，检测合格方可入罐。粉煤灰感观质量的判定，主要用“看、捏、洗”的简便方法。“看”，则是看粉煤灰的颗粒形状，若颗粒是球形，证明粉煤灰是原状的风道灰，反之则是磨细灰。“捏”，用拇指和食指捏，感受两指间的润滑程度，越润滑，则反映粉煤灰越细，反之则越粗（细度大）。“洗”，用手抓一把粉煤灰捏后用自来水冲洗，若附着在手心的残余物很易被冲洗干净，则可以判断该粉煤灰烧失量小，反之残余物较多不易冲洗则说明粉煤灰烧失量偏高。粉煤灰的外观颜色也能间接反映粉煤灰的质量。颜色黑，含碳量高，需水量就越大，异常情况及时采取配合比试验，查看对用水量、工作性能、凝结时间和强度的影响。矿渣粉外观颜色为白色粉末，矿渣粉颜色发灰或发黑说明矿渣粉中可能掺加了活性较低的钢渣粉或粉煤灰。对矿渣粉车车检测流动度比，合格方可入罐，注意同一厂家不同时间产品的质量稳定性。

3. 原材料储存

(1) 水泥

水泥应按品种、强度等级、牌号及批次分别储存在专用的储仓内，并有醒目标志标明水泥品种、厂家等。不同的水泥助磨剂、石膏含量及种类、熟料的比例均有可能不同，这些差异有可能造成水泥的凝结时间、安定性等性能的差异，如果混合使用易造成质量事故。对存放时间超过三个月的水泥，使用前应重新检验，并按检验结果使用。

(2) 砂、石

砂、石场应采用硬地坪（水泥地坪），并有可靠排水措施，防止积水。砂、石应按品种和规格分别堆放，不得混杂，在其装卸和储存期间应采取措施，保持洁净。

(3) 外加剂

外加剂应按生产单位、品种分别存放。存放外加剂的储槽（桶）应用醒目标志标明外加剂的品种等。

(4) 掺合料

掺合料应按生产单位、品种、批次分别储存在专用储仓内。储存掺合料的专用储仓应密封、防潮，并有醒目标志标明掺合料的品种、等级等。

4. 使用记录

生产过程中应经常检查原材料的消耗情况，保证原材料的正常供应和生产的正常进行。

二、生产质量控制

商品混凝土的特点是产量大、生产周期短、生产过程中混凝土质量检验难度大，出厂时混凝土强度等重要技术指标不易检测。实际生产时混凝土的质量依据混凝土配合比设计，通过控制原材料的质量和控制生产过程来保证。因此，加强对商品混凝土生产过程的质量控制尤为重要。

（一）商品混凝土的生产管理

商品混凝土的生产是商品混凝土配合比实现的过程，其生产过程的质量控制如图 7-2 所示。

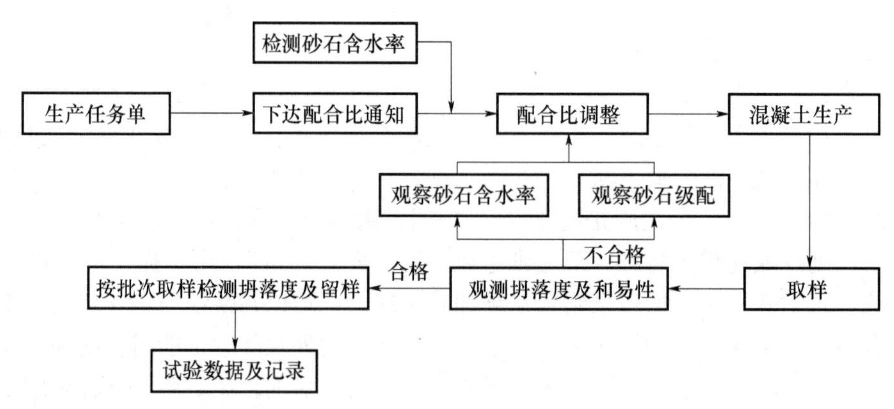

图 7-2 商品混凝土生产质量控制流程

1. 商品混凝土生产前的组织准备

混凝土购买方应提前1～2d将混凝土需求量、施工部位、施工方式告知商品混凝土企业，便于商品混凝土企业安排生产、组织原材料、查看行车路线。

(1) “生产任务单”的签发

“生产任务单”是商品混凝土生产的主要依据，商品混凝土生产前的组织准备工作和商品混凝土的生产都是依据“生产任务单”进行的。“生产任务单”是由经营部门依据商品混凝土“供销合同”向生产部门和技术质量部门签发。“生产任务单”主要包括购货单位、工程名称、工程部位、混凝土品种、强度等级、交货地点、供应日期和时间、供应数量和供应速度以及其他特殊要求。

(2) “混凝土配合比通知单”的签发

技术质量部门收到“生产任务单”后，应根据“生产任务单”中混凝土品种、工程部位、运输距离、气候情况等并结合搅拌站实际情况（现有原材料情况等），选择适宜的混凝土配合比，并签发“混凝土配合比通知单”。实际生产时，还应根据当时的砂、石含水率，砂、石的级配情况对混凝土配合比做出适当调整。

(3) 原材料的组织

生产部门依据“生产任务单”和“混凝土配合比通知单”，组织原材料的供应，保证原材料的品种、规格、数量和质量符合生产要求。

(4) 设备检查和试运转

① 班前计量检查，包括检查各计量料斗的工作情况，传感器的工作情况，计量显示器的复零等。

② 搅拌机的空运转

生产前对搅拌机进行一次检查，包括搅拌机各联结部位的连接情况、润滑情况，在检查无误的情况下，启动搅拌机进行空运转检查，运转正常后方可生产。

③ 上料设备和筒仓出料设备的确认

为了防止误用原材料，生产前应对各上料设备和筒仓出料设备进行一次全面的检查，保证原材料的品种、规格符合“混凝土配合比通知单”所规定的要求。

(5) 供应组织

混凝土生产前应按混凝土供应的速度安排运输车辆，明确送货地点和运输路线，施工现场应有专人负责混凝土的接收、指挥和协调。

2. 商品混凝土生产

(1) 混凝土配合比的输入和原材料的确认

严格按照“混凝土配合比通知单”，将混凝土配合比输入搅拌机的配料系统。为了防止出错，这项工作一般应有两人操作，其中一人负责将混凝土配合比输入计算机，另一人负责核查确认，并对混凝土配合比的输入工作做好记录。要严格核查原材料的品种、规格以及数量，保证混凝土用各种原材料的质量符合有关标准的要求和“混凝土配合比通知单”的规定。特别要注意原材料筒仓的编号、筒仓内原材料的品种和出料闸门（阀门）。

(2) 计量

各种原材料应按“混凝土配合比通知单”规定值计量，保证混凝土配合比的正确，保证混凝土质量。

（3）搅拌

原材料的供应得到保证，生产设备运行可靠，混凝土配合比输入和原材料准确，混凝土运输和施工现场准备工作完毕后方可生产混凝土，混凝土生产时应做好下面几项工作：

① 每次搅拌前应先开动搅拌机空运转，空运转前一定要打铃30s～1min确保维修及清理皮带人员离开，以免发生事故。运转正常后方可加料搅拌，加料的程序和搅拌时间按规定进行。

② 搅拌机启动开始拌料后，立即对机械设备的运转、计量料斗的工作情况再进行一次检查，确保运行正常。同时对所用原材料还要进行一次核查，防止误用。各项检查完成，并符合生产要求时，才能正常生产混凝土。

③ 在混凝土生产过程中，还要经常对机械设备的运行和原材料的使用进行巡回检查。

④ 做好首盘（前期生产）的质量检查。做好混凝土前期生产的质量检查十分关键，第一盘以目测为主，根据第一盘目测结果调整第二、第三盘，对第一车非泵送（或第二车泵送）混凝土进行取样，检测混凝土的坍落度和和易性，并进行混凝土成型。当检测结果与“混凝土配合比通知单”的要求有较大误差时，应分析原因，需要时由技术质量部门进行调整。

混凝土的开盘鉴定是商品混凝土企业的重要管理环节，生产技术人员应做到“两看一听”。一看混凝土搅拌过程中电流表的变化情况，混凝土坍落度的大小可以通过电流表的数值变化表现出来，混凝土坍落度大时，电流表数值较小，反之电流表数值较大；二看搅拌机下料的状态，滴浆速度快，混凝土坍落度大。滴浆呈块状，混凝土坍落度小；一听要听混凝土下料的声音，若可以听到混凝土“啪啪”的声音，则混凝土坍落度大，混凝土离析或砂率较小。

（4）混凝土配合比调整

混凝土在生产过程中应根据实际情况，对“混凝土配合比通知单”所规定的配合比进行调整。

① 配合比调整的原因

a. 砂、石含水率、颗粒级配、粒径、含泥量等发生变化

砂、石含水率会因砂、石所处的不同区域及进料时间发生变化，造成混凝土坍落度发生变化。砂子的细度模数变化0.2，砂率相应增减1%～2%；砂石级配不合格或采用单级配时，砂率应适当提高2%～3%；石子最大粒径降低一个等级，砂率增减2%～3%；砂石的针片状含量增大，针片状含量变化5%左右，砂率应调整2%～3%；砂子含石量的变化应及时调整砂率；砂子含水率变化2%左右，会使混凝土的坍落度发生显著变化，如单方混凝土砂子用量为800kg，含水率变化2%，则混凝土单方用水量变化15kg左右，坍落度浮动40～60mm。因此，生产混凝土时应随时注意砂、石含水率的变化，并按规定调整配合比中的用水量。在生产过程中要求质量控制人员经常查看料场原材料的使用情况，根据实际情况进行有效控制混凝土质量。

b. 胶凝材料用水量发生变化

水泥标准稠度用水量变化，通过试验室的复试可以发现水泥标准稠度用水量的变化，水泥标准稠度用水量波动1%，混凝土用水量将波动3～5kg/m^3。

矿物掺合料的需水量与等级、厂家等，有很大的不同。矿物掺合料需水量的变化直接影

响混凝土的坍落度，如粉煤灰需水量变化1%，将要影响减水剂减水率1%，才能保证混凝土初始坍落度不发生变化。

c. 外加剂减水率发生变化

外加剂减水率的变化对混凝土用水量的影响非常显著，减水率高时，用水量减少，水胶比降低，混凝土强度提高。但是减水率过高时，会使混凝土对用水量变化十分敏感，难以控制，很容易出现离析、泌水现象。

d. 坍落度损失的变化

由于运输距离、运输时间、气候变化、施工速度等，常常会造成混凝土坍落度损失。运输时间长、温度高、气候干燥，坍落度损失就大；反之，坍落度损失就小。在炎热条件下，混凝土拌合物的需水量随温度升高而增加，其增加的需水量可用下列经验公式得出：$W=(t-20)\times0.7$（t为混凝土处于高温季节施工时的温度）。在夏季气温高于20℃时，温度每增加10～15℃，应增加用水量2%～4%或外加剂掺量增加0.1%～0.2%。运距每增加10～15km，增加用水量5～8kg或外加剂掺量增加0.1%～0.2%，也可采用二次添加外加剂或采取对骨料浇水降温的办法，减小坍落度损失。

e. 现场施工需要

施工现场由于浇筑部位不同，对混凝土坍落度要求也不一样，例如大体积混凝土施工时，在后期为了有利于收尾（头）或因泵送距离缩短可适当减小坍落度。

② 混凝土配合比调整的基本要求

实际生产过程中，可根据需要调整混凝土配合比，但调整时要求：

a. 调整要有足够的理由和依据，防止随意调整，见表7-1。

表7-1　配合比调整规定

混凝土拌合物不良状态	调整措施
坍落度小于要求，黏聚性和保水性合适	保持水胶比不变，增加水泥浆用量，相应减少砂石用量（砂率不变）
坍落度大于要求，黏聚性和保水性合适	保持水胶比不变，增加水泥浆用量，相应增加砂石用量（砂率不变）
坍落度合适，黏聚性和保水性不好	保持砂石总量不变，增加砂率。或保持水胶比不变，调整胶凝材料用量，相应调整砂石用量
砂浆含量过多	减少砂率（保持砂石总量不变，提高石子用量，减少砂用量）

b. 调整应不影响混凝土质量，通常情况下，调整过程中混凝土水胶比不能发生变化。加强生产水胶比的监控，水胶比不仅是决定混凝土强度的主要因素，也是影响混凝土硬化后耐久性的主要因素，水胶比一经确定，不得随意更改。但在实际生产过程中确实存在用水量与配合比设计用水量的差别，使水胶比发生改变。在混凝土生产过程中控制混凝土质量的核心内容是控制生产用水量，使混凝土实际水胶比在±0.02范围以内浮动，将混凝土28d强度值在表7-2的范围内变化，保证混凝土质量的稳定性。水胶比每降低0.01，混凝土强度增长4%左右；水胶比变化0.05～0.1，砂率变化1%～2%。

表 7-2 生产控制强度建议表

强度等级	C10	C15	C20	C25	C30	C35
控制强度（MPa）	14±2	18±2	24±3	30±3	36±4	41±4
强度等级	C40	C45	C50	C55	C60	供参考
控制强度（MPa）	47±4	52±4	59±5	65±5	68±5	

c. 调整配合比必须按规定程序进行，要有技术质量部门或由技术质量部门授权的专业技术人员按照规定进行。试验员调整配合比应遵守以下规定：砂率允许调整±2%，外加剂允许调整胶凝材料用量的±0.2%，用水量允许调整5～10kg/m^3，对超出上述范围应向试验室主任或技术负责人申请。胶凝材料的调整相对复杂（表7-3和表7-4），原则上不允许试验员调整胶凝材料用量。

表 7-3 胶凝材料随不同因素变化规律

序号	因素变化内容	胶凝材料调整范围
1	混凝土强度变化5～10MPa	变化35～70kg/m^3
2	水泥强度等级每差一个等级	变化40kg/m^3左右
3	坍落度变化20～30mm	变化15～20kg/m^3左右
4	砂子细度模数相差一档	变化15～20kg/m^3左右
5	粗骨料最大粒径相差一档	变化30～40kg/m^3左右
6	气温高低每差10℃	增减20kg/m^3左右

表 7-4 原材料质量对水泥用量的影响

原材料	影响因素	品质（%）	增加水泥量（kg）	备注
矿物掺合料	需水量比	<100	0	减少相应的矿物掺合料用量，增加外加剂掺量获得满意的工作性
		100～105	10	
		105～115	20	
细骨料	细度模数和级配	2.3～3.0（Ⅱ区）	0	应根据细度模数、含泥量综合确定，最后相加取得
		3.1～3.4（Ⅰ区） 2.0～2.3（Ⅲ区）	8	
		3.4～3.7（Ⅰ区） 1.7～2.0（Ⅲ区）	15	
	含泥量或MB值	<5（0.5）	0	
		5～8（0.5～1）	10	
		8～10（1.0～1.4）	20	
粗骨料	空隙率	38～40	0	应根据空隙率与针片状取值相加取得
		41～43	8	
		>43	15	
	针片状	<8	0	
		8～13	10	
		13～20	20	

d. 要做好调整记录。

（5）动态计量检验

在混凝土生产过程中，操作人员应注意动态计量误差，当原材料的设定值与实际计量值（使用值）的偏差超过表7-5的规定时，要找出原因，及时处理。技术质量部门也要加强对混凝土生产时的动态计量精度的抽查，一般情况下，每个工班不少于一次。

表7-5　混凝土原材料计量允许偏差表

原材料品种	骨料	水泥	掺合料	水	外加剂
每盘计量允许偏差（%）	±3	±2	±2	±2	±2
每车计量允许偏差（%）	±2	±1	±1	±1	±1

（6）计量记录

混凝土生产时应对每一盘的原材料实际使用量进行记录。计量记录是反映混凝土实物质量的有效依据。应认真做好计量记录和计量记录的归档保存工作。

（7）拌合物质量抽检

生产过程中应加强对拌合物质量检测，一般情况下，每工作班不少于一次。在混凝土浇筑过程中应安排技术人员到施工现场查看混凝土施工情况，看混凝土施工现场的卸料过程中是否出现砂石分离现象；泵送混凝土听泵车的声音，若泵车泵送过程中发出“唰、唰”的声音，则和易性较好，若泵车发出“咕噔、咕噔”的声音，则混凝土砂率较小，应调整砂率。

（8）质量检验

依据国家标准《预拌混凝土》（GB/T 14902—2012），商品混凝土的质量检验分为出厂检验和交货检验。商品混凝土在生产过程中和出厂前应做好质量检验工作，通常情况，质量检验的检验项目有混凝土坍落度和混凝土强度两项检验。

（二）商品混凝土的供应管理

按照《预拌混凝土》（GB/T 14902—2012）的规定，商品混凝土的强度和坍落度以现场交货检验为准，而商品混凝土的质量在供应过程中随时间等其他因素的变化会发生显著变化，所以加强对商品混凝土的供应管理也十分重要。商品混凝土供应过程中应重点做好以下几项工作：

1. 组织协调

（1）装料及运输

混凝土搅拌运输车罐内严禁有积水，特别是刷罐后或者在下雨后，搅拌罐应先反转泄水。在混凝土运输过程中，混凝土运输车的搅拌罐应保持3～5r/min的慢速转动，以防止混凝土拌合物出现离析、分层等现象。装完料后，应高速搅拌，防止混凝土拌合物抛洒。

（2）交货地点和行驶路线

商品混凝土出厂前（生产前）应明确交货地点和行驶路线，并将有关情况通知驾驶员，确保以最短的时间运送混凝土。

（3）供应速度

商品混凝土的生产和使用一般是连续的，各工程受工程部位、作业面大小、输送泵数量和人员等因素的影响，对混凝土的需要量和需要速度是不同的，这就要求商品混凝土生产企业掌握这个情况，并适应这个要求。供应速度过快，会造成施工现场车辆等候时间过长，影响混凝土工作性和质量；反之，供应速度过慢，会造成施工现场缺料，不能保证连续浇捣，影响浇捣质量。所以要合理安排生产和发车。调度员在向施工工地发车时，开始速度要慢，并及时与工地沟通，以便根据实际施工要求进行调整。

2. 发货和交货检验

（1）发货单

依据“生产任务单”和施工现场的各项组织协调要求，商品混凝土生产企业将经过检验合格的商品混凝土向施工现场运送。混凝土出厂时应随车向购货单位（建设单位或施工单位）签发《商品混凝土发货单》，做到一车一单，《商品混凝土发货单》可作为商品混凝土的交货验收凭证。

（2）交货检验

商品混凝土发货送到施工现场后，依据《预拌混凝土》（GB/T 14902—2012）规定做好交货检验工作。交货检验的取样试验工作由供需双方协商，当施工方不具备上述检验条件时，供需双方通过协商委托双方认可的有资质的试验室承担，并应在合同中予以明确。

交货检验混凝土的取样工作，应在混凝土运到交货地点时算起 20min 内完成坍落度试验；40min 内完成试件制作。并规定混凝土试样的取样，应随机从同一车卸料过程中的 1/4～3/4 之间抽取。试块制作与养护要严格按国家标准规定的方法操作。在浇筑混凝土时，应制作供结构或构件拆模、吊装、张拉和强度合格评定的试件，根据需要制作抗冻、抗渗或其他性能试验用试件。

（3）商品混凝土产品质量合格证

商品混凝土生产企业必须按批次向购货单位（建设单位或施工单位）提供“商品混凝土产品质量合格证”。同一单位工程内同一分部工程、强度等级相同、配合比基本相同、同一工作班或一次连续浇捣的混凝土为一批。“商品混凝土产品质量合格证”应在该批次混凝土有关检测项目检验后及时送到购货单位。

3. 施工现场的信息反馈

（1）供应速度和供应量的调整

混凝土施工时，常会遇到不可预见的情况，影响混凝土的浇筑速度，因此，需要及时通知商品混凝土企业的生产部门，以期达到供应速度和需要速度的基本平衡。混凝土浇捣结束前要对混凝土的需要量进行估算，防止浪费混凝土。

（2）质量情况的反馈

① 混凝土在供应过程中质量可能会发生变化，特别在夏季气温较高、运输路程较长的情况下，混凝土坍落度损失快，不能满足泵送和浇捣要求；有时混凝土离析现象严重等问题，这些情况应及时通知技术部门予以调整。

② 在混凝土浇捣过程中，不同的部位，对混凝土坍落度的要求也不相同。如大体积混凝土浇捣时，由于泵管长度的变化和浇捣过程中出现的泌水现象，需要混凝土坍落度作适当的调整，这些情况应及时通知技术部门予以调整。

4. 现场配合和督促

商品混凝土生产企业在供应商品混凝土时要积极配合施工单位做好有关工作，同时又要督促施工单位做好以下几项工作：

（1）督促施工单位做好商品混凝土的接收工作，保证以合理的混凝土浇捣速度，防止混凝土等候的时间过长。一般情况下，混凝土从拌制到完成浇捣总时间不宜超过 90min，对于高温季节，还要缩短时间。当需要间歇时，应在初凝前浇筑完毕，且符合表 7-6 的要求。

表 7-6 混凝土运输、浇筑及间歇全部时间限值 (min)

条件	气温	
	≤25℃	>25℃
不掺外加剂	180	150
掺外加剂	240	210

(2) 督促施工单位不得在混凝土中加水。

(3) 督促施工单位做好交货验收工作，包括交货检验的取样、试件制作、养护和试验工作。

(三) 商品混凝土生产质量检验

商品混凝土生产质量检验十分重要，质量检验不仅能够判定混凝土是否合格、能否使用，同时也是对原材料质量、混凝土配合比设计和生产过程质量控制的全面检查。凡不合格的混凝土不得出厂、不得在工程上使用。一旦发现混凝土质量不合格，要找出原因，采取防止措施。

商品混凝土生产质量检验的主要内容有：

1. 混凝土拌合物工作性

混凝土拌合物的质量主要能满足拌合物在搅拌、运输、浇筑、捣实及表面处理等生产工序易于施工操作，达到质量均匀、不泌水、不离析的要求，以获得良好的浇筑质量，从而为保证混凝土的强度、耐久性及其他要求具备的性能创造必要的条件。拌合物质量检验的主要项目有拌合物坍落度、含气量等。

2. 混凝土强度

混凝土强度是混凝土极为重要的技术指标。虽然在许多实际工程中，混凝土的抗渗性、抗冻性等性能可能也很重要，但由于混凝土结构主要是用以承受荷载或抵抗其他各种作用力，而且混凝土强度与这些性能密切相关。因此，通常将混凝土强度作为极其重要的指标来控制和评定混凝土质量。

3. 混凝土的耐久性

(1) 抗渗性

混凝土的抗渗性是指混凝土抵抗液体在压力作用下渗透的性能。抗渗性是混凝土的一项重要性能，它不仅关系到混凝土阻挡水或溶液的通过能力，而且还直接影响混凝土的抗冻性和抗侵蚀性。当混凝土的抗渗性较差时，水或溶液易于渗入内部，从而增大了冰冻时的破坏作用或侵蚀介质的侵蚀作用，降低混凝土的抗冻性和抗侵蚀性。混凝土的抗渗等级可为 P4、P6、P8、P10、P12 五个等级。

(2) 抗冻性

混凝土的抗冻性是指混凝土在饱和水下能经受冻融循环而不受破坏，同时强度也不严重降低的性能。在寒冷地区，特别是在接触水而又受冻环境下的混凝土要求具有一定的抗冻性。混凝土抗冻等级可为 F25、F50、F100、F150、F200、F250、F300 七个等级。

(3) 氯化物含量

氯化物含量主要与钢筋锈蚀有关，由于氯离子会破坏钢筋钝化薄膜、引起钢筋锈蚀、破坏混凝土结构，因此要严格控制混凝土拌合物的氯化物总含量（以氯离子重量计）。

（4）碳化

由于混凝土碳化作用，使混凝土碱性降低（中性化），同样对钢筋钝化薄膜不利，引起钢筋锈蚀。同时，由于碳化作用，引起混凝土收缩容易造成混凝土结构发生裂缝，因此也应控制混凝土的碳化。

（四）退回搅拌站的混凝土处理

应加强对退回混凝土处理的质量控制，以达到科学合理地利用退回混凝土，减少废料，增加效益。退回站内的混凝土，均应首先考虑降低等级使用。在无法降低等级使用时，应根据情况分清原因，判断混凝土的性能，然后进行合理的处理。以下就经常出现的几种情况，制定了具体处理办法。

1. 因检验不严造成的混凝土退料

因混凝土出站前未经检查或检查不严、判断失误等原因，致使不合格的混凝土发往工地，造成施工方拒收。退回后，应分以下两种情况处理：

（1）坍落度过大（或离析），应根据实际情况增加同配比的干料或稠砂浆，快速搅拌不少于90s，经检查无干料块，坍落度符合设计要求，且实际水胶比不大于理论水胶比方可出站。如果处理后坍落度小于出站要求，应加入适量外加剂调整到满足施工要求的坍落度方可出站。

（2）坍落度过小，应适当增加水泥，然后加外加剂，并强制搅拌，直到坍落度达到出站要求为止。但应注意，外加剂的掺量不得超过推荐掺量的最大值。

2. 因施工原因造成的混凝土退料

因运输、泵送、浇筑等各种原因造成的退回混凝土，首先由罐车司机过磅，质检员根据罐车司机提供的过磅单及该罐车的皮重计算剩余方量，然后根据同等级或降低等级使用，分别采用以下处理方法：

（1）同等级使用。延误时间在2h以内，处理后应保证水泥用量比原配合比提高10～15kg/m³，外加剂提高0.1%～0.3%。或直接降低一个强度等级，适当增加外加剂掺量进行调整。延误时间在2～4h，处理后应保证水泥用量比原配合比提高20～40kg/m³，外加剂提高0.4%～0.6%。或直接降低两个强度等级，适当增加外加剂掺量进行调整。

（2）降低等级使用，必须以降低等级后的混凝土与原等级混凝土所用原材料完全相同为基础，且仅适用于C40及C40以下的混凝土的处理。在（1）的基础上，再降低一个强度等级进行处理。

（3）延误时间超过4h，应报废或用作非承重低等级混凝土使用。若日平均温度为5～20℃范围内，可按（1）的情况增加0.5h处置。若日平均温度小于5℃时，可按（1）的情况增加1h处置。

（4）当混凝土送到工地时，发现混凝土坍落度达不到施工要求，若坍落度低于设计要求30～50mm，可按运输单上的方量，每方添加0.5kg泵送剂。如所运方量为8m³，即可加0.5×8=4kg。若用10kg塑料桶装泵送剂，满桶为11kg，可约计加入2/5桶，然后用水管加水3～5s，把接料斗部位的泵送剂冲入罐内，开动罐体快速旋转3min，上车观察混凝土拌合物是否合适，若符合要求，即可使用。

（5）当混凝土送到工地等待了很长时间才开始用料或用混凝土打柱子时间过长，混凝土在卸料槽中不流淌时，应先估计罐内混凝土方量，然后按每方加1kg计算加入泵送剂数量，加泵送剂后按第（4）条要求的加水、快转、观察等步骤操作。当使用了部分料而估计不准方量时，宁可低估，不可多算。先少加一些，如果达不到要求，可再加第一次的量，就能符合要求。若一次加入泵送剂量太多，可使混凝土拌合物坍落度过大，并导致混凝土缓凝。

（6）在初凝时间内的混凝土，由于气温较高、运距较远、压车时间较长等造成混凝土坍落度损失较大，可通过试验添加同型号的泵送剂或减水剂，但添加与原先已加的总和掺量不能超过外加剂最大掺量的20%。应逐渐添加，先少加，掺入后，搅拌运输车必须快速转动2min左右，测定坍落度符合要求。运到现场的混凝土不能立即卸料，应快速转动运输车2min后卸料，以确保坍落度和质量。对超过初凝时间的混凝土应废弃，不能再使用。混凝土浇筑前停滞的时间越长，混凝土强度损失越严重（表7-7），应当引起足够重视。

表7-7 混凝土浇筑前停滞时间对混凝土强度的影响（气温25℃）

停滞时间（h）	0	2	4	6	8	10
强度（MPa）	44.3	40.1	38.4	27.8	19.7	15.0
强度损失（%）	0	9	13	27	56	66

三、混凝土强度评定方法

要保证混凝土的实际强度达到合格的要求，必须做好三个环节的控制。除切实搞好混凝土的原材料控制（又称初步控制）、生产控制外，还要进行合格性检验评定，又称验收控制。对使用方而言，现场试块强度是评定混凝土结构实际强度并进行验收的依据。

（一）混凝土强度类型

对混凝土进行强度试验的目的大体有两个，因此所得的强度也有两种。

1. 标准养护强度

对用于工程结构中的一批混凝土（验收批）按标准方法进行检验评定，视其是否达到该等级混凝土应有的强度质量，以评定其是否合格。这种强度的试件应在标准条件下养护，故称为混凝土的标准养护强度，简称标养强度。

应强调的是，在使用商品混凝土时，作为结构混凝土强度验收的依据是运送到施工现场的混凝土并在现场由商品混凝土供应方、施工方和监理单位共同取样制作并进行标准养护的试块强度。商品混凝土供应方的试块标养强度只是商品混凝土供应方用于评定企业的生产质量水平和作为生产控制用的，虽然可以参考，但不能作为结构强度验收的依据。

2. 同条件养护强度

对在混凝土生产施工过程中，为满足拆模、构件出池、出厂、吊装、预应力筋张拉或放张等的要求，而需要确定当时结构中混凝土的实际强度值以便进行施工控制。这种强度的试块一般均置于实际结构旁，以与结构同样的条件对其进行养护，故称为混凝土的同条件养护强度。又因其多用于控制施工工艺，故简称施工强度。按照《混凝土结构工程施工质量验收规范》（GB 50204—2015）的规定：同条件养护试件的强度代表值应根据强度试验结果按现行国家标准《混凝土强度检验评定标准》（GB/T 50107—2010）的规定确定后，除以0.88后使用。当同条件养护试件强度的检验结果符合现行国家标准《混凝土强度检验评定标准》（GB/T 50107—2010）的有关规定时，混凝土强度应判为合格。

这两种强度在取样、养护、评定方面有很大的不同，应注意它们的差异以免混淆。标准强度和施工强度有以下三点差别：

（1）养护方式不同：如前所述分别为标准养护和同条件养护。

（2）评定方式不同：标养强度按批评定（验收批的划分见后面），有三种评定方法（标准差已知统计法、标准差未知统计法、非统计法）；施工强度基本按组与相应的工作班混凝土一一对应地检验。

（3）评定目的不同：标养强度是为了确定该批混凝土的强度是否合格，以便于验收；施工强度不是为了评定合格与否，只是为了判断施工工艺过程（拆模、起吊、张拉、放张等）的可能性，是无所谓合格和不合格的。

（二）标养强度验收批的划分

1. 同一验收批的条件

混凝土强度的检验评定应分批进行，构成同一验收批的混凝土质量状态应大体一致。所谓大体一致由“四同”条件加以确定：（1）强度等级相同；（2）龄期相同；（3）生产工艺条件基本相同；（4）配合比基本相同。

其中生产工艺条件基本相同是指混凝土的搅拌方式、运输条件、浇筑形式大体一致的情况。配合比基本相同是指施工配制强度相同，并能在原材料有变化时及时调整配合比使其施工配制强度的目标值不变。

2. 验收批的批量和样本容量

混凝土每一验收批的批量和样本（试件）的容量大小，除应满足《混凝土强度检验评定标准》（GB/T 50107—2010）规定的按混凝土生产量所需制作试件组数（取样频率）外，还与选用标准中采用哪一种评定方法（标准差已知和标准差未知统计法或非统计法）来评定混凝土强度有关。同批的混凝土试件组的数量称样本容量，即为被验收混凝土的批量。

（三）统计方法评定

1. 采用统计方法评定时，应按下列规定进行

（1）当连续生产的混凝土，生产条件在较长时间内保持一致，且同一品种、同一强度等级混凝土的强度变异性保持稳定时，应按一个检验批的样本容量应为连续的3组试件，其强度应同时符合下列规定：

$$mf_{cu} \geqslant f_{cu,k} + 0.7\sigma_0 \tag{7-1}$$

$$f_{cu,min} \geqslant f_{cu,k} - 0.7\sigma_0 \tag{7-2}$$

当强度等级小于或等于C20时，其最小值还应满足：

$$f_{cu,min} \geqslant 0.85 f_{cu,k} \tag{7-3}$$

当强度等级大于C20时，其最小值还应满足：

$$f_{cu,min} \geqslant 0.9 f_{cu,k} \tag{7-4}$$

式中 mf_{cu}——验收混凝土强度的平均值，其值由验收批的连续三组试件求得（MPa）；

$f_{cu,k}$——混凝土强度等级对应的立方体抗压强度标准值（MPa）；

$f_{cu,min}$——同一验收批混凝土立方体抗压强度的最小值（MPa）；

σ_0——验收批前一统计期混凝土强度的标准差（MPa）。

检验批混凝土立方体抗压强度的标准差，应根据前一个检验期内同一品种混凝土试件的

强度数据计算：

$$\sigma=\sqrt{\frac{\sum_{i=1}^{n} f_{cu,i}^{2}-nm_{f_{cu}}^{2}}{n-1}} \tag{7-5}$$

式中 $f_{cu,i}$——第 i 组的试件强度（MPa）；

$m_{f_{cu}}$——n 组试件的强度平均值（MPa）；

n——试件组数，n 值应大于或者等于 45。

对于强度等级不大于 C30 的混凝土：当 σ 计算值不小于 2.5MPa 时，应按照计算结果取值；当 σ 计算值小于 2.5MPa 时，σ 应取 2.5MPa。

（2）当样本容量不少于 10 组时，其强度应同时满足下列要求：

$$mf_{cu}\geqslant f_{cu,k}+\lambda_1 S_{f_{cu}} \tag{7-6}$$

$$f_{cu,min}\geqslant \lambda_2 f_{cu,k} \tag{7-7}$$

同一检验批混凝土立方体抗压强度的标准差应按下式计算：

$$S_{f_{cu}}=\sqrt{\frac{\sum_{i=1}^{n} f_{cu,i}^{2}-n\times m_{f_{cu}}^{2}}{n-1}} \tag{7-8}$$

式中 $f_{cu,i}$——第 i 组混凝土试件的立方体抗压强度值（MPa）；

n——一个验收批混凝土试件的组数。

$S_{f_{cu}}$——同一检验批混凝土立方体抗压强度的标准差（N/mm^2），精确到 0.01N/mm^2；当检验批混凝土强度标准差 $S_{f_{cu}}$ 计算值小于 2.5N/mm^2 时，应取 2.5N/mm^2。

λ_1，λ_2——合格判定系数，见表 7-8。

表 7-8 混凝土强度的合格评定系数 λ_1，λ_2 的取值

试件组数	10～14	15～19	≥20
λ_1	1.15	1.05	0.95
λ_2	0.90	0.85	

2. 非统计方法评定

当用于评定的样本容量小于 10 组时，应采用非统计方法评定混凝土强度。按非统计方法评定混凝土强度时，其强度应同时符合下列规定：

$$mf_{cu}\geqslant \lambda_3 f_{cu,k} \tag{7-9}$$

$$f_{cu,min}\geqslant \lambda_4 f_{cu,k} \tag{7-10}$$

式中 λ_3，λ_4——合格评定系数，见表 7-9。

表 7-9 混凝土强度的非统计法合格评定系数

混凝土强度等级	<60	≥60
λ_3	1.15	1.10
λ_4	0.95	

四、有效数字修约与运算法则

检测人员感到不解的是，既然有效数字表示一个数的准确度，为什么试验规定在确定结果的准确度时都是指明准确到小数第几位，而不是保留几个有效数字？实际上试验规程在说明准确到小数第几位时，也就指明了几位有效数字，因为对于具体的检测项目的试验结果，其有效数字位数是确定的。因此，有效数字理论在数字的准确度及进行有效数字运算时使很有用的。

（一）有效数字的基本概念

有效数字是指在检验工作中所能得到有实际意义的数值，其最后一位数字欠准是允许的，这种由可靠数字和最后一位不确定数字组成的数值，即为有效数字。有效数字的定位（数位），是指确定欠准数字的位置，这个位置确定后，其后面的数字均为无效数字。

例如，一支 25mL 的滴定管，其最小刻度为 0.1mL，如果滴定管的体积介于 20.9mL 到 21.0mL 之间，则需估计一位数字，读出 20.97mL，这个 7 就是个欠准的数字，这个位置确定后，它有效位数就是 4 个，即使其后面还有数字也只是无效数字。

在没有小数位且以若干个零结尾的数值中，有效位数系指从非零数字最左一位向右数得到的位数减去无效零（即仅为定位用的零））的个数。

例如：35000，若有两个无效零，则为三位有效位数，应写作 350×10^{2} 或 3.50×10^{4}；若有三个无效零，则为两位有效位数，应写作 35×10^{3} 或 3.5×10^{4}。

在其他 10 进位数中，有效数字系指从非零数字最左一位向右数而得到的位数，例如：3.2、0.32、0.032 和 0.0032 均为两位有效位数；0.320 为三位有效位数；10.00 为四位有效位数；12.490 为五位有效位数。

非连续型数值：（如个数、分数、倍数）是没有欠准数字的，其有效位数可视为无限多位。例如，H_2SO_4 中的 2 和 4 是个数。常数 π 和系数等数值的有效位数可视为无限多位。每 1mL 某某滴定液（0.1mol/L）中的 0.1 为名义浓度，规格项下的 0.3g 或："1mL：25mg" 中的 "0.3" "1" "25" 均为标示量，其有效位数，为无限多位。即在计算中，其有效位数应根据其他数值的最少有效位数而定。

（二）数字的修约及其取舍规则

1. 数字修约是指拟修约数值中超出需要保留位数时的舍弃，根据舍弃数来保留最后一位数或最后几位数。

2. 修约间隔是确定修约保留位数的一种方式，修约间隔的数值一经确定，修约值即应为该数值的整倍数。例如：指定修约间隔为 0.1，修约值即应在 0.1 的整数倍中选取，也就是说，将数值修约到小数点后一位。

3. 确定修约位数的表达方式

（1）指定数位：

指定修约间隔为 10^{-n}（n 为正整数），或指明将数值修约到小数点后 n 位。

指定修约间隔为 1，或指明将数值约到个数位。

指定将数值修约成 n 位有效位数（n 为正整数）。

指定修约间隔为 10^{n}（n 为正整数），或指明将数值修约到 10^{n} 数位，或指明修约到 "十" "百" "千" 数位。

指定将数值修约成 n 位有效位数（n 为正整数）。

在相对标准偏差（RSD）的求算中，其有效数位应为其 1/3 值的首位（非零数字），故通常为百分位或千分位。

（2）进舍原则

① 拟舍去数字的最左一位数字少于5时，则舍去，即保留的各位数字不变。例如，将12.1496，修约到一位小数（十分位），得12.1；将12.1496，修约到两位有效位数，得12。

② 拟舍去数字的最左一位数字大于5时，或者是5，而后跟有并非全部为0的数字，则进一，即在保留的末位数字加1。

例1，将1268，修约到百数位，得13×10^2。

例2，将1268，修约到十数位（即三位有效数字），得127×10。

例3，将10.502修约到个数位，得11。

拟舍去数字的最左一位数字为5，而右面无数字或皆为0时，若所保留的末位数为奇数（1，3，5，7，9）则进一；为偶数（2，4，6，8，0）则舍弃（留双的原则）。

例1，将1.050按间隔为0.1（10^{-1}）修约，修约值为1.0。

例2，将0.350按间隔为0.1（10^{-1}）修约，修约值为0.4。

例3，将2500按间隔为1000（10^3）修约，修约值为2×10^3。

例4，将3500按间隔为1000（10^3）修约，修约值为4×10^3。

例5，将0.0325修约成两位有效位数，修约值为0.032或3.2×10^{-2}。

例6，将32500修约成两位有效位数，其修约值为32×10^3。

③ 在相对偏差中，采用"只进不舍"的原则，如0.163%，若为两个有效位时，宜修约为0.17%；0.52%，若为一个有效位时，宜修约为0.6%。

④ 不许连续修约。

拟修约的数字应在确定修约位数后一次修约获得结果，不得多次按前面规则连续修约。

例如，15.4546，修约间隔为1：

正确的做法为：15.4546→15；

不正确的做法为：15.4546→15.455→15.46→15.5→16。

为了便于记忆，上述规则可归纳成以下口诀：四舍六入五考虑，五后非零则进一，五后全零看五前，五前偶舍奇进一，不论数字多少位，都要一次修约成（在英、美日药典中修约均是按四舍五入进舍的）。

第二节 商品混凝土季节施工要点

我国幅员辽阔，南北纵贯5500余千米，包括热带、亚热带、温带和寒带等各种自然气候类型，东西横跨5200多千米，从沿海到内陆也呈现出显著的区域气温差异。根据多年观测资料中的每天日最高气温、日最低气温、日平均气温数值，通过统计分析得到日平均气温经验计算公式：

$$t=(T_{max}+T_{min})/2-0.6 \tag{7-11}$$

式中 t——日平均气温；

T_{max}——日最高气温；

T_{min}——日最低气温。

根据日平均气温范围，将一年分为：25～35℃（夏季）、10～25℃（春、秋季）、+5～

－10℃（冬季），根据不同的气候特点对混凝土施工进行区别对待，预防混凝土质量事故的发生。

一、春、秋季混凝土施工

春、秋季多风干燥、湿度低、昼夜温差大，造成混凝土内外温差较大。若施工、养护过程中不采取有效措施，有可能造成质量问题。

（一）施工前充分准备

施工单位应在混凝土浇筑前，对模板及其支架、钢筋及其保护层厚度、预埋件等的位置和尺寸进行全面检查，确认无误。模板要密合，不能有缝，模板和钢筋不得沾有碎屑、污物，与混凝土接触的模板要涂刷脱模剂或衬垫薄膜材料。对于和混凝土接触到的地基、模板，施工前应洒水湿润，以减少对混凝土水分的吸收，要防止模板内积水。

（二）坍落度和凝结时间

由于商品混凝土属于流动性混凝土，非泵送混凝土一般在 120～140mm 左右，泵送混凝土则根据泵送长度、高度及部位确定，一般在 140～200mm 左右，某些有特殊要求的混凝土的坍落度甚至大于 220mm。由于商品混凝土采用工业化集中生产，离施工现场较远，混凝土坍落度设定上应综合考虑运距、气温的影响及泵送的距离等因素，坍落度应适当放大。

为保证混凝土的和易性、泵送性等要求，商品混凝土一般都添加了缓凝剂和减水剂，某些有特殊要求的混凝土还会添加其他的外加剂，这些外加剂在气温变化较大时，有可能影响混凝土的凝结时间。因此，商品混凝土的正常初凝时间为 6～10h，终凝时间为 8～12h。由于春、秋季昼夜温差大，白天温度高达 25℃左右，夜间温度降到 10℃左右，温度的降低引起混凝土的凝结时间延长，终凝时间在 20h 之内也是正常的，这不会影响混凝土的最终质量，但超过 48h，对混凝土后期强度影响明显，最多可降低 30％。

（三）混凝土的及时浇筑

商品混凝土运至浇筑地点后，应尽快浇筑，为保证混凝土的浇筑质量，防止坍落度发生损失变化、避免影响混凝土的质量，宜在 90min 内卸料用完。严禁私自往罐车内加水，应杜绝边加水边浇筑的行为。在浇筑过程中，施工单位应随时观察混凝土拌合物的均匀性和坍落度变化。当浇筑现场发现混凝土坍落度与要求发生变化时，应及时与混凝土公司联系，以便对混凝土的坍落度及时进行调整。

（四）合理的浇筑顺序

混凝土施工浇筑前用于润滑泵管的砂浆，不得浇筑到混凝土构件结构内，更不准集中浇筑在同一部位。当楼板、梁、墙、柱部位的混凝土一起浇筑时，建议先浇筑墙、柱，待混凝土沉实后，再进行梁和楼板浇筑，混凝土布料应均匀，防止集中堆料。在进行较高构件（如墙、柱等）的浇筑时，当混凝土自高处自由倾落高度超过 2m 时，应设置串筒或溜槽，以保证混凝土下落时不发生离析现象。一次浇筑高度以混凝土不离析为准，一般每层不超过 500mm，振捣平后再浇筑上层，浇筑时要注意振捣到位，使混凝土充满模板角落。分层浇筑混凝土时，要注意使上下层混凝土一体化。应在下一层混凝土初凝前将上一层混凝土浇筑完毕，在浇筑上层混凝土时，须将振捣器插入下一层混凝土 5cm 左右，以便上下层混凝土形成整体。控制混凝土的浇筑速度，保证混凝土浇筑的连续性。随时和混凝土公司保持联系，以对混凝土运输车辆进行合理调配，保障前后所浇筑混凝土的衔接，防止产生施工冷缝。

（五）注意进行合理振捣

在混凝土浇筑过程中，应采用分散布料，然后用铁耙子将混凝土基本搂平，接着进行梅花式振捣，振捣棒插入的点与点之间，应相距 400mm 左右，振捣棒快插慢提，振捣时间不宜超过 15s，混凝土气泡不再显着发生，混凝土充满模板，不再显著下沉，骨料在混凝土的中能均布。过振会将水泥浆、砂浆、粗骨料分层离析，混凝土表面的水泥浆在下层砂浆和石子的约束下极易产生收缩变形裂缝。在浇筑混凝土过程中，如遇太阳暴晒、大风天气，浇筑后应立即用塑料薄膜覆盖，避免发生混凝土表面硬结，必要时应采取遮阳、挡风措施。

（六）注意进行合理抹压

混凝土在浇筑及静置过程中，由于混凝土表面的不密实和混凝土拌合物的沉陷与收缩，易在混凝土表面出现塑性收缩变形裂缝，在春、秋季白天温度较高并伴有大风时，混凝土表面的失水速度加快，加速塑性收缩裂缝的产生。当混凝土表面没有浮水，能经住手指轻压，对混凝土进行二次抹压收光，消除已出现的塑性收缩裂缝。表面处理时严禁浇水，如确实需要可用喷雾器限量喷洒。

（七）注意进行保湿养护

在春、秋季风大、高温和干燥的天气下，混凝土的表面水分蒸发快，易产生表面塑性收缩裂缝。板类构件混凝土浇筑收浆和抹压后，应立即在混凝土表面覆盖薄膜等；对截面较大的柱子，宜用湿麻袋围裹喷水养护，或用塑料薄膜围裹保湿养护；墙体混凝土拆除模板后应在墙两侧覆挂麻袋或草帘等覆盖物，避免阳光直照墙面，地下室外墙宜尽早回填土。加强混凝土的保湿养护，防止混凝土表面失水过快产生塑性收缩裂缝。保湿养护是防止混凝土产生塑性收缩变形裂缝的根本措施，在不能覆盖的情况下，可在表面喷雾防止干燥，能较好地防止混凝土裂缝的产生。在干燥多风的春、秋季，夜间洒水养护时操作间断会使混凝土忽干忽湿，很易造成裂缝。浇水次数应能保证混凝土表面充分湿润，并不得少于 7d，对掺用粉煤灰、缓凝型减水剂或有抗渗要求混凝土保湿养护不得少于 14d。

保温养护可以防止温度骤变，避免暴晒和风吹，在气温变化较大的夜晚，大体积混凝土或截面变化多的混凝土，容易产生温度裂缝。养护应注意早期温度裂缝的预防，要严格控制混凝土的内外温差，使之不超过 25℃，必要时，适当延长拆模时间。

（八）注意拆模和加荷

在混凝土未达到 1.2MPa 前（表 7-10），不准在幼龄混凝土上面踩踏、支模及在楼板上进行施工作业或堆放重物。为防止混凝土不均匀沉降或受震动而产生变形裂缝。现浇混凝土结构模板及支撑过早拆除，容易造成梁板结构开裂，因此拆模前应根据不同龄期混凝土同条件养护试件强度，严格按规范要求拆模。特别对于梁、墙板等结构应适当延长拆模时间，拆模后应继续采取措施进行养护。

表 7-10 混凝土强度达到 1.2MPa 的时间估计 (h)

水泥品种	外界温度（℃）			
	1～5	5～10	10～15	15 以上
硅酸盐水泥 普通硅酸盐水泥	46	36	26	20
矿渣粉硅酸盐水泥 火山灰硅酸盐水泥 粉煤灰硅酸盐水泥	60	38	28	22

注：掺加矿物掺合料和缓凝剂的混凝土适当增加时间。

二、夏季混凝土施工

（一）夏季混凝土结构施工

1. 夏季施工的界定和环境特征

当月平均气温超过 25℃时，应采用夏季混凝土施工方法和施工控制措施，尽量把高温的影响控制在最小的限度。夏季施工可以理解为高气温、低湿度及风速相结合的特定天气，对新拌及正处于硬化阶段的混凝土质量造成的损害，产生不正常的性质。在炎热天气下，温度上升、相对湿度下降影响混凝土质量的因素是气温和相对湿度，在风速加大时，这些因素的影响将更为显著。

2. 夏季施工对混凝土工程的影响

（1）单位用水量的增加。

随着气温的升高，混凝土的坍落度损失较快。为了保证满足施工对和易性的要求，在夏季有必要适当增加混凝土的单位用水量。

（2）混凝土的凝结时间缩短。

高温会加速水泥水化反应，混凝土凝结时间短。混凝土凝结时间的缩短带来的主要影响是增加摊铺、压实、成型以及修补的困难。

（3）含气量降低。

如果加相等数量的引气剂，则随气温上升，混凝土中含气量下降。影响混凝土拌合物的和易性以及硬化后的耐久性。

（4）混凝土强度的降低。

同样配合比和水胶比的混凝土，如高温条件下养护，会出现早期强度增长很快，后期强度的发展受到影响；如果现场加水来补偿坍落度损失，则其强度随水胶比的变大而降低。

（5）混凝土产生裂缝。

混凝土浇筑后在表面分泌出来的水分，逐渐被蒸发掉。如果蒸发速率大于泌水速率，混凝土就会发生塑形收缩，进而引发开裂，称为塑形收缩裂缝。夏季高温如果再遇到风和干燥（低湿度）天气，更容易产生这种裂缝。严重时，还会出现表面脱落。当然，如果温度控制不好，在一些结构中有可能因增大温度应力而引发开裂的风险。

3. 夏季施工混凝土原材料选择与控制

（1）胶凝材料

在夏季炎热天气条件下，应尽可能使用水化热低的水泥，细度不宜太细；减少水泥用量，适当增加粉煤灰、矿渣粉、石灰石粉等矿物掺合料用量，可以防止混凝土因水化热产生的温度裂缝。当然水泥的多少还应该考虑对强度的影响。

（2）骨料

在混凝土中，骨料用量最大，因此骨料的温度对混凝土的温度影响较大，施工时应尽量使用低温度骨料，并使骨料避免日光直接照射，采用覆盖或洒水的措施防止骨料温度的上升。目前越来越多的搅拌站骨料仓和骨料输送系统都搭建有遮阳棚，地面排水系统。

（3）水

采用井水（地下水），贮水池、输水管要避免阳光直接照射，必要时采取冷却措施。

（4）外加剂

掺加缓凝剂，可对控制坍落度损失、振捣，防止接茬不好。但对于大面积的混凝土地坪工程，应保证缓凝剂的掺量正确。大型地坪、路面工程的混凝土拌合物如果缓凝剂掺量太高，在表面以下的混凝土仍处于塑性状态时，表面可能会结一层硬壳。如果过早地抹平、压光，就会导致表面出现波纹，而且会封住泌水通道；不进行抹平、收光混凝土则有可能产生塑性收缩裂缝。

4. 夏季施工混凝土的搅拌、运输与浇筑

（1）搅拌和运输

① 应对搅拌站料斗、储水器、皮带运输机、搅拌楼采取遮阳措施，在拌合混凝土时采用井水（地下水），并对水管以及水箱加设遮阳和隔热措施。

② 混凝土运输和浇筑时间不宜超过 90min。

③ 对于长距离运输，可提高外加剂掺量减小坍落度损失，控制凝结时间保证混凝土的工作性。

（2）浇筑

夏季炎热条件下浇筑混凝土前，对模板、钢筋以及浇筑地点的基岩或旧混凝土等，洒水冷却，在浇筑地点采取措施，以免温度升高或干燥。采用薄层浇筑，层厚控制在 0.4m 左右。短间歇、均匀上升，使混凝土出机后最大限度地减少运输及浇筑过程中的温度回升，加快混凝土的入模覆盖速度，减少暴露时间防止初凝。保证入模温度控制在 30℃以下，混凝土芯部与表面、表面与环境温度差不超过 15℃，来保证混凝土浇筑的质量，保证混凝土的施工质量符合施工规范及设计要求。

避免在日最高气温时浇筑混凝土。在干燥的条件下，晚间浇筑的混凝土受风和温度的影响相对较小。同时，混凝土可在接近日出时终凝，这时的相对湿度最高，因而早期干燥和开裂的可能性最小，混凝土浇筑宜安排在下午 7 时到次日早晨 7 时之间进行。

5. 夏季施工混凝土的养护

（1）夏季，如养护不及时不但降低强度，甚至有些裂缝向深度发展直至贯穿。所以及早保湿养护是防止混凝土产生塑形收缩变形裂缝的根本措施。

（2）在表面处理作业完成之后及时地进行养护，做到随抹随盖，当混凝土表面没有浮水，能经住手指按压，就可以开始覆盖并洒水保湿养护，必须保证混凝土表面处于充分的湿润状态，并不得少于 7d，有抗渗防裂剂的不得少于 14d。

（3）板类构件、地面、路面等混凝土浇筑收浆和抹压后，用塑料薄膜覆盖，防止表面水分蒸发，混凝土硬化至可上人时揭去塑料薄膜，铺上麻袋或草帘，用水浇透，有条件时尽量蓄水养护。

（4）截面较大的柱子，宜采用湿麻袋围裹喷水养护，或用塑料薄膜围裹自生养护，若湿度降低则宜用高倍吸水树脂类养护膜围裹养护，保证混凝土表面水分不散失。

（5）墙体混凝土浇筑完毕，混凝土达到一定强度（1～3d）后，应避免过早拆模，拆模后应在墙两侧覆挂麻袋或草帘等覆盖物，避免阳光直射墙面，地下室外墙宜尽早回填土。现在很多施工单位夏季混凝土浇筑后，不到12h就开始拆除柱、墙模板。有的混凝土才刚刚终凝，混凝土强度很低，模板都能将混凝土粘下来，就硬是将模板拆除了。而模板拆除后又不能保证充分养护，结果墙体的裂缝就不可避免了。对于墙体部位混凝土本身强度较高，厚度大，内部水化热大，不易养护，混凝土表面水分易散失，极易造成墙体的裂缝。如果能像现浇板一样（面积要比墙体大）保证混凝土的湿养护，在混凝土强度增长初期不失水，则墙体的裂缝问题就能解决。

（6）养护时要防止气温骤变，避免暴晒、风吹和雨淋，在气温变化较大的夜晚，最好用保温材料加以覆盖。

总之，夏季施工混凝土的要点是控温和保湿，抓住这个要点，就可以保证夏季施工混凝土的质量。

6. 夏季多雨对混凝土施工影响与措施

由于夏季多雨，混凝土一些原材料的含水率变化较大，特别是露天料场物料上下含水率波动比较大，给混凝土生产质量控制带来了难度。生产操作员应注意观察混凝土拌合物的出机状态，及即将出机时的搅拌电流，当连续生产的混凝土拌合物出机电流明显变化，应立即手动减水5～10kg/m^3，在减水的同时要加上等量的砂子。混凝土生产配合比，在其他条件都不变的情况下，其坍落度与理论用水量是一一对应的关系，控制出厂的设计坍落度，就是控制了混凝土配合比中的理论用水量。混凝土质量控制人员可以根据砂石的含水率来调整实际用水量。一辆搅拌车一般10～12m^{3}混凝土，上一盘混凝土坍落度偏小了，下一盘就可以放大一些；上一盘混凝土坍落度偏大了，下一盘就可以放小一些。商品混凝土站在满足泵送施工的前提下可以把出厂坍落度适当降低，低坍落度的混凝土遇雨保浆能力较强，减少雨水冲刷浆体的流失。装载机司机在上料时要离地20cm以上铲料，防止地面上的积水和含水量过大的砂石料铲入斗内。

降雨会造成浇筑完成后的混凝土含水量变大，降低混凝土表面强度，加剧混凝土的不均匀性。同时造成层面灰浆流失，形成松散软弱层面，处理不当，会成为质量隐患。应对降雨采取的主要措施有：

（1）大雨到来之前应及早作出判断，用塑料薄膜将已振实抹平和未振实的混凝土都应覆盖。有施工单位因为赶不及，只对振实抹平的混凝土进行覆盖，而没有振实的混凝土没有覆盖。未振实的混凝土有很多脚印，大雨过后，这些脚印都灌满了雨水，振动之前很难将其排除掉。振动的过程中，雨水融入混凝土，大大加大了水胶比，加之部分浆体流失，混凝土表层的水胶比变大，容易引起“起砂”现象。在混凝土抹面的时候，撒一些干水泥上去，再抹面可以有效降低“起砂”现象。

补救措施：可以在硬化后的混凝土表层喷洒“混凝土密封固化剂”。如果雨水来得快，来不及全部覆盖，首先要覆盖的是未振实的混凝土，对已振实抹平的混凝土，也一定要将周边覆盖好，使薄膜紧贴周边混凝土的表面，防止雨水冲走水泥浆。混凝土振实抹平时，最好能将周边略压高一点，让雨水积蓄在混凝土表面。这样做，起到了“即时水养护”的作用。

（2）采用斜层铺筑法，是多雨天气进行施工的有效措施，由于斜坡层面有利于排水，降雨可以迅速排出，并且灰浆损失仅限于表层很浅的范围和坡角部位，降雨对混凝土质量的影响程度要小得多。

（3）如果是小雨，基本不影响混凝土工程施工，振捣完毕的混凝土，及时抹面后，塑料布覆盖，适当时机再进行二次抹面，二次抹面最后再用塑料布覆盖；如果是中到大雨，则混凝土暂时停止泵送施工，浇筑到模板里或者模板表面的混凝土及时用塑料布覆盖起来，雨停后，继续泵送施工，塑料布上的雨水处理掉后，继续振捣混凝土，及时抹面并用塑料布覆盖；如果是长时间一直下中到大雨，则应冒雨把浇筑到模板里或面上的混凝土及时振捣，及时抹面并覆盖塑料薄膜。

（4）在降雨结束后，如果间歇短，马上在表层上摊铺稠砂浆补偿灰浆流失，并清理坡角，即可恢复施工。如果间歇时间长，混凝土已经初凝，则用高压水清除表面软弱层，再在层面上铺砂浆，然后立即恢复施工，不再做额外停顿。

（5）施工中要特别强调及时收面，雨后收面越及时，对混凝土的质量影响越小。

（二）夏季大风、高温天气路面施工

在大风、高温天气防止水分蒸发过快，是做好路面结构的关键。路面混凝土初步摊铺好后，由于各组成材料间密度悬殊，水泥、砂石颗粒的沉降，表面泌水是必然的。但另一方面，只要混凝土表面与空气存在着饱和蒸汽差，水分蒸发也是必然的。在一般情况下只要蒸发速率不大于泌水率，这种泌水和蒸发是无害的，不会影响正常的凝结硬化。国内实测表明：此临界蒸发速率为0.5kg/(h·m^2)。但是在大风、高温的条件下，蒸发速率会远大于以上临界值，有可能导致刚初步摊铺好的路面混凝土表层温度升高而脱水，面层凝结加快，形成上硬下软的“肚皮现象”。甚至在1～2h内，还来不及收光就发生开裂，即发生塑性沉降开裂，在这种情况下，即使再洒水勉强进行表面收光、拉纹等工作，并进行认真养护，也会引起路面硬化后表面起粉、分层、脱皮、耐磨性降低等不良后果。如何在这种气候条件下进行正常的施工，确保路面的表面功能要求，需要做好以下三点。

（1）路面混凝土摊平后立即开始覆盖、洒水

以往在公路施工中曾采取用“移动遮阳篷”的方法，使之减弱太阳的辐射，以减少气化热的补给，从而降低蒸发速率。遮阳篷的方法，在大风作用下难以阻止蒸发水分的扩散，降低蒸发速率的作用是有限的。根据施工经验在混凝土初步摊铺好后，立即用彩条布覆盖并在上面洒水。刚摊铺好的混凝土路面，有彩条布的覆盖及洒水降温作用，不仅避免了太阳的直接照射，阻止了混凝土中水分的自由蒸发，彩条布上面的水分蒸发，也带走了大量的水化热，从而降低了路面混凝土的温度，使路面混凝土保持在一个气温较低、无蒸发的人工小气候环境中。实测在气温35～38℃的天气下，混凝土表面温度仅在25℃上下，表面湿润凝结硬化正常，再没有发生表层结壳、开裂、起粉等现象。

（2）适时整平、收光

夏季烈日炎炎，暴晒条件下混凝土失水最快，硬化也快。对于路面、地坪混凝土，振动密实抹平后，要密切注意，掌握好初凝前的二次抹压时间。二次抹压的时间一般在40～

60℃·h，根据施工观察要做到“水消即抹”，混凝土表面水分蒸发后，裂缝在骨料与浆体的粘结面开始发展，直至连通，此时应及时抹压。如果错过了适宜的抹压时间，对硬化混凝土质量将造成难以挽回的影响。根据现场施工中观察，整个收光工作开始于初凝前，结束于初凝后，一般在80～120℃·h，人踏上去不会陷下去，用指压留下3～5mm凹坑，收光一般要进行3～4遍，一定要一边抹压一边覆盖。抹压是为了彻底消除初凝前形成的失水缺陷，覆盖是防止抹压后的混凝土继续失水。覆盖最好采用吸水性强的麻袋或土工布，要相互衔接，并保持覆盖物一直处于饱水状态，只有这样，才能有效防止混凝土失水。覆盖塑料薄膜是较快捷省工的方法，但要注意其防失水效果。覆盖薄膜应选用不透气不透水的、相对厚一点的薄膜，一次抹平或二次抹压后立即铺盖在混凝土面上，并将薄膜压紧，使之紧紧贴附在混凝土表面，使拌合水难以蒸发出来。

(3) 混凝土路面要认真养护

路面整平、收光及做出防滑构造后，仍需要彩条布覆盖24h，具有一定强度后可改用麻袋或棉毡覆盖并洒水养护，使路面始终保持潮湿状态，此洒水养护时间最好不少于14d。养护充分的混凝土路面颜色青灰色，面层坚硬不起粉，而养护不够的路面即使是同一配合比且原材料都不变的混凝土表面也会起粉，轻擦很快露出黄砂，混凝土颜色呈灰白色，耐磨性很差。

(4) 混凝土路面切缝

混凝土浇捣后，经过养护达到设计强度的20%～30%，按缩缝的位置用切缝机进行切割。切缝时间不宜过早或过迟。应根据气温的不同掌握适宜的切缝时间，一般允许最短切缝时间250℃·h，允许最长切缝时间310℃·h，切缝深度为板厚的1/4～1/5。

三、冬季施工与养护的控制

冬季是混凝土工程质量事故的多发季节，气温低于5℃时，混凝土强度增长速度缓慢，在5℃条件下养护28d混凝土强度仅为标准养护28d强度的60%，混凝土凝结时间比15℃时延长3倍。低于0℃以下，混凝土有可能结冰，并加剧大体积混凝土的内外温差，引发质量事故。如处理不及时或措施不当，会带来难以挽回的损失，应关注商品混凝土冬季施工与养护的管理。

在我国10、11、12月为冬季，天文学还把冬季具体定为冬至（12月22日）～春分（3月21日）的三个月的时间。混凝土是与气温十分密切的材料[1]（图7-3），冬季施工中易出现诸多问题。温室效应导致全球气温出现许多异常的现象，现在在广东、云贵等省也偶尔出现－5℃上下的天气了。因此，冬季气温降至5～0℃以下时可能引起商品混凝土的低温效应和冻害现象，不仅仅是长江以北混凝土生产企业应关注的问题，广大的江南温暖地区，也可能因偶尔不期而遇的低温寒潮、大风降温等天气出现“意外”事故。

商品混凝土与一般自拌混凝土的共同点是：混凝土拌合物的用水量不是根据水泥的水化需要，而是为了满足混凝土的施工性能需要，含有较多的自由水。当混凝土温度降0℃以下时，混凝土中的自由水由液态的水转化成固态的冰，其体积约增大9%，产生很大的冻胀破坏力。有学者研究此冻胀力在密闭的容器中，有可能达到100MPa以上。新浇的混凝土即便已开始凝结硬化，但初始强度低，很难达到抵抗破坏的最低强度，不能抵抗此冻胀力而导致破坏。气温恢复到0℃以上后，水泥虽仍可继续水化，但其28d强度也会大大削弱，甚至达不到标准养护强度的60%（图7-4）[1]。因此，如何使混凝土在可能遭受冻害前，尽快达到受冻的临界强度，是冬季施工与养护管理防止冻害的中心环节。混凝土只要含水率低于85%，不会对混凝土性质造成危害，冻融循环破坏主要发生在水位变化频繁、含水率高于85%的冰冻区。

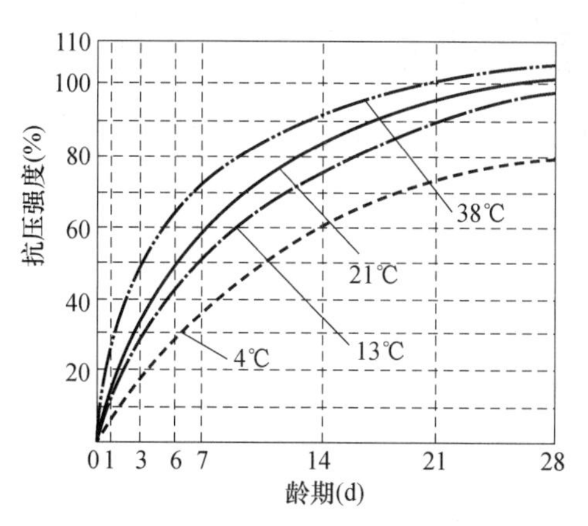

图7-3　养护温度对混凝土强度的影响

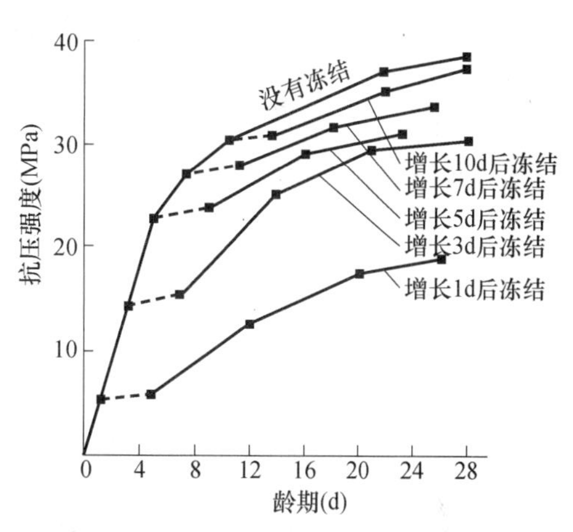

图7-4　混凝土强度与冻结龄期的关系

（一）临界强度的概念

临界强度的含义是指：冬期浇筑的混凝土在受冻前必须有一个预养期，使之达到一个临界强度值，混凝土在达到此临界值后，即使再处于负温环境，只是涉及强度不再增长，而不致因自由水的结冰冻胀，而带来后期强度的损失。

冬期施工临界强度大小与混凝土的水泥品种、外加剂类型及强度等级等有直接关系。各国对临界强度值的规定也不尽相同，1974年德国就提出过5.0MPa的规定；美国在1978年提过3.5MPa；1981年日本也分别在规范中规定了3.5MPa和5.0MPa两个值；前苏联的RILE39-BH委员会则在规范中明确规定为应达到设计强度的20%。我国的专家学者在分析国内外对此问题研究的基础上，我国的行业标准《建筑工程冬期施工规程》（JGJ/T 104—2011）明确规定：对于冬季施工仅采用保温蓄热而未掺外加剂的混凝土比较严格。当采用硅酸盐或普通硅酸盐水泥时，为设计强度值的30%；当采用矿渣粉水泥时，则为设计强度的40%，但当混凝土强度等级为C10及以下时，也不得小于5.0MPa。目前，商品混凝土冬季使用的外加剂，根据最低气温的要求，可分别选择掺用早强型复合减水剂或防冻型复合减水剂。对此掺用外加剂的商品混凝土，当室外气温不低于－15℃时，临界强度值应为4.0MPa。最低气温在－15～－30℃时，新浇筑混凝土的临界强度应不低于5MPa[2]。

还应指出的是，在冬季由于气温较低，虽远未到0℃，也会加剧大体积混凝土的内外温差。在这种气温下，混凝土结构尺寸只有40～50cm的基础伐板、梁、柱和剪力墙，内部水化温度可能到50℃上下，因内外温差≤25℃而产生温度裂缝。因之，对一般的梁、柱和剪力墙，既使气温并未到0℃以下，保温养护也应引起应有的重视。既要防止气温低于0℃以下时的冻害问题，也要在气温≤5℃时，注意混凝土的保温蓄热的养护。因此，在这里应注意到混凝土强度增长与温度、湿度的关系是十分必要的，参看图7-3、图7-5[1]。

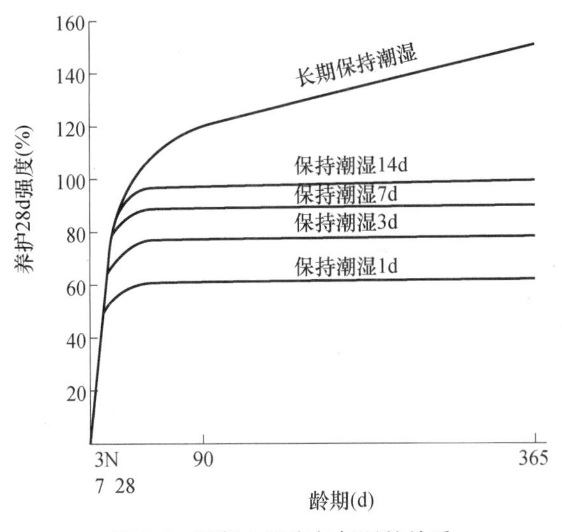

图 7-5 混凝土强度与保湿的关系

（二）冬季施工与冬期施工是有区别的

建筑工程中混凝土冬期施工规范中的“冬期”，与“冬季”施工在概念上不尽相同。我国的冬季的划分如前所述，而规范 JGJ/T 104—2011 中的冬期施工有其另外的明确界定：“根据当地多年气象资料统计，当室外日平均气温连续 5d 稳定低于 5℃时，即进入冬期施工；当室外日平均气温连续 5d 高于 5℃时解除冬期施工”。此规定的“冬期”与一年中的月份没有直接关系。黄河南北的广大地区属于冬季的月份，虽在冬至后有明显的寒冷特征，但应该注意的是，并非连续 5d 平均气温低于 5℃，不应属冬期施工。如遇到大风、降温天气，或寒潮突袭，有可能最低气温出现 0～－5℃甚至更低，为防止混凝土受冻，都需采取一定的防寒、防冻养护措施。此种冻害，常发生在刚浇筑的混凝土，由于饱和含水结冰，混凝土中的自由水析出成冰粒，如同“冻豆腐”，破坏了浆体的初始结构，“水泥浆体—骨料—钢筋”的界面会因自由水的结冰而严重削弱，不仅显著影响其 28d 强度，耐久性也会受到极大的影响。此种情况愈是发生在早期，其影响愈大。如不及时采取应对措施，即使气温恢复到 0℃以上，水泥可继续水化，其强度损失也达 60%左右[3]。

（三）“防冻剂”并不防冻

市场上有什么需求，受利润驱动就会有什么产品销售。有些工程因工期要求冬季停不下来，总希望掺“防冻剂”的外加剂能照常施工，实际市场上常见的防冻型外加剂并不能降低冰点，只能以加速水化通过缩短达到临界前的预养期，达到预防冻害的目的。除东北、内蒙古、乌鲁木齐等地严寒地区外，在长城以南的寒冷的北方，冬季最低气温＞－15℃的北京、天津、兰州、石家庄、太原等地，都可以在采用保温蓄热综合法的同时，掺用防冻型或早强型复合外加剂来达到继续施工的目的。这种防冻型或早强型复合外加剂主要含有减水剂、引气剂、早强剂和少量防冻剂，以水为载体制成，其降低冰点的作用很小，主要靠适当提高单方水泥掺量，降低水胶比，充分利用水泥水化的水化热和保温、蓄热养护，靠混凝土的自身温度，加速水化，使之缩短预养期，尽早达到临界强度来满足预防冻害的需求。设想完全靠防冻剂降低冰点的做法是不现实的。据研究[2]，在冬季气温＜－15℃的严寒地区的施工，仅靠防冻剂施工，在采用发热量较大的快硬硫铝酸盐水泥施工的条件下，采用亚硝酸钠（$NaNO_2$）作防冻剂，达到预计施工气温的 $NaNO_2$ 掺量[4]，见表 7-11。

表 7-11 预计施工气温的 $NaNO_2$ 掺量 （%）

预计当天气温（℃）	≥−5	−5～−15	−15～−25
$NaNO_2$ 掺量（%）	0.5～1.0	1.0～3.0	3.0～4.0

从表 7-11 的冬季施工按降低冰点的 $NaNO_2$ 掺量看，即使要求仅满足在−5℃气温下的要求，采用硫铝酸盐水泥施工，防冻剂亚硝酸钠的掺量也要在 1.0%上下，这比水剂外加剂中减水剂的有效成分掺量还要多，一般施工中掺用胶凝材料的 2%～3%防冻型复合外加剂，这种情况下根本就溶不进去。更别说在−5～−15℃气温下的施工了。因之，黄河南北的广大地区，混凝土浇筑后的保温、蓄热养护措施是十分重要的，充分利用水泥水化自身的热量，加速水泥水化，使之尽早达到临界强度，以避免冻害事故的发生，是优先采用的措施。那种完全依赖防冻剂解决冬季施工冻害的方法是欠妥的。

（四）进入冬季商品混凝土公司应注意的事项

商品混凝土公司做好冬季施工准备，为施工方提供优质的冬季施工混凝土，并提前与施工方在冬季施工中保温蓄热养护上进行充分的沟通，共同应对冬季混凝土施工中的种种问题。

1. 商品混凝土公司本身应做好的冬季施工准备

（1）原材料准备

① 应尽量选用水化热较大的 R 型硅酸盐水泥和普通硅酸盐水泥为主，不宜用矿渣粉水泥、粉煤灰水泥或火山灰水泥。因特殊情况的需要提前竣工，也可选用硫铝酸盐水泥，以保证在冬期气温较低的情况下，混凝土有较大的发热量，为保温蓄热养护提供必要的条件。

② 砂石料的质量和规格应严格把关，含泥量≤3%，含水量≤5%。砂石料进场后堆放有序，注意防冻，不允许含有冻结的砂石料或冰块进入生产流程。

③ 外加剂的选用是混凝土冬季或冬期施工的重要环节，应提前做好准备。冬季气温为0～−15℃，采用保温蓄热综合法，当最低气温在 0～−10℃时，一般采用早强型复合减水剂；最低气温为−5～−15℃时，应选择防冻型复合减水剂。一般情况下，其降低冰点的作用是有限的，保温蓄热措施仍是必不可少的重要环节。目前商品混凝土使用的外加剂，推荐掺量一般是 1.5%～2.2%，这对再复合早强剂和防冻剂来说，达到有效的掺量都是很难的。

（2）调整好配合比

为适应冬季施工的需要，首先选好用好复合有引气剂、早强剂或防冻剂的外加剂很重要，并适当增大水泥用量 10～20kg/m³，适当降低水胶比，结构混凝土水胶比不得大于 0.6，胶凝材料用量不宜小于 300kg/m³。

（3）适当延长搅拌时间，必要时使用热水搅拌

混凝土的搅拌时间适当延长，入模温度不得低于 5℃。在气温处于−10℃以下时，可预热砂石或使用热水搅拌，水温不宜高于 80℃，调整加料顺序，不能直接加到水泥上。更不能用含有冻结块的砂石或冰块的水搅拌混凝土，坍落度在满足施工要求的前提下尽可能小。

（4）做好设备检修

进入冬季施工后，无论是搅拌或运输车辆都会因气温太低而发生变化，如搅拌楼的上水管和外加剂上料管的防寒防冻，要加强保温措施。车辆要做好检修和更换，冬季润滑油加好防冻剂。

2. 加强与施工方充分沟通

商品混凝土公司应提前以各种方式及时与施工单位沟通，以行业标准《建筑工程冬季施工规程》（JGJ/T 104—2011）为依据，针对具体工程与当地的环境气温，具体问题具体分析，双方共同商讨如何处理混凝土冬季施工中的有关问题。

（1）在当地气温≥－15℃的条件下，都可采用以保温蓄热为主、并掺用早强型或防冻型复合外加剂的施工方法。施工中宜用木模板，采用相应的保温蓄热覆盖方式，必要时可采用暖棚施工，为此，应提前做好防寒防冻的物资准备。如常用的塑料薄膜、彩条布、棉毯、草袋、架杆等。

（2）混凝土的浇筑工作尽可能安排在气温较高时浇筑，以利进入低温前有较长的正温预养期，混凝土也不得浇筑在有冰雪或温度低于2℃的地面上。气温低于5℃时，不宜洒水养护。

（3）在混凝土蓄热法养护拆模时，一要注意混凝土结构的实际强度，适当延长拆模时间；二要注意混凝土温度与环境气温温差不得大于20℃，并在拆模后再次覆盖养护不少于14d，以保证强度的继续增长。

（4）在冬季因昼夜温差较大，夜间常低于0℃以下，应加强温度监控。达到临界强度前每2h测温不得少于一次，发现接近于0℃时，以便及时采取措施。

（5）明确冬季施工中的强度检测概念，并加强对实际结构的强度检测，预留同条件检测试块。混凝土的强度必须以标准条件下制作和养护的28d强度为准。结构验收中的回弹检测都应满足600℃·d[5]的要求，避免产生不必要的质量纠纷。

（6）万一发生冻害的应急措施

冻害的发生多在当天午后浇筑的混凝土，白天气温低于5℃上下时，本来水泥水化很慢，夜间气温进入负温度，水化完全停止，混凝土还未到初凝，饱含自由水，由于结冰析出，原有的浆体结构遭到破坏。此时如处理不当，即使白天气温恢复到正温以上，强度可继续增长，其强度损失也是无法挽回的。

遇上述冻害不必惊慌失措，此时混凝土还远未达到终凝，浆体中水泥水化产物并未形成结构。当白天恢复到正温混凝土解冻后，对受冻混凝土表面重新搓拍提浆、抹面，使之恢复原有浆体结构，认真覆盖保温蓄热，强度增长可不受影响。

（五）受冻混凝土的鉴别与处理

1. 受冻的混凝土的鉴别

对受冻混凝土的鉴别主要有以下几种方法：

（1）拆除模板观察

拆除时构件外壁不粘模板，如表面光滑、湿润、颜色均匀，表明构件未受冻。当观察构件表现有冰纹、螺旋纹、直立纹或颜色发白等现象表示表面混凝土已受冻，当发现表面冰碴纹且有裂纹时，其构件受冻无疑。

（2）敲击表面观察判断

敲击拆模后的混凝土表面，受冻后的混凝土会发出沉闷的噗噗声。在一个断面处分几个点轻轻敲击，每个点敲三四下，如果发出噗塔、噗嗒的声音，说明混凝土已经受冻。

(3) 表面用回弹仪检测

回弹仪检测混凝土时，如果强度较低，常会弹不出数值，但可从回弹反跳锤脱钩时的感觉来判断混凝土受冻情况。当听到反跳锤最后脱钩时为噗的一声时，说明混凝土表面已经受冻。如果反跳锤最后脱钩时声音为铛的清脆声时，可以肯定混凝土未受冻。

(4) 取芯样检查

该方法适用于经过一个冬季后对混凝土实际强度的检查。此时取的样能较准确地测出结构表面与内部之间冻深的损失关系。当混凝土表面受冻时，取样机容易进入表面层，且声音低哑无摩擦尖叫声。而未受冻混凝土因强度较高而会出现机械尖叫声，声音清脆；受冻混凝土取样后的断面会显得疏松，粗骨料或砂浆脱落，颜色略发白。

(5) 用超声波探测

目前利用超声波研究在负温下混凝土冻害的资料较少。一般情况是受冻混凝土声波传递速度慢，而未受冻混凝土的声波传递速度快。

2. 受冻混凝土的处理

受冻混凝土强度低，抗渗性能差，当不满足设计要求时，应进行适当的处理。混凝土结构受冻后的处理应根据其受冻的程度与状态、受冻位置与数量、受冻后强度的可能增长情况分别进行处理。

(1) 表面或局部混凝土受冻

根据回弹或人工敲凿判断混凝土实际受冻情况，对有抗渗要求的混凝土，可在清除受冻层后，在未受冻表面涂抹环氧树脂，再浇筑加固混凝土。若大体积的混凝土工程可将受冻部分直接凿出，刷素水泥浆，然后重新浇灌混凝土补齐。

(2) 掺有外加剂的混凝土受冻处理

当混凝土里掺有防冻剂或减水剂时，若因养护不当受冻，可采用一定养护措施，待气温回升后，强度会有一定程度的提高，若受冻面积较大，则须凿除重新修补。

(3) 全冻混凝土的处理

此现象多发生在薄壁结构或断面较小的结构。当混凝土最终强度不能达到设计强度50%时，必须拆除。若可达到设计强度80%，可进行一定的加固方案加固处理。

气温条件不同，对商品混凝土和施工方法也应有相应的调整，这是混凝土工程因气温变化的矛盾特殊性表现。一种有效的施工方法或理论都是相对的、有一定的时间空间条件。没有一成不变的配合比，也没有用之任何气温条件下都适宜的施工方法。

四、养护对混凝土质量的重要性

商品混凝土是从搅拌站生产出来属于半成品，后期施工、泵送、养护对混凝土质量影响尤为重要。养护是混凝土中胶凝材料水化反应以及较低水胶比混凝土硬化发展的重要条件，只有及时、合理的养护才能保证浇筑后混凝土的性能。

(一) 养护对混凝土收缩的影响

混凝土从浇筑后，其收缩可以分为两个阶段（图 7-6）：第一阶段为快速发展阶段，这一阶段从浇筑后到终凝点之后的约 2～3 小时内结束。绝大部分的收缩集中在这一阶段发生，急剧式发展，收缩速率大。第二阶段为混凝土终凝后，收缩速率迅速下降，即平稳发展阶段。

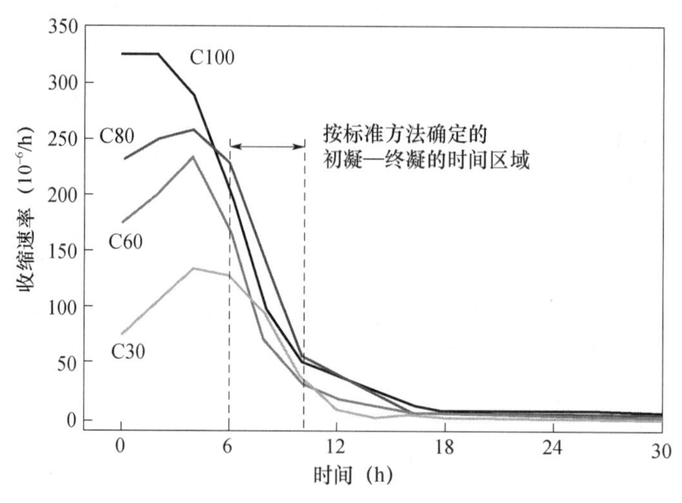

图 7-6 不同强度等级混凝土的早期收缩率

（环境的蒸发速率 0.05～0.06mm/h）

表 7-12 为不同强度等级混凝土不同时间点的早期收缩率，将 12h 和 72h 收缩率作对比。由表可以看出，从成型起 12h 内，混凝土的收缩量占据了前 72h 收缩量的绝大部分，是产生早期收缩裂缝的最敏感时段。

表 7-12 不同强度等级混凝土不同时间点的早期收缩率

强度等级	12h 收缩率 10^{-4}	72h 收缩率 10^{-4}	12h 与 72h 收缩率比值
C30	1094	1153	95%
C60	1609	1754	92%
C80	2136	2366	90%
C100	2300	2722	84%

周岳年[6]的研究结果认为，混凝土早期收缩速率和收缩量与所处环境的蒸发速率（图 7-7）成正相关。水分散失对新拌混凝土收缩率的有极大的影响，保持持续的表面湿润养护对减小早期开裂的意义十分重大。

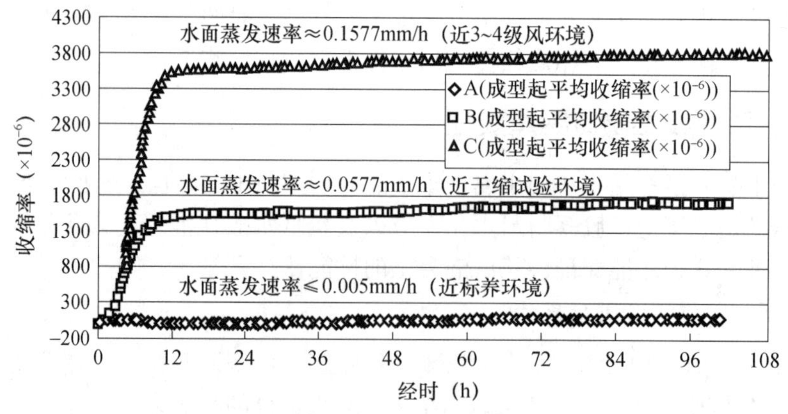

图 7-7 C30 混凝土在不同环境条件下的收缩率[6]

（二）养护对混凝土抗渗性能的影响

葛兆庆[7]研究了不同的养护条件对同一种C30混凝土渗透性能的影响。研究发现，早期养护对硬化混凝土的抗渗性能影响极大（表7-13）。同一种混凝土，好的养护可以使得抗渗等级达到≥P25，相反，不好的养护（不养护），混凝土抗渗等级仅有P2。电通量指标也有明显的差异。总的来说，混凝土特别是高强混凝土的养护应遵循“初凝以前保湿，终凝以后补水”的原则。在气温高、湿度小、风速大的环境下，及时、正确的养护更加重要。

表7-13 不同养护方式下C30混凝土的抗渗性能[7]

强度等级	养护方式		抗渗等级	电通量（C）	
	成型～拆模期间	拆模～试验期间		28d	56d
C30	标准养护1d	标准养护至试验	≥P25	2754	1588
	自然养护	自然养护至试验	P2	4123	3697
	标准养护1d	20℃水中7d，自然养护至试验	≥P18	—	—
	标准养护1d	20℃水中养护至试验	≥P25	—	—
	抹面后水漫1cm	20℃水中养护至试验	—	1060	800
	室内养护	室内养护至试验	—	2655	1431

（三）施工条件对混凝土抗碳化性能的影响

在建筑施工过程中，为了加快模板周转，混凝土柱和剪力墙一般在浇筑后1～3d内拆模，拆模后一般不进行浇水养护或用养护膜养护。因此，柱和剪力墙实际碳化时间一般始于1～3d龄期，此时表层混凝土失水快，水泥水化不能充分进行，活性材料水化更难进行，孔隙率较高。因此表层幼龄期（成熟度很低）的混凝土在大气中更易被碳化。大量工程实体回弹检测发现，同期采用相同混凝土浇筑的柱与墙体部位，柱拆膜后及时缠裹一层塑料薄膜保湿养护，其60d碳化深度一般都在1.5mm以内；而墙体部位拆膜后不采取任何养护措施，或养护时间过少，其60d碳化深度大都会超过3.0mm，且越低强度等级混凝土碳化越严重，碳化深度可达到5.0mm以上，其实质还是混凝土表层强度和密实度较低所致。

（四）早期养护对混凝土力学性能的影响

混凝土的强度是混凝土宏观力学性能的一个重要体现，也是衡量同等级混凝土质量好坏的一个重要指标，因为它直接反映混凝土结构的安全性。混凝土的早期养护对混凝土抗压强度的影响也十分关键，而养护的湿度又是保证混凝土强度发展的一个关键因素。图7-8（$W/B=0.50$）表示有限的湿养护对混凝土抗压强度发展的影响，在湿养护终止时，因为混凝土失水，强度的增长率会逐渐降低，而且强度的进一步增加也会立即停止。混凝土湿养护时间越长，混凝土水化反应越充分，抗压强度可以得到持续增长。图7-9表示养护温度对混凝土抗压强度的影响（$W/B=0.41$，含气量4.5%），混凝土养护温度高，混凝土早期强度高，但后期强度低。

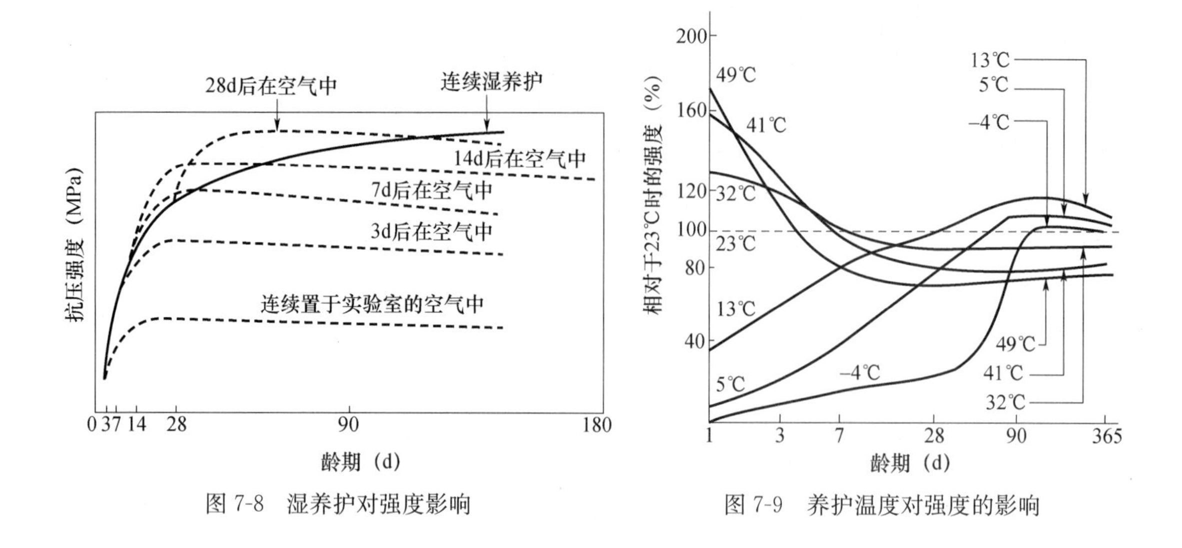

图 7-8　湿养护对强度影响　　　　图 7-9　养护温度对强度的影响

参考文献

[1] 杨静．建筑材料［M］．北京：中国水利水电出版社，2004.

[2] 黑龙江省寒地建筑科学研究院．建筑工程冬期施工规程（JGJ/T 104—2011）［S］．北京：中国建筑工业出版社，2011.

[3] 中华人民共和国建设部．混凝土外加剂应用技术规范（GB 50119—2013）［S］．北京：中国建筑工业出版社，2003.

[4] 赵卫星，赵银花，金艳等．商品混凝土冬期施工控制措施［J］．商品混凝土．2005，11：46～48.

[5] 中华人民共和国建设部．钢筋混凝土结构施工质量的验收规范（GB 50204—2002）［S］．北京：中国建筑工业出版社，2011.

[6] 周岳年，冷发光，田冠飞等．混凝土早龄期收缩变形全程曲线及其工程意义解读［G］//“第一届混凝土耐久性测试技术及实验室建设”交流会暨中国建筑学会建筑材料测试技术专业委员会 2011 年年会论文集．2011：66～75.

[7] 葛兆庆，周岳年，袁红波等．早期养护对混凝土结构抗渗性能的影响分析［J］．施工技术．2010，39（4）：90～93.

第八章　商品混凝土常见裂缝及对策

第一节　影响商品混凝土裂缝形成的因素

商品混凝土因胶凝材料用量大、砂率大、坍落度大、总收缩量大引起的裂缝现象逐渐增多，且裂缝出现时间早。若处理不及时，不仅会影响建筑物的外部美观，严重者甚至会影响建筑物的使用安全性及使用寿命。

一、早期裂缝的分类及成因

混凝土结构中只有 20％的裂缝源于荷载，而另外 80％的裂缝却是由于收缩、不均匀等变形变化引起的。早期裂缝属于非荷载裂缝，一般将混凝土构件在外部荷载作用以前的 3～5d，甚至在刚拆模后就出现的裂缝称为早期裂缝，早期裂缝最早可在浇筑后 1～12h 内出现，典型的商品混凝土早期裂缝可分为以下几类。

（一）塑性收缩裂缝

商品混凝土拌制后一段时间后，水泥的水化反应激烈，分子链逐渐形成，出现泌水和体积缩小现象，这种体积缩小称为塑性收缩（凝缩）。塑性收缩大多发生在混凝土拌和后约3～12h以内，即在终凝前比较明显。因为这种凝缩发生时混凝土仍处于塑性状态，因此把这种凝缩称为塑性收缩。造成塑性收缩的原因有三个，一沉降收缩；二是化学收缩；三是混凝土表面失水。当混凝土表面的失水速度大于混凝土的泌水速度时，混凝土表面的毛细孔变空，由于毛细管张力的作用，会使混凝土的宏观体积收缩。混凝土凝缩导致骨料受压、水泥胶结体受拉，故其既可使水泥石与骨料结合紧密，又可能使水泥石产生裂缝。凝缩的大小约为水泥绝对体积的1％，当混凝土的失水速度小于 1.0kg/（m^2・h）时，混凝土不会产生塑性收缩裂缝。在炎热天气下，在混凝土的失水速度小于 1kg/（m^2・h）时，混凝土也发生了塑性收缩裂缝，防止发生塑性收缩裂缝应该着眼于外界温度，而不应该是失水速度。另外，混凝土表面因蒸发失水或因基底干混凝土吸水引起的失水均能增加混凝土的凝缩，并且可能导致混凝土表面开裂。一般来说，干硬性混凝土拌合物的塑性收缩比塑性混凝土的小，而流态混凝土拌合物的塑性收缩最大。由于混凝土浇筑后不久，从凝胶体中析出的晶体不多，所以凝胶粒子间主要是物理性接触，塑性变形能力较大。因此，只要加强早期养护，避免混凝土表面干燥，一般不会开裂。

（二）自收缩引起的裂缝

在混凝土试件与外界没有水分交换的情况下，这种收缩表现为自收缩，在与外界有水分交换的情况下，收缩是自收缩和干燥收缩的总和。自收缩和化学减缩的关系如图 8-1 所示，在低水胶比情况下，混凝土中的粒子间距较小，即毛细孔径较小，失去较小毛细孔中的自由水所产生的体积变化（干燥收缩）较大。不同水胶比时早期的收缩值如图 8-2 所示，即混凝土的早期收缩随着水胶比的减小而明显增大，而且在低水胶比时的收缩值大，和高水胶比相比增加的收缩值也较大。

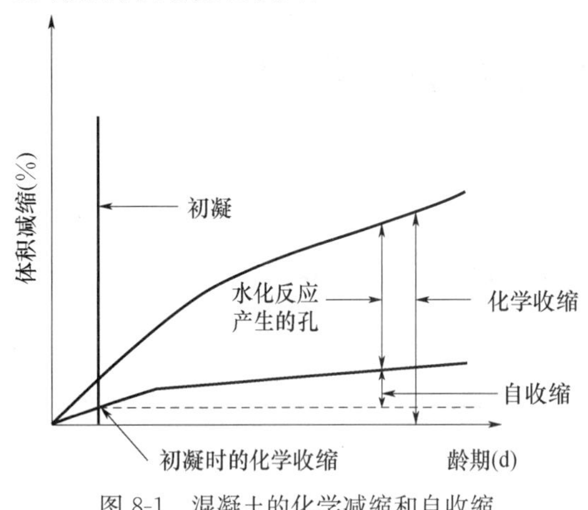

图 8-1 混凝土的化学减缩和自收缩

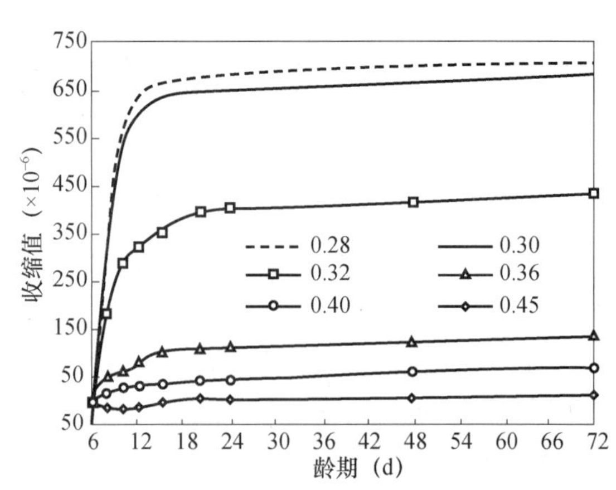

图 8-2 单面干燥条件下的混凝土早期收缩

（三）化学收缩引起的裂缝

化学减缩是在水泥的水化过程中，无水的熟料矿物变为水化产物，固相体积逐渐增加，但水泥-水体系的总体积却在不断缩小。由于这种体积减缩是因化学反应所致，故称化学减缩。化学减缩的幅度一般为7%，这种体积变化与水泥水化的程度成正比。水泥的化学减缩贯穿于水泥水化的全过程，它是引起自缩的根本原因，也对塑性收缩有影响。化学减缩和自缩、塑性收缩与干燥收缩的关系比较密切，由于化学减缩的存在，水泥水化所形成的水化产物的体积小于水泥和水的总体积。在具有较大流动性时，混凝土通过宏观体积的减少来补偿化学减缩，这时化学收缩引起塑性收缩；随着水泥水化的进行，混凝土的流动性逐渐降低，这时混凝土通过形成内部孔隙和宏观体积减少两种形式补偿化学减缩；随着水泥水化的进一步发展，混凝土产生一定的强度，这时混凝土主要通过形成内部孔隙补偿化学减缩；内部孔隙的形成就标志着一部分的毛细孔已经变空，当试件与外界没有水分交换的情况下，由于内部孔隙的形成而产生的毛细管张力将使混凝土的宏观体积收缩，而这种收缩就自缩。

（四）干燥收缩引起的裂缝

置于未饱和空气中的混凝土因失去内部毛细孔和凝胶孔的吸附水而发生的不可逆收缩，称为干燥收缩变形，简称干缩。严格来说，干燥收缩应为混凝土在干燥条件下实测的变形扣除相同温度下密封试件的自生体积变形。但考虑到干燥收缩变形与自生体积收缩变形对工程的效应是相似的，为了方便起见，观测干燥收缩变形不再与自生体积变形分开，故所测结果反映了这两者的综合结果。混凝土干燥收缩的影响因素有水胶比、水化程度、水泥组成、水泥用量、矿物掺合料、外加剂、骨料的品种和用量、试件尺寸、环境温度和温度等。当水胶比很低时，未水化的水泥颗粒多，对干燥收缩有抑制作用。

混凝土干燥收缩包含了碳化收缩，但干燥收缩与碳化收缩在本质上是完全不同的。干燥收缩是物理收缩，而碳化收缩是化学收缩。碳化作用是指大气中的二氧化碳在有水分条件下（实际上真正的媒介是碳酸）与水泥的水化物发生化学反应生成$CaCO_3$和游离水等，从而引起收缩。碳化速度取决于混凝土的含水量、周围介质相对湿度以及二氧化碳的浓度。碳化作用只在适中的湿度（约50%）才会较快地进行，这是因为过高的湿度使混凝土孔隙中充满了水，二氧化碳不易扩散到水泥石中去，或水泥石中的钙离子通过水扩散到混凝土表面，碳化生成的 $CaCO_3$ 把表面孔隙堵塞，所以碳化作用不易进行，故碳化收缩小：相反，过低的湿度下，孔隙中没有足够的水使 CO_2 生成碳酸根，显然碳化作用也不易进行，碳化收缩相应也很小。不同相对湿度下的干燥收缩与碳化收缩见图 8-3。

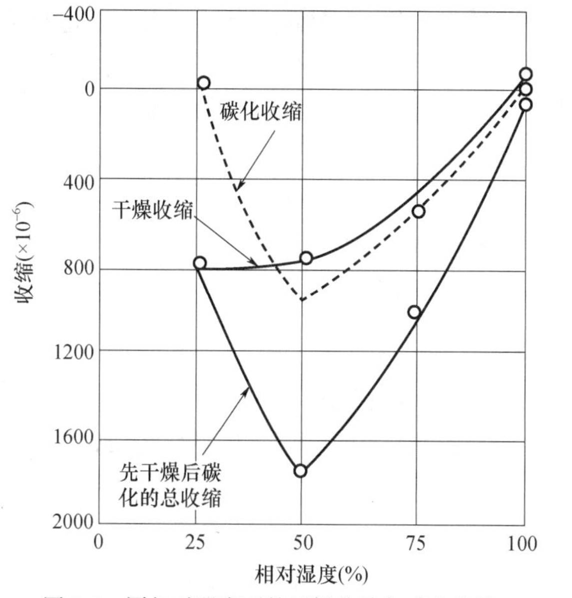

图 8-3　同相对湿度下的干燥收缩与碳化收缩

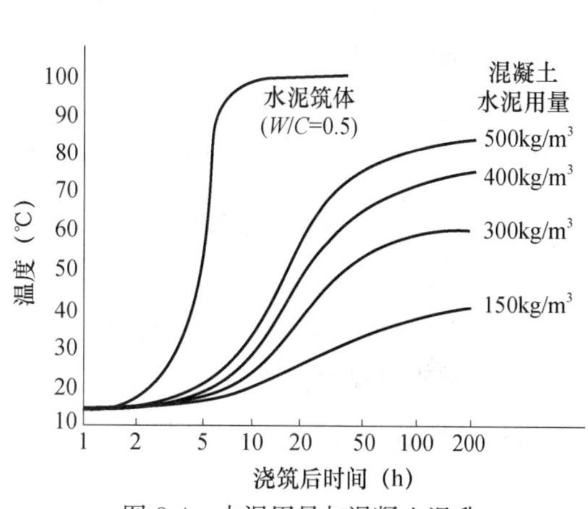

图 8-4　水泥用量与混凝土温升

（五）温度变化引起的裂缝

混凝土随温度下降而发生的收缩变形称为温度收缩，简称冷缩。对大体积混凝土，水泥用量大，总放热量大，裂缝主要是由温度变化引起的。因此，如何尽量减小其温度变形是一个极其重要的问题。混凝土在硬化过程中，水泥水化产生水化热，并通过边界把部分热量向四周传递（散热）。硬化初期，水泥水化速度快，放出的热量大于散热量，使混凝土升温，特别是大体积混凝土，水化热温升较高（图 8-4）。水泥水化速度随时间减慢，当发热量小于散热量时，混凝土温度便开始下降。混凝土在升温期发生膨胀，在降温期发生收缩，如果混凝土处于约束状态下，则温度收缩变形受到限制，就转变为温度收缩应力，很可能导致温度收缩裂缝。混凝土配合比及性能、环境条件、结构、施工及养护条件等五方面都可能导致混凝土产生温度收缩裂缝。

（六）外加剂引起的裂缝

高效减水剂掺量的增加会使干燥收缩增加，同水胶比同坍落度下，萘系和脂肪族减水剂增大混凝土最大裂缝宽度和总开裂面积，加剧混凝土开裂风险。与萘系和脂肪族减水剂相比，聚羧酸减水剂能抑制砂浆收缩，降低混凝土开裂风险，尤其能显著降低混凝土最大裂缝宽度。同水胶比（0.42）以下，聚羧酸减水剂在 0.6%～1.5%（固含量 20%）掺量范围，混凝土最大裂缝宽度和总开裂面积随掺量增加而增加。同坍落度下，聚羧酸减水剂掺量在 0.6%～1.5%（固含量 20%）（W/B=0.50～0.40）范围，混凝土最大裂缝宽度和总开裂面积随掺量增加而降低。

因此，在满足工作性的前提下，应该尽量减少高效减水剂的掺量；掺加过量高效减水剂会导致混凝土产生外部泌水，使混凝土的干燥收缩值有减小的趋势。因此，检测机构在进行高效减水剂性能检验时，应注意有些易泌水外加剂（如氨基磺酸盐类高效减水剂），避免混凝土出现外部泌水，引起干燥收缩的检测值偏小。

掺入引气剂能使混凝土变形能力增加，使混凝土的干燥收缩值增加。工程中，在使用引气剂或一些引气型的减水剂时，应尽量控制其含气量值。聚羧酸减水剂是一类新型的高效减水剂，它能降低溶液表面张力，但具有较大的引气性能，双重作用使它在不同水胶比时对收缩的影响不同，在较高水胶比时，混凝土的干燥收缩值有增加的趋势，在较低水胶比时，能使混凝土的干燥收缩值减小。

（七）施工裂缝

泵送管道支撑对楼板的冲击和振动；模板刚度不足引起的裂缝；模板支撑不足；模板中的电线穿线管固定不牢。上述四点通常导致商品混凝土浇筑后产生施工裂缝。

二、配合比参数对商品混凝土早期裂缝的影响

混凝土的配合比参数对早期的裂缝的形成和出现时间有重要的影响，为了解混凝土配合比参数对裂缝的影响，采用P·O42.5水泥，Ⅱ级粉煤灰，S95级矿渣粉，5～25碎石和Ⅱ区中砂作为原材料进行系列试验。

（一）水胶比对早期裂缝的影响

水胶比对商品混凝土性质有显著影响，水泥水化和塑性沉降等均受到水胶比的制约。不同水胶比条件下混凝土的早期收缩和开裂趋势有着明显的差别。

试验采用固定高效减水剂掺量，单纯变化水胶比进行试验，矿物掺合料的掺量为40%（粉煤灰、磨细矿粉各20%），拌制商品混凝土。试件放置在温度20℃、相对湿度60%的室内环境下，应用平板试验装置进行试验，并用风速是6～8m/s的风扇进行吹风，以加速混凝土开裂。水胶比变化范围在0.42～0.48之间，试验用商品混凝土配合比与测试的开裂结果分别见表8-1和表8-2。

表8-1 混凝土试验配合比

编号	水胶比	配合比（kg/m^3）							坍落度（mm）
		水泥	粉煤灰	矿粉	水	砂	石	减水剂	
1	0.42	228	76	76	160	769	1063	7.6	180
2	0.44	228	76	76	167	767	1058	7.6	195
3	0.46	228	76	76	175	763	1054	7.6	220
4	0.48	228	76	76	182	760	1050	7.6	235

表8-2 不同水胶比对混凝土裂缝的影响

序号	首次裂缝时间	12h裂缝（mm）		18h裂缝（mm）		24h裂缝（mm）	
		最大裂缝	总长度	最大裂缝	总长度	最大裂缝	总长度
1	1:50	0.45	1019	0.50	1236	0.55	1360
2	2:10	0.40	990	0.45	1034	0.50	1209
3	2:25	0.40	894	0.40	972	0.50	1053
4	3:31	0.20	206	0.20	458	0.25	608

可以看出随着水胶比的增加，首条裂缝出现的时间延长，从1：50分增长到3：31分，水胶比0.42～0.48时，延长首条裂缝出现时间的幅度最大。12h、18h、24h水胶比变化对商品混凝土的最大裂缝宽度、裂缝总长度有很大的影响。可以看出，在三个所选观察的时间点上，所考察的裂缝各指标具有相同的发展趋势，即随着水胶比的增大，单位面最大裂缝宽度、裂缝总长度随水胶比的增长而递减。本组试验的水胶比抗裂性优劣为：0.48＞0.46＞0.44＞0.42。

从试验中发现，高效减水剂掺入量相同、矿物掺合料掺量相同的条件下，变化水胶比，新拌混凝土工作性能发生明显的改变，拌合物的流动性变大，但同时黏聚性、保水性变差。

随着水胶比的增大，四组试验试件有相同的裂缝开展趋势。即首条裂缝出现时间向后延长，单位面积的最大裂缝宽度、裂缝总长度减少。

产生这种结果的原因可能是由于增大水胶比而使新拌混凝土的自由水分含量增多，拌合物中毛细管水压力达到临界值的时间延长，从而使混凝土表面出现裂缝的时间向后推迟；同时在这段延长的时间里水化反应使新拌混凝土进一步凝结，体系抵抗塑性收缩变形的能力增强，混凝土塑性抗拉强度增大，自身收缩小，因而抑制了部分裂缝的开展。

同理，水胶比越小，混凝土中自由水分含量越少，相同的水分散失对它影响就会更大。水胶比小的混凝土结构比水胶比大的混凝土微观结构密实，不易与外界进行水分交换，因此由混凝土内部向外表面迁移用以补充表面蒸发散失的自由水量就越难扩散，从而使混凝土表面开裂严重。

另外，水胶比越小，混凝土自身收缩越大，这也是开裂增多的一个原因。早期水泥水化，使自由水消耗的过快，为了保证水化作用的进行，混凝土内部相对湿度迅速下降，毛细孔水产生的毛细压力立刻增加，水泥石承受这种压力后产生压缩变形而收缩。以上几种原因是水胶比影响早期裂缝的根源。

（二）矿物掺合料对商品混凝土早期裂缝的影响

矿物掺合料已成为商品混凝土不可缺少的一个组分，粉煤灰和矿渣粉具有很多优良的特性，不仅对商品混凝土硬化后性能有改善作用，而且对新拌混凝土塑性状态和水化进程发生影响，即降低水化热，提高商品混凝土后期强度和改善耐久性。

试验采用固定水胶比和砂率，改变矿物掺合料的掺量（分别为0%、20%、40%），研究矿物掺合料对商品混凝土早期开裂的影响。试验用商品混凝土配合比及开裂试验的测试结果见表8-3和表8-4。

表8-3　不同矿物掺合料掺量对混凝土裂缝影响试验配合比

编号	水胶比	配合比（kg/m³）							坍落度（mm）
		水泥	粉煤灰	矿粉	水	砂	石	减水剂	
1	0.46	380	0	0	175	763	1054	7.6	170
2	0.46	304	38	38	175	763	1054	7.6	190
3	0.46	228	76	76	175	763	1054	7.6	225

表 8-4　不同矿物掺合料掺量对混凝土裂缝的影响试验结果

序号	首次裂缝时间	12h 裂缝（mm）		18h 裂缝（mm）		24h 裂缝（mm）	
		最大裂缝	总长度	最大裂缝	总长度	最大裂缝	总长度
1	2：52	0.25	460	0.30	592	0.40	790
2	3：10	0.20	356	0.25	568	0.30	753
3	3：30	0.20	208	0.20	458	0.25	608

可以看出，随着矿物掺合料的增加，商品混凝土早期裂缝的初始时间向后推迟，从2：52分延长到3：30分。不掺矿物掺合料的混凝土比掺入矿物掺合料混凝土出现裂缝的初始时间提前，说明矿物掺合料的加入能有效的延缓早期裂缝产生的时间。单位面积的最大裂缝宽度、裂缝总长度具有相同的发展趋势。在风吹条件下，随着矿物掺合料的增加，商品混凝土早期裂缝的最大宽度、总长度呈减小趋势。由此可见，抗裂性优劣为40％的掺量＞20％掺量＞不掺矿物掺合料。

商品混凝土中加入矿物掺合料可以明显改善混凝土拌合物的和易性，减少泌水，矿物掺合料对混凝土拌合物作用机理是分析所加掺量对早期裂缝影响的基础。加入矿物掺合料的混凝土比没有加入矿物掺合料的混凝土抗裂性好，并且随着矿物掺合料的增加，初始裂缝的时间延长，裂缝最大宽度、长度随之减小，抗裂性随之增加。

在掺入相同高效减水剂的情况下，随着矿物掺合料的增加，混凝土坍落度呈增大趋势，即掺入矿物掺合料可改善混凝土拌合物的流动性。混凝土拌合物孔隙水压力发展速度减慢，延缓了早期裂缝产生的时间。相对于未加入矿物掺合料的混凝土，加入矿物掺合料的混凝土拌合物早期水化程度降低，水化收缩减小。

同时，由于矿物掺合料的颗粒小、细度大，当矿物掺合料加入到混凝土中，使其中大孔减少，物理填充作用使结构更致密，对水的吸附作用大，因而保水性较好，水分不易散失。然而通过试验观察可以看到同基准商品混凝土相比，掺入矿物掺合料在初期亦会产生很多小裂缝，这同样是由于拌合物内部水分向外迁移的速度赶不上表面水分的蒸发速度，表面部分还处于干燥状态。因此对于掺入矿物掺合料的混凝土相对于掺入矿物掺合料的混凝土也应加强养护和采用二次抹面等方式防治裂缝的开展。

（三）砂率对混凝土早期裂缝的影响

试验采用固定水胶比为0.46，调整砂率分别为40％、42％和44％，配合比及试验结果见表8-5和表8-6。

表 8-5　砂率对混凝土裂缝影响的试验配合比

编号	砂率（％）	配合比（kg/m³）							坍落度（mm）
		水泥	粉煤灰	矿粉	水	砂	石	减水剂	
1	40	228	76	76	175	727	1090	7.6	185
2	42	228	76	76	175	763	1055	7.6	220
3	44	228	76	76	175	800	1018	7.6	200

表 8-6　砂率对混凝土裂缝的影响

序号	首次裂缝时间	12h 裂缝（mm）		18h 裂缝（mm）		24h 裂缝（mm）	
		最大裂缝	总长度	最大裂缝	总长度	最大裂缝	总长度
1	3：52	0.20	156	0.20	342	0.40	549
2	3：30	0.20	208	0.25	468	0.30	608
3	3：00	0.25	318	0.35	528	0.25	807

从表 8-6 可以看出，随砂率的增大，混凝土塑性收缩裂缝呈增大趋势。本试验的混凝土配合比，其砂率值在 40%左右时，抗裂性能较好。在胶凝材料浆体量一定的情况下，砂率变化引起骨料空隙率和总表面积发生变化，混凝土拌合物流变性亦随之发生改变，砂率较小时，拌合物中细料比重下降，粗骨料增多，使包裹粗骨料的浆体量减少，粗骨料容易相互搭接，造成粗骨料与粗骨料之间的浆体过渡层明显变小，拌合物系统可压缩性降低；随着砂率的增加，拌合物体系中细料总量增加，而浆体比重增加，这造成砂浆需水量增大，粗骨料与粗骨料之间的浆体过渡层厚度明显变大，拌合物系统可压缩性增强。故而，随着砂率的增大，混凝土的早期塑性收缩变形呈增大的趋势。

砂率较小时的蒸发量较大主要是：

1. 骨料的总表面积较小，骨料所吸附的水分较少；

2. 供水分蒸发的通道更为通畅，水分蒸发快。

砂率较大时的蒸发速率较慢与上述两点原因正好相反。

塑性收缩随砂率增加而增加，塑性收缩裂缝面积在砂率为 44%时最大。砂率增加，拌合物体系浆体增加，混凝土收缩增加，因此砂率大混凝土早期开裂面积增加；砂率小，拌合物体系中粗骨料更易搭接，体系降低体系可压缩性，混凝土早期开裂面积较小。

三、不同养护方法对商品混凝土早期裂缝的影响

商品混凝土早期开裂很大一部分原因就是由于养护不当或养护不及时而引起的干燥收缩。目前工程中对于商品混凝土早期养护不够重视，或是没有了解到养护的作用，如何通过养护来抑制早期裂缝的发生还存在很多问题。

本试验采用常用的商品混凝土配合比，比较保湿养护、二次抹面养护、保湿加抹面养护以及不采取任何措施四种情况，其对商品混凝土早期裂缝的影响作用。

（一）试验配合比及具体操作过程

试验所用四种方法选用同一配合比，均未采用吹风手段加快试件蒸发。第一种方法为无养护措施，即取下塑料薄膜后不进行任何方式的养护；第二种方法为保湿养护，采用的方法是在取下塑料薄膜后每隔 1h 在商品混凝土平板试件表面洒水一次，每次洒水量相同；第三种方法为二次抹面养护，即在取下塑料薄膜 1h 后用抹刀再进行二次抹面压光养护；第四种方法是保湿养护和二次抹面的方法同时进行。试验用商品混凝土配合比及平板观测试验结果见表 8-7 和表 8-8。

表 8-7　养护方式对混凝土裂缝的试验配合比

编号	水胶比	配合比（kg/m³）							坍落度（mm）
		水泥	粉煤灰	矿粉	水	砂	石	减水剂	
1	0.46	228	76	76	175	763	1054	7.6	220

表 8-8 养护方式对混凝土裂缝的试验结果

养护方式	首次裂缝时间	12h 裂缝（mm）		18h 裂缝（mm）		24h 裂缝（mm）	
		最大裂缝	总长度	最大裂缝	总长度	最大裂缝	总长度
无措施	3：30	0.20	208	0.35	458	0.40	608
保湿	8：15	0.15	38	0.25	138	0.30	234
二次抹面	12：25	0	0	0.20	64	0.25	103
保湿＋抹面	未出现	0	0	0	0	0	0

（二）养护方法对商品混凝土早期裂缝的影响

从表 8-7 和表 8-8 可以看出，随着时间的增长，除保湿加抹面养护的试件 24h 未出现裂缝外，其余试件的裂缝最大宽度、长度都有不同程度的增长。不采取养护措施的混凝土平板试件裂缝数量多，宽度大。采用保湿加二次抹面同时养护的商品混凝土则始终未出现裂缝，抑制裂缝的程度达到 100％。不采取养护措施的混凝土试件，在取掉塑料薄膜后 3：30 分时首条裂缝出现。保湿养护的商品混凝土裂缝试件在取掉薄膜后 8：15 分产生首条裂缝。二次抹面的混凝土试件在取掉塑料薄膜 12：25 分后产生首条裂缝。同时采用保湿和二次抹面的混凝土试件则在取掉薄膜的 24h 内未产生裂缝。由此可见早期采取一定的养护措施能有效地减小商品混凝土开裂，且二次抹面养护效果更为明显，保湿加养护结合效果最佳。

洒水养护补充新拌混凝土水化和蒸发所消耗的水分，推迟了早期收缩发生的时间，降低水分蒸发速率。二次抹面养护使使混凝土表面毛细管的通道破坏，降低水分蒸发并且经过抹刀的压平，混凝土表面横向收缩得到补偿，释放了先前积蓄的收缩应力。

综上所述，因为混凝土在早期抗拉强度较低，采用保湿加抹面方法使失水减少，并且减少了混凝土的收缩应力，随着混凝土强度的提高，混凝土的抗拉强度提高，可以抵抗一定程度的收缩应力。因此在早期采取一定措施减少混凝土内部的收缩应力能有效地减少早期裂缝的产生。

第二节 主体结构早期裂缝成因及对策

混凝土作为主要的建筑材料已广泛应用于工业与民用建筑之中，混凝土的裂缝问题成为设计单位、混凝土公司、施工单位头疼而又不得不面对的问题。现在混凝土普遍采用泵送技术，使混凝土具有高水泥用量、大坍落度、大砂率、低水胶比等问题，使得混凝土的收缩变大，这是造成混凝土早期开裂的内在原因；施工单位为了缩短施工周期和模板周转周期，较少考虑现代混凝土的特性，过早拆模，早期养护、振捣不到位等施工工艺不匹配，则是造成混凝土裂缝的直接原因；结构工程设计人员过度地从结构强度出发，未能充分考虑混凝土的自身收缩特性也加剧了该问题；当然，少数商品混凝土公司的混凝土离析、跑浆、板结也是造成结构质量问题的原因之一。

“可见裂缝”是指肉眼正常视力在明视距离（约一米）能目视到的可见裂缝。对这种裂缝在≥0.2mm 时，视为有害裂缝，在常压下对≤0.1mm 的，称之为无害裂缝。混凝土本来就是一个多组分、无机有机相结合、多种孔隙的不连续的复合固体材料。从宏观到微观完全消除孔隙是不可能的，混凝土界对此讨论了三十多年，特别是商品混凝土出现以后，裂缝成为混凝土科技界的议论焦点，而且经久不衰。

对于此问题的研究，不少专家学者做了很有价值的贡献，特别值得提出的是清华大学的廉慧珍和覃维祖两位资深教授，他们在裂缝问题上从试验到理论做了深入的探讨，笔者从他们的著作中[1,2]学到不少有关这一问题的知识；浙江大学的钱小倩教授[3]针对现代混凝土的特点，在总结工程实际和理论研究的基础上提出了“八小时内养护理念”；甘昌成高工[4]在总结大量工程实践的基础上提出了混凝土早期的“完美湿养护”；同济大学的孙振平教授[5]对现代混凝土工作环境的复杂性及早期裂缝形成的原因深入研究分析，总结出“混凝土早期开裂的三位一体的预防体系”。这些研究成果对正确认识、预防混凝土裂缝具有很好的指导意义。

一、墙体裂缝

在建筑工程中常见的墙体结构高厚比为 1/15～1/8。主要结构形式：高层建筑地下室挡土墙和剪力墙的墙体，混凝土的强度等级常为 C30～C50。墙体混凝土内分布双排双向钢筋，模板体系常用木模板或钢模板，用穿墙螺栓固定模板，混凝土通过泵管下料，振捣密实，混凝土凝结硬化，经保温、保湿养护后，脱模形成混凝土墙体结构。

（一）垂直地面的裂缝

1. 裂缝特点

墙体垂直裂缝通常在拆模时或拆模后隔数日出现，相邻两裂缝间的距离 2～4m，裂缝宽度 0.1～0.3mm，垂直向下中间宽两端细直至消失。当墙两侧外露在大气环境中，墙体内外裂缝呈对称分布，墙体厚度 300～400mm，裂缝宽度大于 0.3mm 时，裂缝就贯穿了（图 8-5）。

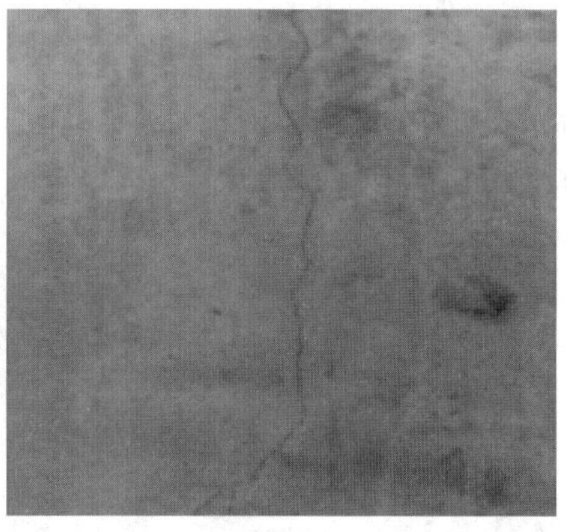

图 8-5　混凝土墙体竖向裂缝

2. 混凝土墙体垂直裂缝形成的原因

墙体结构属于薄壁结构，面积也比较大，表面温度散失也快。混凝土是一种脆性材料，抗压强度高，抗拉强度低，拉压比在 1/7～1/15 之间。混凝土强度等级大于 C30，厚度为 300～400mm 的墙体，墙体混凝土浇筑早期（1～3 天）内部的水化热可使温度达到 40～50℃，墙体施工时，在春、秋季节，昼夜温差变化大，白天 15～20℃，夜间降温至 5～10℃，此时如过早拆模，事必造成墙体内外温差超过 25℃，增加混凝土开裂的几率。因之，施工单位未根据墙体的强度等级和施工季节对模板采取保温措施，拆模过早。墙柱变截面转角降温收缩不均匀，而未采取相应措施，是墙体裂缝的重要原因。

另一种常见的墙体裂缝，是由于一次浇筑的墙体过长。混凝土墙体因其底部受基础约束，上部自由收缩而开裂。因此，一般情况下，墙体浇筑长度一般不超过 6m。

3. 垂直裂缝控制措施

在混凝土配合比设计时，根据工程结构情况充分考虑混凝土内部温升，控制胶凝材料总量、掺合料的掺量，水胶比和浆骨比。水泥品种的应优先选用水泥比表面积小，放热量小的中热水泥或低热水泥，用粉煤灰、矿渣粉等矿物掺合料替代部分水泥，降低混凝土水化热。使用缓凝型高效减水剂（如萘系、脂肪族与葡萄糖酸钠、三聚磷酸钠复合），延缓水泥的水化速度，控制温升速度。

结构设计人员对于长墙结构应设置伸缩缝，采用细而密的墙体构造筋，高强度等级的混凝土墙体宜加入有肌纤维或增加铁丝网片，增加混凝土的抗裂性能。

在春、秋季节昼夜温差变化大的情况下进行墙体施工时，应选择在低温和无风的傍晚浇筑混凝土，浇筑的混凝土，终凝一般发生在太阳快升起的时候，混凝土的温升和空气的温升同步上升，这样混凝土内外温差较小。

施工人员应根据当时的气温，做好测温工作，若发现混凝土内外温差超过 25℃，混凝土表面温度与大气温差超过 20℃，立即采取保温措施，并适当推迟拆模时间。对已完全终凝的混凝土墙体应及时洒水养护，应注意混凝土表面温度与养护水的温差控制在 15℃以内。在秋季转冬季或有寒流气温剧降时，混凝土日平均降温速率建议不超过 2℃/d。控制拆模时混凝土表面与最低环境温度的差值，建议不小于 10℃时方可拆模。封闭通风口，防止冷风快速冷却墙体形成新的温差裂缝。

（二）墙体水平裂缝

1. 墙体水平裂缝与斜裂缝特点

墙体水平裂缝一般宽度 0.1～0.5mm，分布高度在 1～3m，长度由数米到十多米不等，走向基本水平或走向与地面成 45°～60°夹角斜裂缝，长度较长，非连续撕裂状裂缝（图 8-6）。

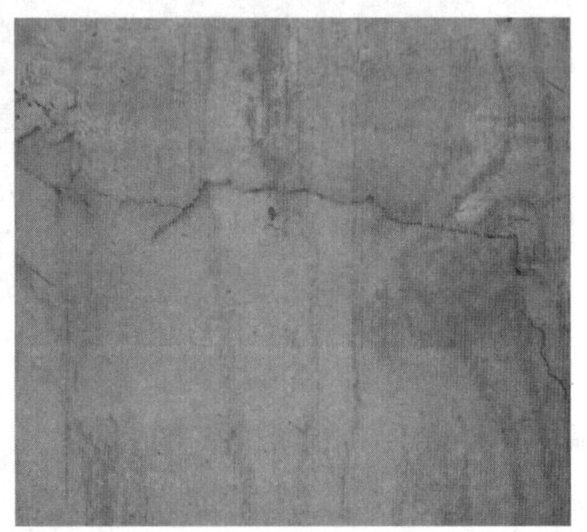

图 8-6 混凝土墙体横向裂缝

2. 水平裂缝成因

混凝土浇筑过程中，在浇筑混凝土时，同一下料点浇筑厚度过大，用振动棒驱赶混凝土流动，造成混凝土离析分层，接缝处欠振；拌合物黏稠，在施工过程中为加快施工，在施工现场加水增大混凝土坍落度造成混凝土离析，在水化过程中混凝土收缩不同；泵送混凝土连续浇筑入模，分层振捣不够，混凝土拌合物供应不及时，形成水平施工冷缝；沉降不匀，造成拉裂；钢筋保护层厚度不够，拌合物沿模板下滑较慢，从而形成撕裂状裂缝。

3. 控制措施

对连续浇筑高度超过3m的墙体时，一般每层浇筑高度不超过500mm，浇筑高度以不离析为准，两下料口间的距离不大于3m，浇筑混凝土时应移动下料，使料面均匀上升，以利于墙体内混凝土均匀，强度发展均匀，不造成薄弱环节；分层振捣，使混凝土充满端头角落，应留有等待时间，让墙体内拌合物充分均匀沉降；应在下一层混凝土初凝前将上一层混凝土浇筑完毕，在浇筑上层混凝土时，必须将振捣器插入下一层混凝土5cm左右以便形成整体，尽量不留施工缝。

二、楼板裂缝

（一）沉降、泌水及塑性收缩裂缝

1. 现象

受重力影响，沉降、泌水是泵送混凝土的必然现象。在此一过程中混凝土体积因下沉而收缩，并形成泌水开口毛细管通路；塑性收缩是发生在泌水被吸收和蒸发以后，裂缝大多在混凝土初凝后，当外界的风速大、气温高、空气湿度低的情况下，蒸发量大于1～1.5kg/（m^2·h）时，构件表面有可能出现，宽度为0.05～0.2mm的裂缝，中间宽两端细，其走向呈鸡爪型、平行线状、网状，裂缝较浅，如果裂缝出现后不采取及时抹压收光措施进行控制，有可能形成贯穿性裂缝。裂缝分布不均，梁、板类构件多沿短方向分布，整体结构多发生在结构变截面处；地下大体积混凝土，因湿度较大，受风速影响较小较为少见，但侧面也常出现；预制构件多产生在箍筋位置。如图8-7所示。

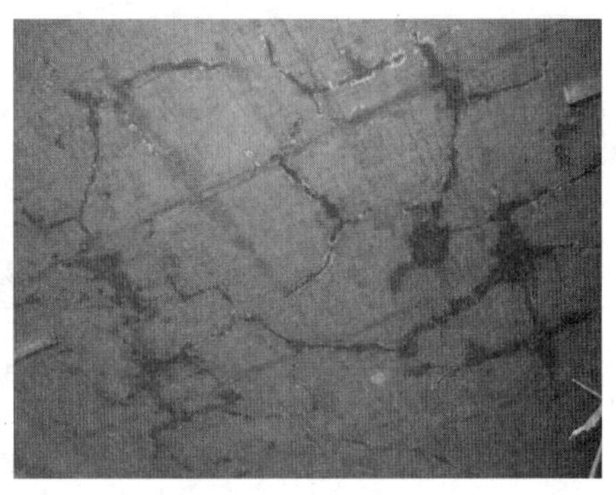

图8-7 混凝土塑性收缩裂缝

2. 原因分析

混凝土表面失水是造成混凝土塑性收缩裂缝的主要原因，混凝土表面失水的速度及程度取决于混凝土自身保水性，气温和风速产生的水分蒸发速率。

当泌水速率<蒸发速率时，混凝土有可能因失水而开裂。现代混凝土普遍采用低水胶比，大量使用粉煤灰、矿粉等掺合料，混凝土密实性好，泌水量小，即使在蒸发速率小于0.2～0.7kg/（m^2·h）的环境下，混凝土泌水率仍小于混凝土表面蒸发量，如果不采取保湿养护，仍有出现塑性收缩裂缝的可能。

混凝土表面的水分蒸发速率主要和相对湿度、空气温度、风速和太阳辐射等环境因素有关，图 8-8 和表 8-9 提供基于空气湿度、相对湿度、混凝土温度和风速估计蒸发速率的方法。蒸发速率超过 1.0kg/（m^2·h）或 0.2lb/（ft·h）时，就需要保护措施。现代混凝土水胶比较低，由于减少了混凝土泌水速率，因此在蒸发速率达到 0.5kg/（m^2·h）或 0.1lb/（ft·h）时，就应采取养护措施控制塑性收缩裂缝。

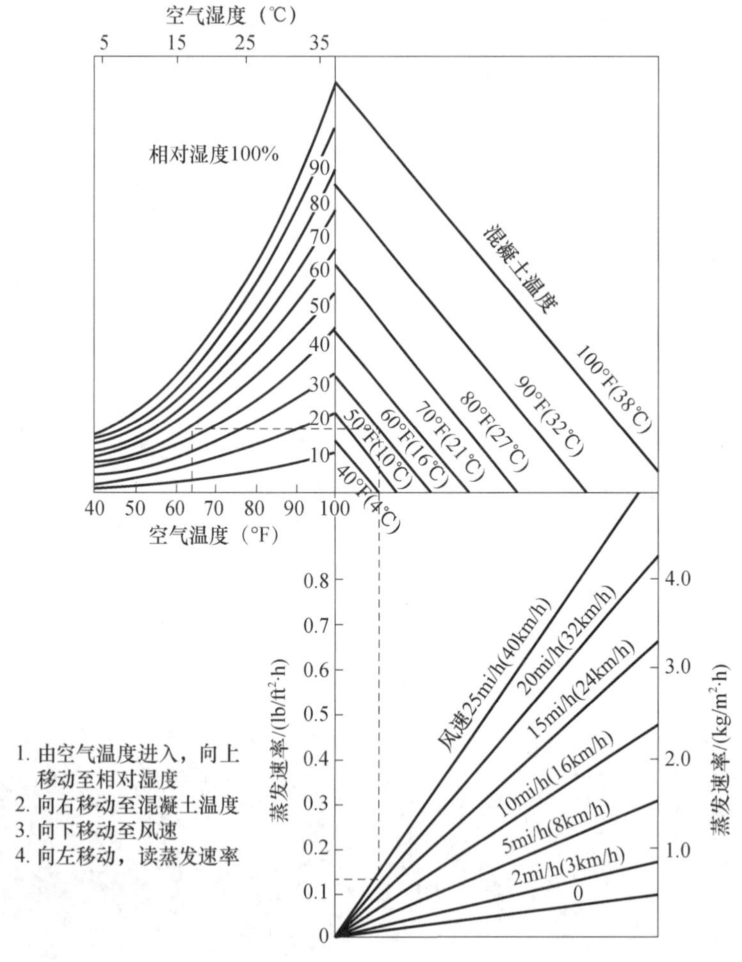

图 8-8 混凝土表面蒸发速率的估算曲线

表 8-9 风力等级与风速的关系

风级	名称	离地面 10m 处风速		现象
		m/s	km/h	
0	无风	0～0.2	<1	静，烟直上
1	软风	0.3～1.5	1～5	烟示风向
2	轻风	1.6～3.3	6～11	感觉有风
3	微风	3.4～5.4	12～19	旌旗展开
4	和风	5.5～7.9	20～28	吹起尘土
5	劲风	8.0～10.7	29～38	小树摇摆
6	强风	10.8～13.8	39～49	电线有声

3. 塑性收缩裂缝控制措施

混凝土楼板施工时，混凝土应振捣密实，时间以 5～10s/次为宜，采用快插慢拔的方式，适度振捣。欠振不利于密实成型，过振造成混凝土离析，都对强度增长不利。不振捣则达不到设计强度。适度振捣的标志是：气泡不再显著发生，混凝土不再显著下沉，并已充满模板。混凝土成型后立即进行养护，做到混凝土不失水，这样才算养护充分。在夏季高温、大风天气，宜采用聚丙烯彩条布覆盖以遮阳和防风，在高气温时，还应在其上洒水降温，减少混凝土表面蒸发和混凝土表面的阳光直射，因其温度过高凝结化过快而成“肚皮现象”。

由于塑性收缩裂缝在混凝土初凝前后均有出现的可能，必须进行二次抹压。二次抹压的作用是压实混凝土表面并将浮浆赶走，堵住毛细孔，防止内部水分继续蒸发出现表面塑性裂缝，增强混凝土的密实度和抗裂性能并起到消除混凝土表面已经形成的塑性裂缝。初凝（手指按压混凝土，可以按出 1～2mm 小坑，不粘手为初凝）至终凝（按压混凝土表面不能按压下去为终凝）这段时间，应注意观察混凝土表面情况，并根据需要在进行一次或一次以上的收光。抹压过迟，混凝土表面干硬，难以消除裂缝。特别是对于使用缓凝型减水剂并大掺量使用粉煤灰的混凝土更需要多次收光，施工面积大时宜用平板振动器或抹光机压实。

混凝土表面洒水养护工艺，一定在混凝土终凝后发热前不要到峰值出现时进行。终凝前过早的养护对混凝土强度发展有害无益。并以洒水养护湿草帘进行保湿为主，或塑料薄膜覆盖保湿。

（二）沉降收缩裂缝

1. 现象

在混凝土浇筑后 1～3h，裂缝多沿结构上表面钢筋通长方向或箍筋上断续出现，或在预埋件的附近周围出现，裂缝中部较宽、两端较窄、呈梭状呈棱形，宽度不等，裂缝的深度通常达到钢筋上表面。多在混凝土浇筑后发生，混凝土硬化后即停止。如图 8-9 所示。

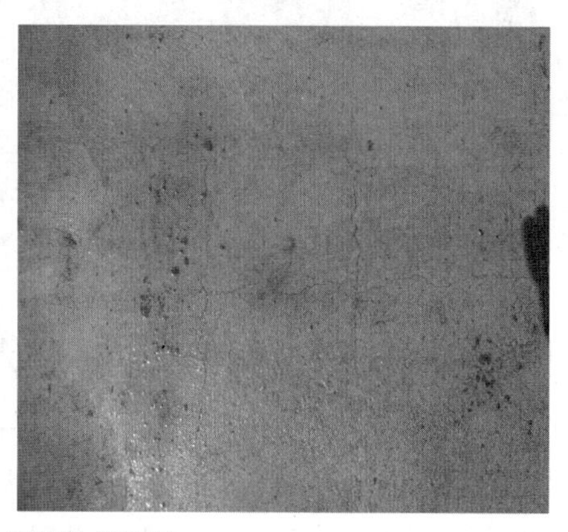

图 8-9　混凝土沉降收缩裂缝

2. 原因分析

这种裂缝产生的原因主要是混凝土保护层过薄，混凝土坍落度过大、流动性过大，混凝土过振造成离析分层，粗骨料下沉、水泥浆上浮。上浮的水泥浆导致混凝土表面收缩率增大，致使混凝土表面出现裂缝。下沉的粗骨料被钢筋阻隔而产生不均匀下沉，致使被阻隔的部位出现裂缝。

3. 沉陷裂缝的防治措施

严格按照混凝土设计配合比搅拌混凝土，混凝土搅拌时间要适当，时间过短、过长都会造成拌合物均匀性变差而增大沉陷。要严格控制混凝土单位用水量，在满足泵送和浇筑要求时，宜尽可能减小坍落度；混凝土浇筑时，下料不宜太快，防止堆积或振捣不充分。由于上部钢筋阻挡混凝土沉降不均产生的裂纹，做好混凝土的养护工作，在混凝土达到终凝前必须完成二次抹面、收浆、压实的工序。若等到混凝土终凝后，在洒水抹面，裂缝已经形成，很难通过抹面消除。在炎热的夏季和大风天气，采取缓凝或覆盖等措施，减少因表层水分迅速蒸发而形成的内外硬化不均匀而造成的裂缝。混凝土硬化后保水养护不低于七天，前三天很重要，第一天尤为关键。

（三）板面 45°斜裂缝

1. 现象

在两个相交的外墙角处的现浇楼板，时常会出现与两个外墙呈 45°的条形裂缝，如图 8-10所示。裂缝与外墙角垂直距离在 50～100cm，宽度 0.1～0.3mm 左右，中间宽两端窄，端头消失在梁边，多数是沿楼板厚度的贯穿性裂缝。这种裂缝对多层住宅从第 3 层开始到顶层为常见，沿着个楼层 45°夹角裂缝在顶层从上部楼层比下部楼层裂缝的宽度要大，越往下层，裂缝宽度逐渐减小，直至消失。

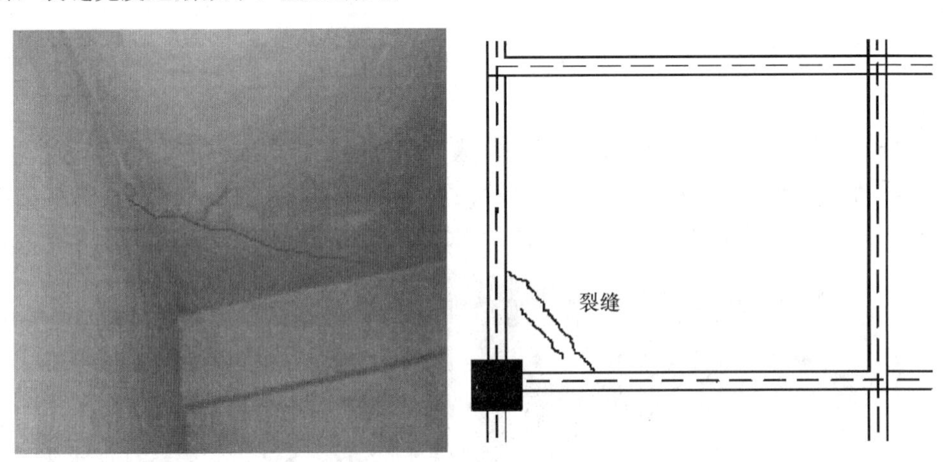

图 8-10　混凝土板面 45°斜裂缝

2. 45°裂缝产生的原因

一般的现浇混凝土板厚度为 100～130mm，现浇板厚度薄而面积大，体积与表面积比值小。在楼板的变形过程中，板的变形要明显大于梁的变形，这样梁就对板起到了约束作用，水平方向来看，板内出现拉应力，梁内出现压应力。同时，房屋结构的外墙与山墙受外界温度影响，冷热交替作用，使得外墙角位置的楼板产生较大拉应力。两者共同作用，对外墙角位置楼板最为不利，易形成与梁斜角为 45°的裂缝。

3. 控制措施

现行设计规范侧重于满足结构强度，在楼板的配筋量和构造配筋方面较少考虑混凝土收缩性和温差变形等多种因素，尤其是未考虑在平面变化处（如阳角）的配筋，应采用双向双层加密或设置放射筋等措施，在施工过程中注意保湿、保温养护，减少内部应力。

三、梁、柱的裂缝

（一）梁侧面竖向裂缝和龟裂缝

竖向裂缝一般沿梁长度方向基本等距，呈中间大两头小的趋势，深度不一，严重时裂缝深度可达100～200mm，更严重时则出现穿透裂缝；龟裂缝沿梁长非均匀分布，裂缝深度浅，为表层裂缝，多在梁上下表面边缘出现。竖向裂缝产生的原因是混凝土养护时浇水不够，特别是在拆模后未做保湿养护，夏季施工容易发生，是一种干缩裂缝；龟裂缝产生的原因是模板浇水不够，特别是采用未经水湿透的模板时，容易产生这类裂缝。

（二）柱子水平裂缝和水纹裂缝

这类裂缝特征是一般都在拆模或拆模后发生。水纹裂缝多沿柱四角出现，多为不规则龟裂裂纹；严重者则沿柱高每隔一段距离出现一条横向裂缝，这种裂缝宽度大小不一，小的如发丝，严重的缝宽可达2～3mm，裂缝深度一般不超过30mm，属于塑性收缩裂缝。裂缝产生的主要原因有两个：一是木模板干燥吸收了混凝土的水分，致使产生水纹裂缝；二是未进行充分保湿养护，致使产生横向裂纹。

（三）梁、柱裂缝的控制措施

梁、柱的养护存在着困难，洒水不易保留。成功的经验是：柱子在折模浇透水后，用塑料薄膜包裹，而梁的养护可用喷涂养护剂的方法。养护剂是一种高分子塑料乳液，喷涂于梁、柱结构的表面，待乳液中水分蒸发后，相当于包裹一层半渗透性的塑料薄膜，可阻止水分蒸发。利用混凝土自身多余的水分，起到自养护作用，可不必再洒水养护。

四、裂缝处理

一般网状小裂缝尽量在梁板结构做面层时将其消除，水泥砂浆中加入防水剂、膨胀剂防止渗漏和钢筋锈蚀。如果裂缝较深可采用灌注法或防水涂料处理。

（一）灌注法

1. 第一种方法：

采用冶金部建筑科学院工程裂缝处理中心研制的自动低压灌浆器及配套AB灌浆树脂，处理0.05～3mm裂缝。该设备采用6kg弹簧作压力源，可在无电源、有障碍、高空环境下作业。

2. 第二种方法：自配环氧树脂注浆法

材料准备：环氧树脂、稀释液（一般为丙酮）、固化剂（乙二胺因有毒和刺激性气体，现不再采用）、兽用20mL针管和针头。

注浆液配制：环氧树脂加温至30℃，环氧树脂加入到稀释剂，不断搅拌，其稀释稠度以能通过兽用针头为宜，配好待用。

贯穿性裂缝板下部处理：用环氧树脂液加适量的水泥调匀后，掺少量固化剂，用刮刀将板下裂缝堵死，环氧胶泥随用随配。

板上部清理：用压缩空气将裂缝内部吹净。

注浆：注浆液使用前，视气温加入适量的固化剂配成灌缝胶，用针管抽出灌缝胶，迅速注入裂缝中，经多次注浆待浆液灌满后即可。注射器可用稀释液清洗反复使用。

如注浆难以实施，也可以在板上部沿裂缝凿成倒楔形槽，在槽内填充环氧胶泥。

（二）采用防水涂料处理

（1）采用水泥基结晶抗渗材料处理。

（2）采用丙乳液处理。

混凝土的早期裂缝并不是单一的因素造成的，是环境、温度、养护、原材料的多种因素共同作用的结果，各个因素在各个阶段的作用并不相同。辩证地分析和看待新问题，不断更新的认识论，从整体论角度认识事物的本质，全面地解决问题。因时、因环境、因工程条件的差异，不能简单照搬、套用别人、别处、别国的经验，有利必有弊、过犹不及。

混凝土主体结构早期裂缝的控制我们要在充分认识现代混凝土变化的基础上，混凝土材料设计者、结构工程设计者、施工人员根据具体的工程部位，在充分考虑当时、当地的气候环境的基础上，因时、因地地设计、施工。并注意对混凝土进行早期养护，做到混凝土材料设计者、结构工程设计者、施工人员有效沟通，共同解决混凝土主体结构的早期裂缝问题。

参考文献

[1] 吴中伟，廉慧珍著．高性能混凝土［M］．北京：中国铁道出版社．1999.

[2] 覃维祖．初龄期混凝土的泌水、沉降、塑性收缩与开裂［J］．商品混凝土．2005，1：1～8.

[3] 钱晓倩，朱耀台，詹树林．现代混凝土早期收缩裂缝形成机理及控裂理念［J］．商品混凝土．2008，2：4～7

[4] 甘昌成．混凝土收缩裂缝控制及提高硬化混凝土质量的若干新观［J］．商品混凝土．2012，2：32～35.

[5] 孙振平，杨辉等．混凝土结构裂缝成因及预防措施［J］．混凝土世界．2012，5：44～50.

第九章　新技术和新材料在商品混凝土中的应用

一、CTF 混凝土增效剂的使用技术交底

CTF 混凝土增效剂作为一种新型的混凝土外加剂面世，目前在市场上得到了广泛应用，且其使用价值已经得到了业界同仁较多的肯定，该外加剂产品节能增效、节省成本的功效十分显著。

本节内容主要是根据 CTF 混凝土增效剂（以下简称 CTF）在推广应用过程中遇到的工程技术问题来进行论述。如适宜掺量范围是多少，配合比应如何调整等，由于许多参与其中的技术人员并未形成系统的解决方法，出现了较随意的解决问题模式，势必会影响 CTF 混凝土增效剂的推广应用，不利于指导实践。本节内容针对此类问题展开了系统的试验研究。

（一）试验原材料

试验主要基于两个区域的原材料。

1. 长沙试验点

（1）水泥：采用湖南湘乡水泥厂生产的韶峰牌 P·O42.5 水泥，其物理性能和化学成分见表 9-1。

表 9-1　水泥主要物理性能指标和化学成分

物理性能			化学成分	
R80 筛余（%）		3.4	成分	含量（%）
比表面积（m^2/kg）		375	SiO_2	22.50
密度（g/cm^3）		3.13	Al_2O_3	6.50
初凝（min）		222	Fe_2O_3	3.80
终凝（min）		268	CaO	60.50
抗压强度（MPa）	3d	16.1	MgO	3.80
			SO_3	2.70
	28d	46.7	烧失量	2.35

（2）粉煤灰：采用湖南湘潭电厂生产的Ⅰ级粉煤灰，细度（45μm 筛）为 8.2%，主要性能指标见表 9-2。

表 9-2　粉煤灰的化学成分和物理性能

SiO_2（%）	Al_2O_3（%）	Fe_2O_3（%）	CaO（%）	MgO（%）	SO_3（%）	烧失量（%）	密度（g/cm^3）	比表面积（m^2/kg）
52.7	25.8	9.7	3.7	1.2	0.2	3.20	2.33	500

（3）石：湖南长沙火车南站武广客运专线用反击破碎石，5～25mm 连续级配，表观密度 2.7g/cm^3，堆积密度 1.55g/cm^3。

（4）砂：采用湘江河砂，细度模数 2.4（中砂），含泥量 0.3%，表观密度 2.65g/cm^3，级配合格。

（5）减水剂：上海花王聚羧酸系高效减水剂，液体无沉淀。

（6）CTF：采用广州市三骏建材科技有限公司生产的以聚合物为主体的高效复合添加剂，型号为 CTF—6 号样，半透明液体，无沉淀。其匀质性指标通过生产厂家的企业标准（Q/SJJCKJ 1—2011）。

（7）水：饮用自来水。

2. 广州试验点

（1）水泥：采用金羊 P·O42.5R 水泥，其物理性能和化学成分见表 9-3。

表 9-3　水泥主要物理性能指标和化学成分

<table>
<tr><th colspan="2">物理性能</th><th colspan="3">化学成分</th></tr>
<tr><td colspan="2">R80 筛余（%）</td><td>2.3</td><td>成分</td><td>含量（%）</td></tr>
<tr><td colspan="2">比表面积（m^2/kg）</td><td>371</td><td>SiO_2</td><td>20.63</td></tr>
<tr><td colspan="2">标准稠度（%）</td><td>24.3</td><td>Al_2O_3</td><td>6.21</td></tr>
<tr><td rowspan="3">凝结时间</td><td rowspan="2">初凝（min）</td><td rowspan="2">135</td><td>Fe_2O_3</td><td>3.45</td></tr>
<tr><td>CaO</td><td>60.81</td></tr>
<tr><td>终凝（min）</td><td>215</td><td>MgO</td><td>0.75</td></tr>
<tr><td rowspan="3">抗压强度（MPa）</td><td rowspan="2">3d</td><td rowspan="2">25.9</td><td>SO_3</td><td>2.52</td></tr>
<tr><td>Na_2O</td><td>0.92</td></tr>
<tr><td>28d</td><td>52.4</td><td>烧失量</td><td>0.48</td></tr>
</table>

（2）粉煤灰：采用乌石港Ⅱ级粉煤灰，其化学成分和物理性能见表 9-4。

表 9-4　粉煤灰的化学成分与物理性能

SiO_2（%）	Al_2O_3（%）	Fe_2O_3（%）	CaO（%）	MgO（%）	SO_3（%）	烧失量（%）	密度（g/cm^3）	比表面积（m^2/kg）
51.8	24.02	9.77	4.04	1.98	0.75	5.69	2.46	425

（3）石：采用广东博罗产的粒径为 5～31.5mm 碎石，连续级配，表观密度 2.71g/cm^3，吸水率 0.35%。

（4）砂：采用广东东江河砂，细度模数 2.6（中砂），表观密度 2.65g/cm^3，含泥量 2.3%，吸水率 2.8%。

（5）减水剂：采用瑞安 LS—300 萘系减水剂，液体无沉淀。

（6）CTF：同长沙试验点。

（7）水：饮用自来水。

（二）试验方法

试验采用卧轴式强制搅拌机机械搅拌，按预先确定的配合比称量水泥、矿物掺合料、砂、石，将其倒入搅拌机中干搅 15s，然后倒入称好的水、减水剂和 CTF，继续搅拌 2min。

混凝土拌合物出机后，人工搅拌1min。搅拌时间的长短还需要根据混凝土的搅拌量和实际情况来调整，搅拌量大（>40L）或拌合物过于干稠则搅拌时间相应延长。

混凝土工作性能、力学性能测定方法分别参照《普通混凝土拌合物性能试验方法标准》（GB/T 50080—2002）的坍落度法和《普通混凝土力学性能试验方法标准》（GB/T 50081—2002）进行。配合比调整方法参照《普通混凝土配合比设计规程》（JGJ 55—2011）进行。

（三）CTF混凝土增效剂的使用技术交底

1. CTF的适宜掺量

（1）长沙试验点

本试验点对比样1至对比样7（对比样指掺有CTF的试配）CTF的掺量分别选取为胶凝材料质量的0.4%、0.5%、0.6%、0.7%、0.8%、0.9%和1.0%进行试验。所有混凝土试配组坍落度均调整至（200±10）mm，具体配合比见表9-5。试验结果如图9-1所示。

表9-5　CTF掺量试验C30混凝土配合比（长沙）

编号	水泥（kg）	粉煤灰（kg）	砂（kg）	石（kg）	减水剂掺量（%）	水（kg）	CTF掺量（%）
基准	255	90	790	1074	0.64	165	0
对比	225	90	790	1109	0.64	160	不同掺量

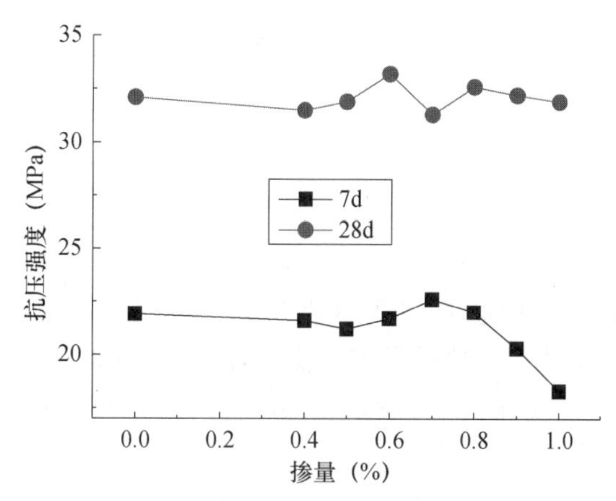

图9-1　CTF掺量对C30混凝土7d和28d抗压强度的影响（长沙）

由图9-1可知，混凝土7d抗压强度随着CTF掺量的增加缓慢提高，直至掺量为0.6%，之后混凝土强度开始直线下滑；混凝土28d抗压强度各掺量都维持在一个非常接近的水平，当CTF掺量为0.6%时，混凝土强度最高，此时高出基准混凝土约2.0MPa，增大幅度达6.3%。

值得注意的是，此试验减少水泥用量达12%，30kg。综合7d及28d强度情况来看，0.6%为CTF混凝土增效剂的最佳掺量。

（2）广州试验点

本试验点的具体配合比和工作性能结果分别见表9-6和表9-7。试验结果如图9-2所示。

表 9-6　CTF 掺量试验 C30 混凝土配合比（广州）

编号	水泥（kg）	粉煤灰（kg）	砂（kg）	石（kg）	减水剂掺量（%）	水（kg）	CTF 掺量（%）
基准	240	100	858	1004	2.2	178	0
对比	216	100	868	1028	2.2	168	不同掺量

表 9-7　CTF 掺量试验 C30 混凝土工作性能试验结果（广州）

CTF 掺量（%）	0	0.4	0.5	0.6	0.7	0.8	0.9	1.0
坍落度（mm）	190	200	195	195	200	200	200	200
扩展度（mm）	450	410	450	420	420	410	390	400

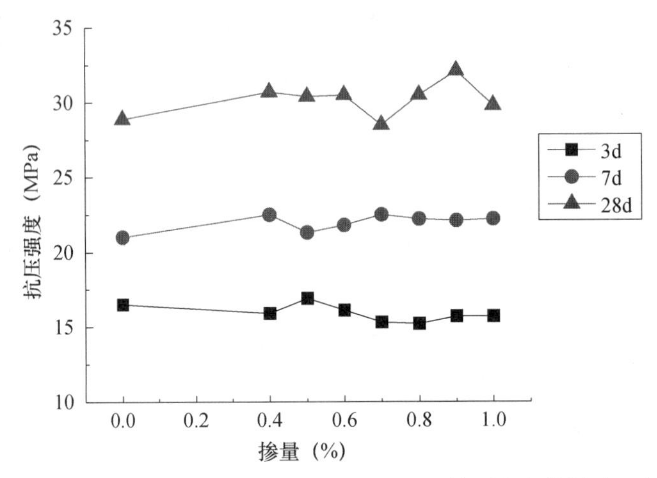

图 9-2　CTF 掺量对 C30 混凝土 3d、7d 和 28d 抗压强度的影响（广州）

由图 9-2 可知，混凝土强度随着 CTF 掺量的增加变化比较平稳，3d 龄期稳中有降；7d 龄期稳中略有升；28d 龄期基本都超过了基准强度，并随着掺量的增加强度有增加的趋势，最大超出幅度达 11.8%（出现在 0.9%掺量）。再结合表 9-7 掺量对工作性能的影响，0.5% 是最佳掺量（28d 强度提高 5.2%，工作性能也能保持）。

此两处试验点掺量试验是比较有代表性的，分别使用了聚羧酸系高效减水剂和萘系减水剂，并都采用了粉煤灰作为矿物掺合料，其中长沙试验点使用优质的Ⅰ级粉煤灰，广州则采用质量较差的Ⅱ级粉煤灰，砂石也是极具地方性的材料。

广州试验点的情况就非常符合现今商品混凝土站的真实原材料性质：粉煤灰烧失量大造成吸附外加剂严重，减水剂的掺量往往超出厂家推荐掺量；砂含泥量过高，也会抑制外加剂的使用；石子石粉含量过大，骨料与水泥石之间的粘结常常不够，造成需要通过增加水泥用量来提高混凝土黏聚性。而 CTF 的掺量却仍能在基本不变动掺量的情况下实现增效（CTF 适宜掺量时），这也说明 CTF 适应原材料的广度很大，这个特点很有实用意义，有利于生产和工程应用控制。经过多次掺量试验之后，可以确定 CTF 应用于混凝土中的适宜掺量在 0.6%左右。不难看出，在小范围内波动对强度和工作性能的影响并不大，可以将 CTF 应用于工程实际的推荐掺量定位 0.5%～0.8%。

2. CTF应用中的混凝土配合比调整原则

混凝土配合比设计时，三大参数的设定至关重要：用水量、水泥用量和砂率。CTF在工程应用中，为了发挥其节能增效、节省成本的功效，通常是以减少一定水泥用量的方式使用，通过判断两种配合比状态下拌合出的混凝土性能的高低来反映CTF工程应用可能性。

在进行对比样混凝土配合比调整前，需要一份基准混凝土配合比。基准混凝土的配合比设计往往是经过理论计算、试验室反复试配调整以及生产实践确定的，是建立在工程应用的基础之上，可以经得起反复推敲的。在现今的商品混凝土行业中，在激烈竞争和巨大成本压力的大环境下，已经很难找到强度富余系数大且非常保守的配合比，业界戏称“擦边球”的配合比倒是占据了绝对优势。配合比比较极限的商品混凝土站一定是非常重视生产控制的，只有实现非常小的标准差，才有可能“玩转”极限配比的同时保质保量。

由于各个商品混凝土站原材料的差异，混凝土配合比不尽相同。

在经过数十家商品混凝土站的试验室试配检验之后，掺入CTF之后的混凝土配合比调整有其一定原则。

(1) 水泥用量调整

水泥已经进入大工业时代，各个水泥厂生产的同一品种水泥质量差异不会太大。商品混凝土站生产所需的水泥品种也是根据实际发货需要订购的，大多采用同一品种水泥（如全为普通硅酸盐水泥），只是在水泥和外加剂相适应的情况下，通过对外加剂做适当调整（如需要早强时使用早强剂，而不另外购买早强水泥）来满足要求。

基准混凝土配合比是经过生产实践检验的，由于各个商品混凝土站原材料和生产控制能力的不同，水泥用量有高有低。在相似的原材料基础之上，水泥用量过高可能是由于生产控制水平较低，标准差偏大，为了满足国家标准要求的95%的强度保证率，水泥用量自然较高，反之则水泥用量低。又如减水剂的品质也大大影响水泥用量的多少，在其他原材料相近的基础上，减水率相对较高的减水剂，可相应减少一定的水泥用量，反之则水泥用量增加。

研究表明，即使是在水胶比很低的高性能混凝土中，也有20%～30%的水泥水化反应不够充分，而仅仅起到微骨料填充的作用。另外，普通和高效减水剂通过减少混凝土拌合用水量来达到减少水泥用量目的的能力也是有限度的，超过这一限值之后反而会出现“反效果”，如造成跑浆、扒底、离析、泌水等后果。所以，如何激发这部分潜在的具有化学活性的水泥，使它们重新参与水化，从而将一部分水泥节省出来的同时保持品质，是CTF的研发初衷。

对比混凝土配合比的调整从减少水泥用量10%做起，对于C30混凝土，10%的水泥用量往往也有25kg左右，也基本相当于一个强度等级的水泥用量差距（C30到C25）。通过对比两组混凝土的各项性能，可以很好地验证CTF的功效。

(2) 用水量调整

混凝土配合比设计时，用水量是根据混凝土拌合物所需坍落度以及减水剂减水率确定的。其用水量的选择具有一定的经验性（标准中是根据混凝土所需的坍落度经验来选择的），外加剂的减水率又同掺量密切相关，所以最终用水量的确定必须以实际试配所需为准。

对比样混凝土配合比用水量的调整以达到同基准混凝土相同坍落度为准。根据理论判断分析，混凝土水泥用量减少，拌合物的包裹性应当会有所下降，如果按同水灰比来减少用水量，混凝土的工作性能必然变差。结合之前的试验结果，考虑到 CTF 的低减水率和对水泥浆体黏度的提高，可以适当在同水灰比用水量的基础上增加一部分用水量。此时，对比混凝土配合比的水胶比会略高于基准混凝土。

（3）骨料的调整

配合比设计中，骨料的类别和性能指标都很关键。粗骨料的类别不同（碎石或卵石）直接反映在水灰比计算公式中系数选取的不同。粗骨料的空隙率、粒形粒径，细骨料的细度模数共同决定着砂率的大小。对于 C30 混凝土，当使用细度模数为 2.6～2.8 的中砂时，砂率高于粗骨料的空隙率 3%～4%比较合适，若略细则砂率下降，反之砂率提高。

由于对比样混凝土的水泥用量和用水量都降低，增加了 CTF 的用量（一般地，C30 混凝土只有约 2kg），为了保持混凝土的表观密度（即保证混凝土的足方量），对比样混凝土骨料部分需要增加。此时，根据混凝土拌合物的包裹性和黏聚性来决定如何分配。在基准混凝土拌合物包裹性和黏聚性均较好的情况下，按照基准混凝土的砂率分别增加即可。若基准混凝土包裹性和黏聚性偏差，则调整之后需要增加更多的砂用量，相应的另一部分增加到石上；反之，若基准混凝土砂率已经偏大，则增加更多的石用量，另一部分增加到砂上。

对于骨料如何增加，增加多少，或是不增加的问题，经过反复试验，现将试验结果列于表 9-8。其中基准配合比同表 9-7，对比样配合比 CTF 掺量 0.6%，除砂石外其他原材料用量同表 9-7。

表 9-8 骨料分配试验结果

编号	骨料分配方式	砂率（%）	工作性能		抗压强度（MPa）		
			坍落度（扩展度）(mm)	备注	3d	7d	28d
基准	—	46.1	200（450）	和易性良好	16.5	21.0	30.4
对比－1	全加石	45.3	190（410）	和易性一般、略有扎堆	14.3	21.4	32.6
对比－2	全加砂	47.0	200（390）	和易性一般、流动性差	13.5	20.5	28.7
对比－3	按砂率加	46.1	200（430）	和易性良好	16.1	22.6	32.1
对比－4	不加	46.1	205（450）	和易性良好	15.4	21.7	31.0

由表 9-8 可知，对比－1 略有扎堆，显然石子偏多，应用在泵送混凝土中时，易出现离析泌水、堵泵等不利现象，此种骨料分配方式不合适；对比－2 砂率偏高，流动性变差，另外力学性能也受到影响，也不合适；对比－4 的工作性能最佳，强度发展趋势良好，但无法保证混凝土的足够方量（单方相对基准少了 34kg）。相比较而言，对比－3 的工作性能、力学性能和混凝土方量都满足要求，是最合适的骨料分配方式。

（4）减水剂的调整

混凝土配合比中，减水剂的用量往往是以胶凝材料的质量作为基数计算所得，相应的减水剂掺量对应着减水率的多少。一般地，商品混凝土站都将减水剂的使用掺量达到饱和（此时减水率最大），这样可以最大限度地减少混凝土水泥用量，从而节约成本、提高竞争力。

对比样混凝土配合比中，减水剂若是不变动用量，实际上其掺量会因胶凝材料总量的减少而增加，这样的混凝土拌合物容易出现扒底、跑浆、离析、泌水等不利现象。所以，对比样混凝土中减水剂的掺量应当同基准混凝土保持一致，那么在总用量上会有所降低。在计算 CTF 节约成本的经济性时，节约的这部分减水剂也是相当可观的。

（四）CTF 混凝土配合比调整举例

以下就以某商品混凝土站 C30 泵送混凝土的配合比作为基准配合比，进行 CTF 混凝土配合比调整，见表 9-9。

表 9-9 C30 混凝土配合比调整举例

编号	水泥（kg）	粉煤灰（kg）	用水量（kg）	水胶比	砂（kg）	石（kg）	砂率（kg）	减水剂（kg）	CTF 掺量（%）	调整依据
基准	240	100	175	0.515	820	1045	44	5.8	0	
对比一1	215	100	165	0.524	830	1070	43.7	5.4	0.6	目测基准工作性良好
对比一2	215	100	165	0.524	830	1070	43.7	5.6	0.6	目测对比一1 工作性需提高
对比一3	215	100	170	0.540	830	1075	43.6	5.4	0.6	目测对比一1 工作性需提高，减水剂已达饱和
原则	一般 -10%	不变	-5～10kg	尽量接近			尽量接近	+0～0.1%		保持粉煤灰和总表观密度不变，并使工作性同基准相近（坍落度）

由表 9-9 可知，掺入 CTF 的混凝土配合比大部分都是首先依赖于基准混凝土配合比。在调整配合比的过程中，观察很重要，是正确判断的前提。观察的目的就是为了了解配合比合理与否。

首先需要观察混凝土拌合物的和易性，包括黏聚性、保水性和流动性。和易性好又要观察减水剂掺量是否合适，尤其当使用高浓型低掺量聚羧酸系高性能减水剂时，必须特别注意减水剂的使用。这是因为：一是其对掺量敏感，动辄泌水离析；二是减水率高，对用水量敏感，若是应用于低强度等级混凝土中则较难控制用水量；三是其本身带有引气成分，需要注意其引入的气泡数量、气泡半径、气泡间隔系数等是否符合要求。和易性差时，就要观察是砂率、减水剂掺量亦或是用水量中的哪个参数需要调整。一般说来，砂率越大，混凝土工作性能相对优异，尤其对泵送混凝土而言，相对易于泵送，但砂率过大对混凝土力学性能不利。

追求低用水量、低水胶比，拌合出高强高性能混凝土，就是要充分利用减水剂的减水率。减水率一旦有上升空间，混凝土的配比就还可进一步优化，但由于商品混凝土的生产准度和工艺，尽量寻找到混凝土减水率可以保持在一定值的平坡段的掺量为最优，并不一定苛求峰值和饱和掺量。所以，在评价一种外加剂优劣时，很重要的参考便是掺量。若在最佳掺量附近波动时都会产生很大的变化，那么即使其绝对功效再好也无法满足生产要求。

粉煤灰原则上是不变动的，因为粉煤灰无论是对混凝土密实度、后期强度、耐久性能以及收缩抗裂等都很有益处。但有时，若粉煤灰质量过差（需水量、烧失量过大），掺量又过高，早期强度此时肯定无法保证，在做 CTF 混凝土配合比调整时，就需降低一部分粉煤灰的掺量，相对提高一部分水泥用量。这样做，尽管经济成本上会有一定的提高，但这是在保证混凝土质量的前提下必须做出的。

（五）结论

1. 经过多次掺量试验，综合 CTF 对混凝土工作性能和力学性能的影响，确定 CTF 适宜掺量应在 0.6%左右，原材料的变动对 CTF 适宜掺量的变化影响很小，也表明 CTF 的原材料适应范围较广。

2. CTF 混凝土配合比的调整是基于基准混凝土的。用水量、水泥用量、砂率、减水剂的调整都必须建立在试验室客观条件的基础之上。CTF 混凝土配合比调整时，对基准混凝土工作性能的观察至关重要，决定着 CTF 的掺入能否客观地发挥功效。

3. CTF 混凝土配合比调整的示例，只针对一般情况，不应以点代面、以偏概全，一切应以实际情况为准。

二、掺有“CTF 混凝土增效剂”混凝土的性能评价研究

（一）引言

随着科学技术的进步，混凝土结构有了长足的发展，到目前为止，几乎没有出现预见性的材料能替代混凝土的应用。为了改善混凝土的综合性能，国内外外加剂行业近年来迅速发展，市场上出现的各种外加剂已经逐步成为优质混凝土必不可少的材料，各种外加剂虽然在一定程度上可以改善混凝土的某种性能，但没有对应以改善或保持混凝土综合性能不变的情况下同时具有节能减排功效的外加剂。目前市场上出现的一种新型混凝土外加剂——CTF 混凝土增效剂，这是一种在减少 8%～15%水泥用量的情况下，仍能使混凝土保持甚至超过原有基准混凝土强度，且综合性能得以提升的高效外加剂，其已经在行业内得到了广泛应用和众多好评。

工程上对混凝土有四点基本要求，概括起来主要是和易性、强度、耐久性三个技术性质，再加上经济性的要求。伴随着混凝土结构的广泛应用和使用环境的日益多样化，混凝土的环保效益也越来越重要。

鉴于 CTF 混凝土增效剂在商品混凝土、管桩、水利工程等混凝土领域的应用越来越广泛，本节主要从混凝土的工作性能、强度、耐久性、经济性及环保效益等方面来论述评价 CTF 混凝土增效剂对混凝土综合性能的影响。

（二）原材料与试验方法

1. 原材料

（1）水泥：采用金羊 P·O42.5R 普通硅酸盐水泥，其化学成分和物理性能见表 9-10。

表 9-10 水泥的化学成分和物理性能

化学成分（%）							物理性能		抗压强度（MPa）	
SiO_2	Al_2O_3	Fe_2O_3	CaO	MgO	SO_3	Loss	R80 筛余（%）	比表面积（m^2/kg）	3d	28d
20.63	6.21	3.45	60.81	0.75	2.52	0.48	2.3	371	25.9	52.4

（2）粉煤灰：试验使用乌石港Ⅱ级粉煤灰，其化学成分和物理性能见表 9-11。

表 9-11 粉煤灰的化学成分和物理性能

化学成分（%）								物理性能		
SiO_2	Al_2O_3	Fe_2O_3	CaO	MgO	SO_3	Loss	0.045mm 方孔筛筛余（%）	密度（g/cm^3）	比表面积（m^2/kg）	需水量比（%）
51.18	24.02	9.77	4.04	1.98	0.75	4.69	0.3	2.46	425	96

（3）细骨料：试验中使用的细骨料为东江中砂，细度模数 2.6，表观密度 2.65g/cm^3，含泥量 1.3%，吸水率 2.8%。

（4）粗骨料：使用博罗产地的粒径为 5～20mm 碎石，连续级配，表观密度 2.71g/cm^3，吸水率 0.35%。

（5）减水剂：采用瑞安 LS—300 萘系减水剂，液体无沉淀。

（6）CTF 混凝土增效剂：是一种以聚合物为主体的高效复合混凝土添加剂，半透明液体，无毒无害，无污染，无放射性，密度为 1.03g/cm^3，pH 值为 10.4，不含氯离子和碱等对混凝土有害的成分。

2. 试验方法

（1）试验目的

试验主要是基于混凝土的基本要求——工作性能、强度、耐久性、经济性和环保效益等方面来综合评估 CTF 混凝土增效剂在混凝土应用中的作用。

（2）试验方法

本试验按照普通配合比进行设计，对比基准样（未掺 CTF 混凝土增效剂）与对比样（掺加 CTF 混凝土增效剂）的各项性能指标，其中 CTF 混凝土增效剂掺量为胶凝材料总量的 0.6%，讨论 CTF 混凝土增效剂对不同强度等级混凝土工作性能、抗压强度、耐久性能以及经济环保方面的影响。试验参照 GB/T 50080—2002《普通混凝土拌合物性能试验方法标准》和GB/T 50081—2002《普通混凝土力学性能试验方法标准》分析混凝土的工作性能和抗压强度，根据 CTF 混凝土增效剂对混凝土收缩率的影响以及参考既有论述 CTF 对混凝土的抗渗性能和氯离子扩散系数影响的文献来分析其耐久性能，最后综合评价 CTF 混凝土增效剂在混凝土应用当中的经济性和环保性。试验用混凝土配合比见表 9-12。

表 9-12 单方混凝土配合比 （kg/m^3）

强度等级	试块样	水	水泥	粉煤灰	砂	石	减水剂	CTF
C20	基准样	185	180	90	893	1007	6.00	0
	对比样	175	160	90	900	1032	5.80	1.50
C25	基准样	175	190	95	890	1022	6.13	0
	对比样	165	170	95	888	1044	6.13	1.59
C30	基准样	175	230	110	858	1010	6.70	0
	对比样	165	207	110	853	1038	6.63	1.90
C35	基准样	170	260	117	815	1020	7.00	0
	对比样	160	234	117	825	1045	6.48	2.11
C40	基准样	165	270	120	790	1043	7.46	0
	对比样	155	242	120	800	1060	7.40	2.17
C45	基准样	160	297	128	755	1063	7.60	0
	对比样	150	267	128	761	1085	7.60	2.37
C50	基准样	160	333	130	715	1070	8.21	0
	对比样	155	300	130	728	1086	7.97	2.58

(三) 试验结果与分析

1. CTF 混凝土增效剂对混凝土工作性能的影响

按照表 9-12 所示不同强度等级混凝土的配合比配制混凝土试块，观察新拌混凝土的工作性能，试验结果见表 9-13。

表 9-13 新拌混凝土工作性能及抗压强度值

强度等级	试块样	工作性能			抗压强度（MPa）		
		坍落度（mm）	扩展度（mm）	和易性	3d	7d	28d
C20	基准样	175	410	良好	10.9	18.6	29.8
	对比样	170	390	一般	10.3	16.4	30.1
C25	基准样	170	400	一般	11.3	19.2	33.4
	对比样	180	400	较好	11.8	18.7	32.8
C30	基准样	180	405	良好	15.9	23.7	38.6
	对比样	180	420	良好	14.7	21.3	39.5
C35	基准样	190	450	一般	19.1	28.2	43.6
	对比样	195	450	一般	18.6	29.4	44.1
C40	基准样	200	510	较好	24.9	35.1	49.4
	对比样	210	500	较好	23.7	37.5	51.0
C45	基准样	195	490	良好	26.7	39.6	50.8
	对比样	200	520	较好	26.9	41.7	56.2
C50	基准样	205	510	一般	33.5	45.8	58.7
	对比样	205	520	较好	31.7	43.5	62.1

由表 9-13 可以看出，加入 CTF 混凝土增效剂之后，新拌混凝土的坍落度/扩展度和和易性与基准样基本相差不大，部分甚至有所提高；且从现场情况还看出拌合物的黏聚性增强，表观浆体增多，无泌水，不离析，包裹较好。说明 CTF 混凝土增效剂能在一定程度上改善新拌混凝土的工作性能。

2. CTF 混凝土增效剂对混凝土抗压强度的影响

将配制的新拌混凝土制成 100mm×100mm×100mm 的试块，分别标准养护至 3d、7d 和 28d 测定其抗压强度值，结果见表 9-13 和图 9-3。

从表 9-13 和图 9-3 可以看出，各强度等级基准样与对比样在 3d、7d 和 28d 的抗压强度值，随着龄期的延长呈一致上涨的趋势；且加入 CTF 混凝土增效剂，混凝土的早期抗压强度（3d 和 7d 龄期）与基准样相比相差不大或略低，但是后期强度（28d 龄期）增长较快，发展趋势较好，能够保持甚至超过基准强度，已明显达到且超过设计强度要求。

3. CTF 混凝土增效剂对混凝土耐久性能的影响

针对使用 CTF 混凝土增效剂减少 10%～15%水泥用量后是否对混凝土的耐久性产生影响，本节从混凝土收缩的角度进行了研究，该部分研究依据《水泥胶砂干缩试验方法》(JC/T 603—2004)，采用的原材料中水泥为湖南兆山 P·O42.5 普通硅酸盐水泥，28d 抗折强度为 8.9MPa，抗压强度为 48.5MPa；粉煤灰为Ⅰ级灰；砂为非标准砂，自洗并筛分而得；石为粒径5～25mm 连续级配碎石；减水剂为聚羧酸高效减水剂（中铁三局）。试验配合比及得到的混凝土收缩率见表 9-14 和图 9-4～图 9-7。

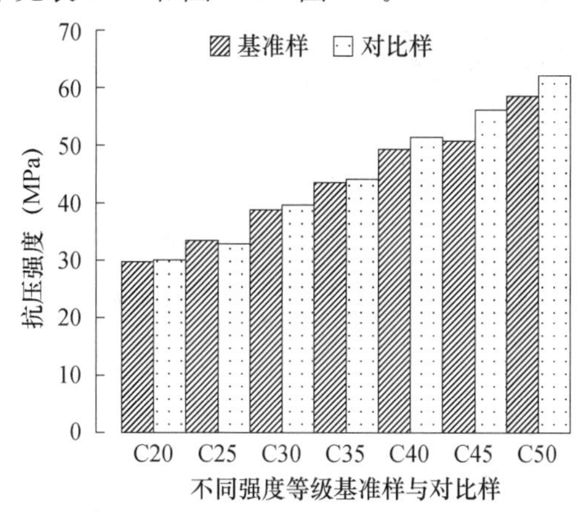

图 9-3　28d 龄期不同强度等级基准样与对比样抗压强度值

表 9-14　收缩率试验配合比及收缩率值

编号	水泥	粉煤灰	水	减水剂（0.9%）	砂	石	CTF	收缩率（×10⁻⁶）								
								1d	3d	7d	14d	28d	60d	90d	120d	150d
1－0	400	0	160	3.60	780	1060	0	55	110	171	265	384	473	525	530	531
1－CTF	400	0	158	3.60	780	1060	2.4	60	113	160	261	370	468	504	508	510
2－0	360	0	160	3.24	785	1095	0	47	98	150	249	370	450	506	507	509
2－CTF	360	0	158	3.24	785	1095	2.4	49	103	154	250	365	443	480	483	485
3－0	300	100	152	3.60	780	1060	0	35	80	137	209	252	305	365	372	374
3－CTF	300	100	150	3.60	780	1060	2.2	37	86	140	210	256	302	341	343	347
4－0	270	100	152	3.33	785	1095	0	30	75	131	200	239	286	320	321	325
4－CTF	270	100	150	3.33	785	1095	2.2	34	78	132	204	235	284	301	302	305

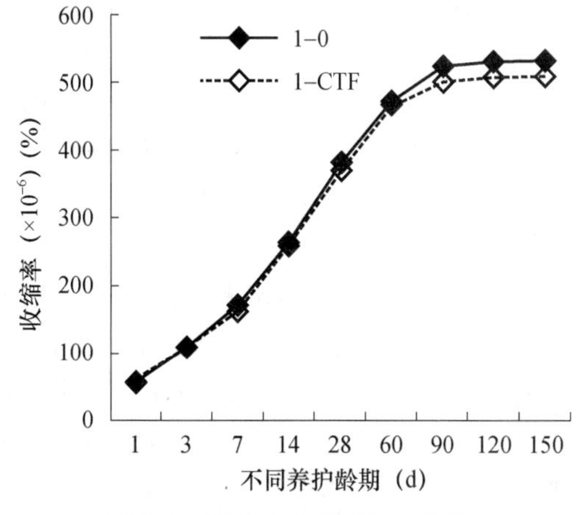

图 9-4　编号 1 基准样与对比样养护龄期和收缩率的关系

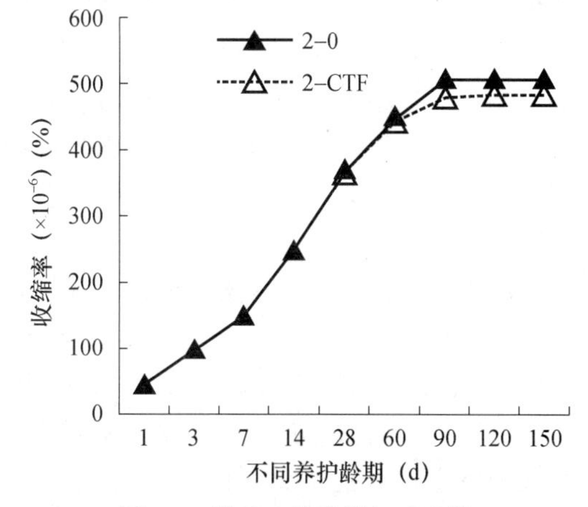

图 9-5　编号 2 基准样与对比样养护龄期和收缩率的关系

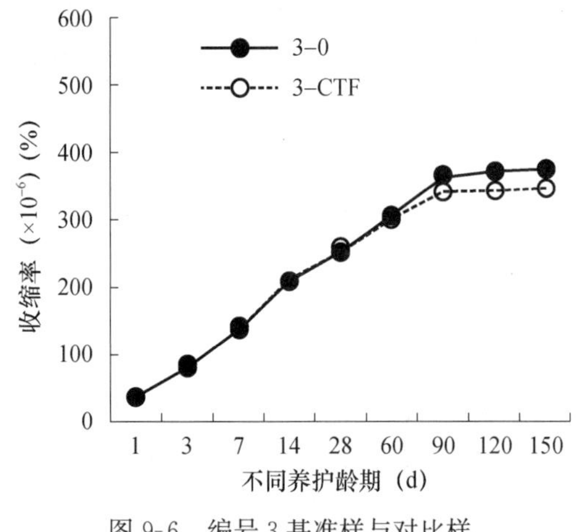

图 9-6 编号 3 基准样与对比样养护龄期和收缩率的关系

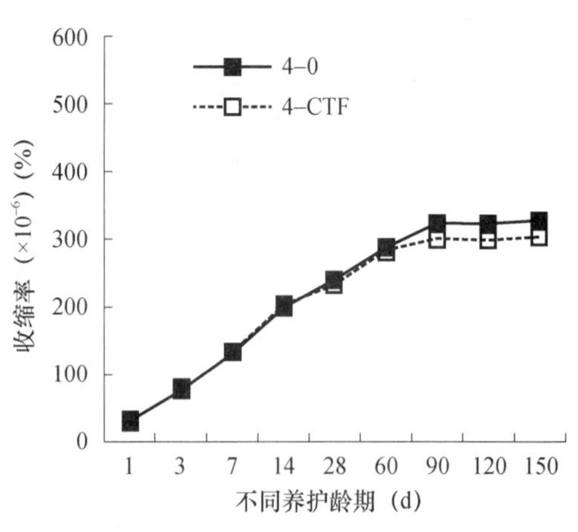

图 9-7 编号 4 基准样与对比样养护龄期和收缩率的关系

从表 9-14 和图 9-4～图 9-7 的试验结果可以看出，编号 1 和编号 2 粉煤灰掺量为 0，编号 3 和编号 4 粉煤灰掺量约为 25％，掺入粉煤灰后的混凝土，其收缩率要小于未掺粉煤灰的混凝土，这是由于粉煤灰的三大效应的作用；且在早龄期，掺有 CTF 混凝土增效剂的混凝土，其收缩率与基准样相差不大或略高于基准样，这可能由于 CTF 使混凝土的含气量略微增加，使混凝土具备更大的体积变形能力，水泥水化后产生体积收缩，直接被气泡吸收，释放了混凝土的内部应力，增加了混凝土的体积收缩。而到了后期从 28d 开始，其收缩率值已明显低于基准混凝土，说明在自由收缩时，CTF 对混凝土保水性和黏聚性的改善对混凝土收缩的影响起到了一定的作用。即无论掺或不掺粉煤灰，加入 CTF 混凝土增效剂之后，较基准混凝土，其收缩率在早期有略微增大而后期减小的规律，这与 CTF 混凝土增效剂对抗压强度的影响规律一致，而强度与混凝土结构的密实性有很大关系，说明 CTF 混凝土增效剂不会对混凝土的收缩产生副作用，在养护后期还会在一定程度上减小混凝土的收缩。

此外，已经有部分关于 CTF 混凝土增效剂对混凝土耐久性影响研究的文献。广西的李青川、陈洪韬等人在《CTF 混凝土增效剂对混凝土抗渗性能的影响》中利用平时的生产配合比研究了 CTF 混凝土增效剂在不减水泥用量和减少水泥用量的条件下对混凝土抗渗性能的影响，得到添加 CTF 混凝土增效剂即使减少 10％～15％的水泥用量，不仅能保证甚至改善混凝土的工作性能和抗压强度，而且混凝土渗水高度少、渗透稳定、内部孔隙以超细孔居多，孔隙分布均匀良好，明显提高了混凝土结构的密实性和抗渗性，对耐久性有一定的帮助。

混凝土的抗氯离子渗透性能也是评价其耐久性的一个重要指标。广州大学的林远煌、潘伟文等人在混凝土增效剂对 C60 以上混凝土性能影响的研究中讨论了加入增效剂之后混凝土的抗氯离子扩散性能，其试验采用 RCM 法，混凝土配合比及试验结果见表 9-15 和表 9-16。可以看出，加入增效剂之后的混凝土氯离子扩散系数最小，氯离子扩散深度小于基准混凝土，且根据表 9-17 所示抗氯离子扩散系数评定标准得出其具有较好的抗氯离子渗透性能，显然对提高混凝土的耐久性是有利的。

表 9-15　增效剂对 C60 混凝土抗氯离子渗透性能影响试验配合比

编号	水胶比	水泥（kg）	粉煤灰（kg）	矿粉（kg）	砂（Kg）	石（kg）		水（kg）	减水剂（kg）	增效剂（kg）	砂率（%）
						5—25	5—10				
T02	0.362	245	120	55	672	772	331	152	6.72	0	38
D02	0.432	320	60	60	724	816	204	190	4.40	0	42
D03	0.461	281	60	60	734	842	211	185	4.01	2.41	41

表 9-16　增效剂对 C60 混凝土抗氯离子渗透性能影响试验结果

编号	坍落度（mm）	强度（MPa）			28d 扩散系数（$10\sim12m^2/s$）	扩散深度（mm）
		3d	7d	28d		
T02	190	12.2	21.2	68.8	5.721	25.0
D02	210	31.1	52.3	72.2	5.408	24.0
D03	205	31.7	52.2	71.3	5.247	23.0

表 9-17　抗氯离子扩散系数评定标准

扩散系数　$D<2\times10^{-12}m^2/s$	抗氯离子渗透性能非常好
扩散系数　$D<8\times10^{-12}m^2/s$	抗氯离子渗透性能较好
扩散系数　$D<16\times10^{-12}m^2/s$	抗氯离子渗透性能一般
扩散系数　$D>16\times10^{-12}m^2/s$	不适用于严酷环境

4. CTF 混凝土增效剂应用的经济环保性分析

掺加 CTF 混凝土增效剂能够节约 10%～15%的水泥用量，本节按照表 9-12 所示混凝土配合比来分析 CTF 混凝土增效剂的经济性。混凝土原材料单价见表 9-18（单价按吨计）。

表 9-18　混凝土原材料单价

原材料	水	水泥	粉煤灰	砂	石	减水剂	CTF
单价（元）	3.0	400	180	50	45	2000	3000

注：本表所示单价仅作为分析用，实际价格应根据各地情况而定。

按照表 9-18 所示单价计算出的基准样与掺入 CTF 混凝土增效剂之后对比样的成本见表 9-19，二者的成本差价如图 9-8 所示。本文配合比设计是在加入 CTF 混凝土增效剂的基础上减少约 10%的水泥用量，可以看出，不同强度等级的混凝土中，基准样与对比样成本差价已十分显著，且随着强度等级的增加，经济效益也会越明显。若原材料质量较好的情况下则可以减少水泥用量大于 10%而达到 12%～15%，且就目前形势来看，水泥、砂等原材料的价格一直呈波动上涨状态，因此，CTF 混凝土增效剂的加入带来的经济效益将会更加明显，能够在很大程度上降低生产成本。

表 9-19　各组混凝土经济成本分析表

强度等级	水	水泥	粉煤灰	砂	石	减水剂	CTF	成本（元）
C20	185	180	90	893	1007	6.00	0	190.72
	175	160	90	900	1032	5.80	1.50	188.27

续表

强度等级	水	水泥	粉煤灰	砂	石	减水剂	CTF	成本（元）
C25	175	190	95	890	1022	6.13	0	196.38
	165	170	95	888	1044	6.13	1.59	194.01
C30	175	230	110	858	1010	6.70	0	214.08
	165	207	110	853	1038	6.63	1.90	211.42
C35	170	260	117	815	1020	7.00	0	226.22
	160	234	117	825	1045	6.48	2.11	222.71
C40	165	270	120	790	1043	7.46	0	231.45
	155	242	120	800	1060	7.40	2.17	227.88
C45	160	297	128	755	1063	7.60	0	243.11
	150	267	128	761	1085	7.60	2.37	239.48
C50	160	333	130	715	1070	8.21	0	257.40
	155	300	130	728	1086	7.97	2.58	252.82

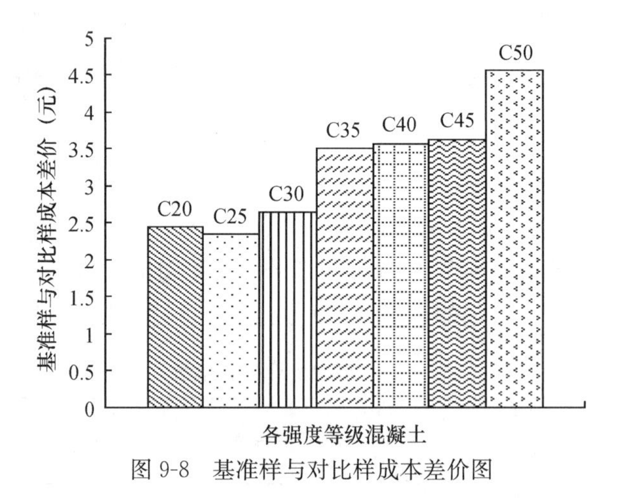

图 9-8 基准样与对比样成本差价图

另外，CTF 混凝土增效剂是一种不含任何有毒有害物质、无污染零排放的建筑材料用品，其生产过程对环境不会带来污染，是一种绿色环保产品。而且据统计，每生产 1 万吨水泥需要耗能 1.55 万吨石灰石，1200 吨煤和 80 万度电，同时带来 1 万吨 CO_2，13 吨 SO_2，14 吨 NO_x和大量的粉尘污染。2010 年全国水泥产量突破 18.68 亿吨，若按照使用 CTF 混凝土增效剂减少 10%的水泥用量来计算，则能够减少能耗 2.90 亿吨石灰石＋0.224 亿吨煤＋149 亿度电，减少污染排放 1.87 亿吨 CO_2＋24.28 吨 SO_2＋26.15 吨 NO_x＋更多粉尘污染。故可以看出，CTF 混凝土增效剂在混凝土中的应用既节省大量能耗，同时还减少了大量的污染，其应用具有很大的环保安全性，对节能减排的贡献不可小觑。

（四）结论

CTF 混凝土增效剂可以通过提高水泥颗粒的分散度，最大限度地激发每一单位水泥颗粒的作用，使绝大部分的水泥颗粒经过和水、砂、石等原材料的充分混合搅拌后，进一步和它周边的其他材料（如减水剂）充分接触并发生水化反应。通过以上研究论述综合得出：

1. CTF 混凝土增效剂能够改善新拌混凝土的工作性能，抗压强度增长趋势合理，能够保持甚至提升混凝土的力学性能，技术上是可行的。

2. 经过研究及实际应用，CTF 混凝土增效剂不会对混凝土的耐久性造成负面影响，对混凝土的抗裂能力有一定的好处，且能够提高混凝土的抗渗性能和抗氯离子扩散性能，是有利于混凝土的耐久性的。

3. CTF 混凝土增效剂的应用可以节约 10%～15%的水泥用量，具有很大的经济可行性，能够显著降低生产成本，为企业带来丰厚的利润，同时该产品还具有很大的环保安全性，对节能减排有很大贡献，有较大的推广应用价值。

后　记

经过全体编写人员的辛苦努力，在书稿交付即将出版之时，回首过去的五年，有汗水、有付出、有收获、有快乐，有不尽的感慨，在此，向长期帮助、关心我的朋友、同行和老师表示深深的谢意。

我本是一名法学专业的毕业生，2010 年 6 月，我误打误撞进入这个行业，并喜欢上这个行业。2011 年 10 月底，我跟随公司领导去厦门参加一个有关人工砂的技术交流会，在会上很荣幸地遇到王永逵教授。王教授是一位知识渊博、工程经验丰富、谦逊待人、乐于与年轻人亲近的老师。王教授言传身教，引导和帮助我解决工程疑难问题，通过吸收他的学术思想与理念，工作中不断读书学习，我积累了很多经验和教训，这些都是写成本书必不可少的条件。

认识王老师这几年，我不仅学到了专业知识，同时也开阔了眼界，让我在短短四年的时间里从一个法学专业的毕业生转变成一个能解决实际问题的混凝土行业的技术人员。此刻，祝福我最亲爱的老师健康长寿!

耿加会

二零一五年九月初七